Illustrierte

PILZE-ENZYKLOPÄDIE

Gerrit J. Keizer

Illustrierte PILZE ENZYKLOPÄDIE

DÖRFLER
FAUNA & FLORA

Erklärung der verwendeten Symbole und Abkürzungen:

Frkp	Fruchtkörper
Ø	Durchmesser
H	Hut
L	Lamellen
R	Röhre
P	Poren
Stln	Stacheln
St	Stiel
Sp	Sporenfarbe
F	Fleisch
G	Geruch
Gsm	Geschmack
M	Mykorrhiza ausbildend
Sa	Saprophyt (saprotroph)
Pa	Parasit
S	Selten
SS	Sehr selten

RL	Bedrohte, gefährdete und verschollene Arten der Roten Liste
RL-0.	Seit 1950 in Deutschland nicht mehr nachgewiesen
RL-1:	vom Aussterben bedroht
RL-2:	Stark gefährdet
RL-3:	gefährdet
RL-R:	Rarität(latent gefährdet)
(Quelle:	Rote Liste der gefährdeten Grosspilze in Deutschland, hg. von der Deutschen Gesellschäft für Mykologie und dem Naturschutzbund Deutschland,Eching 1992)
EBb	Essbar
Ung.	Ungeniessbar
†	Giftig
☠	Tödlich giftig
⚲	< 1 cm : Lupe

Wichtige Hinweise und Warnung

Der Speisewert der Pilze und die übrigen Angaben zu den in diesem Buch beschriebenen Pilzen wurden nach bestem Wissen und mit größter Sorgfalt zusammengestellt. Eine Haftung für die Richtigkeit der Angaben in diesem Buch wird jedoch ausgeschlossen. Dies gilt insbesondere für Autor, Übersetzer und die Nebel Verlag GmbH, da dieser die Überprüfung der Angaben nicht möglich ist.
Beachten Sie auch die Bestimmungen des Bundesnaturschutzgesetzes, die das Sammeln bestimmter Pilzarten ganz verbieten bzw. nur zum eigenen Bedarf gestatten (siehe auch Internet www.8ung.at/lvps.de/aktuell.htm).
Wer Pilze verzehrt, handelt auf eigene Verantwortung. Beachten Sie, dass es individuelle Unverträglichkeiten und Allergien geben kann. Sammeln Sie zu Speisezwecken nur Pilze, die Sie in ihren unterschiedlichen Erscheinungsformen genau kennen. Beim geringsten Zweifel sollten Sie die gesammelten Pilze einem Pilzfachmann bzw. einer Pilzberatungsstelle vorlegen.
Zu warnen ist vor dem Verzehr von rohen und zu alten Pilzen. Keinesfalls sollten Sie junge und unterentwickelte Pilze, die sich nicht genau bestimmen lassen, sammeln.
Sollte es doch einmal zu einer Pilzvergiftung kommen, rufen Sie sofort den Notarzt. Heben Sie alle Pilze der Mahlzeit sowie eventuell Erbrochenes für die toxikologische Analyse auf!

Übertragung aus dem Holländischen: Stefanie Menzel

Im Internet finden Sie unser Verlagsprogramm unter:
www.edition-doerfler.de

Inhalt

Vorwort

Vor Ihnen liegt das Resultat von 20 Jahren Pilzfotografie. Die Aufnahmen entstanden mit Stativ und so wenig Kunstgriffen wie möglich direkt an den natürlichen Standorten und Substraten bei Geländeexkursionen in den Niederlanden, Belgien, Luxemburg, Deutschland, Frankreich, England und Schweden.
Diese Enzyklopädie präsentiert in Form von 790 Einzel- und Gruppenaufnahmen niederer und höherer Schimmelarten sowie Schleim- und höherer Pilze den Farben- und Formenreichtum und besondere Eigenarten und Merkmale der Pilze. Unter den Tausenden in Europa vorkommenden Arten wurden die wichtigsten mitteleuropäischen ausgewählt. Neben häufig abgebildeten, verbreitet vorkommenden Pilzen wurden auch seltene, bedrohte sowie besondere und nur spärlich dokumentierte Arten mit winzigen Fruchtkörpern aufgenommen. Die wissenschaftlichen Namen orientieren sich an der erst vor kurzem erschienenen Standardliste „Overzicht van de paddestoelen in Nederland“. Wurde ein wissenschaftlicher Name kürzlich geändert, ist in Klammern der früher geltende Gattungs- und Artname vermerkt. Die ursprüngliche Gliederung der ehemals gültigen wissenschaftlichen Gattungsnamen in alphabetischer Rangfolge konnte in diesem Fall nicht beibehalten werden.
Der Autor ist der Meinung, dass auch die Pilze dringend besonderen Schutz brauchen. Sie dürfen nicht unnötigerweise in Massen beschädigt, gesammelt oder sonstwie entfernt werden. Das Sammeln einzelner Exemplare zu Demonstrationszwecken in Unterricht und Umwelterziehung oder im Rahmen wissenschaftlicher Untersuchungen sollte natürlich erlaubt bleiben.

Gerrit Keizer

Links: Flacher Lackporling *(Ganoderma lipsiense)*

Geotropismus beim Zunderschwamm *(Fomes fomentarius*, vgl. S. 20)

Einleitung

Pilze und Schwämme haben schon immer stark die Fantasie angeregt. Mit ihrer geheimnisvollen Lebensweise, ihrem Farben- und Formenreichtum, Geruch und Geschmack und ihren anderen Eigenschaften haben sie uns seit Menschengedenken fasziniert.

Die Entstehung und das Auftauchen der Pilze wurde oft als Zauberei oder Teufelswerk angesehen. Die meistens überirdisch, manchmal auch im Erdreich (Trüffeln) wachsenden Fruchtkörper wurden mit Kröten, Schlangen und Drachen, mit Elfen, Nymphen (Oreaden, Dryaden) und Kobolden, mit Donner, Blitz und Mond, mit Trollen, Zauberern, Hexen, Giftmischern, Druiden, Brahmanen und Schamanen, mit Teufeln, Satan und dem Tod in Verbindung gebracht. Hierauf deuten Namen wie das niederländische Wort *paddestoel* (Krötenstuhl) für „Pilz" und die Bezeichnungen *addergebroed* (Natternbrut) und *Drakenbloedzwam* (Drachenblutschwamm), *Elfenbankje* (Elfenbänkchen), *Elfenschermpje* (Elfenschirmchen) und *Boomnimf* („Baumnymphe" für *Inonotus dryadeus*)... Im Deutschen finden sich Ausdrücke wie Hexenring und Hexenei und Pilznamen wie Elfenring-Klumpfuß, Satanspilz, Hexenbutter, Netzstieliger Hexenröhrling, und – dem Schwedischen entlehnt – Trollhand. Überall auf der Welt stößt man in Erzählungen Sprichwörtern, Sagen und Legenden auf derartige Pilznamen. Weitere Pilzbezeichnungen nehmen Bezug auf mythologische und biblische Gestalten, auf Kaiser, Könige und Adelige, wie z. B. Medusenhaupt, Herkules-Keule, Judasohr, Kaiserling (*Amanita caesarea*) und Königs-Fliegenpilz.

Pilze hielt man, ähnlich wie Korallen, für ein Konglomerat aus den Gehäusen kleiner Tiere und die Pilzsporen für deren Eier. Von Trüffeln glaubte man, dass sie durch Blitzschlag, bei dem Wurzeln und Erde miteinander verbacken, entstünden oder dort, wo ein brünftiger Hirsch seinen Samen verlor. Die unterirdische Knolle des Sklerotienporlings (*Polyporus tuberaster*) entwickelte sich angeblich dort, wo zuvor ein Luchs sein Revier mit Urin markiert hatte.

Insbesondere solche Pilze, die für ihre halluzinogenen oder heilenden Eigenschaften bekannt sind, haben in religiösen Ritualen (Schamanismus) eine Rolle gespielt und werden in Zusammenhang gebracht mit der Entstehung alten, regionalen Brauchtums und selbst mancher Weltreligionen. Der Fliegenpilz ist sowohl aus der germanischen Mythologie (Edda) bekannt, derzufolge der Fruchtkörper dort aus dem Boden sprießt, wo dem schnaubenden Pferd Wodans Schaum aus dem Maul tropfte, als auch aus der griechischen Mythologie (Ambrosia oder Götterspeise). Auch bei der Entwicklung des Hinduismus (Rigveda: Soma) und der frühchristlichen Religionen soll der Fliegenpilz eine Rolle gespielt haben. In der taoistischen Medizin nehmen für Elixiere verwendete Pflanzen und Pilze, darunter der von einem chinesischen Kaiser einst als heilig erklärte Glänzende Lackporling (*Ganoderma lucidum*), Reishi oder Ling Zhi, einen wichtigen Platz ein. In den alten Kulturen der Indianer wurden während religiöser Rituale *Psilocybe* und *Panaeolus*-Arten (teonanacatl oder teyuinti) als Rauschmittel benutzt, um mit den Göttern in Kontakt zu treten.

Abbildungen von diesen Pilzen gab es schon lange vor unserer Zeitrechnung. Dem Schamanismus zugesprochene Pilzmotive wurden bereits in den altsteinzeitlichen Höhlenmalereien in Frankreich und Spanien verwendet. In Skandinavien und Sibirien ist man auf Petroglyphen und Gegenstände aus der Bronzezeit mit ganz ähnlichen Motiven gestoßen. Im früheren Jugoslawien wurden neolithische, pilzförmige Figürchen aus grünem Kristallgestein gefunden. In Mexiko und Guatemala kann man Steine, Tonfiguren und Fresken mit dem „Fleisch der Götter" oder den „kleinen Blumen der Götter" aus den Azteken-, Maya- und Inkakulturen besichtigen. In einem ägyptischen Königsgrab aus dem Jahre 1450 v. Chr. fand man Wandmalereien mit Pilzdarstellungen. In dem *Adam und Eva nach dem Sündenfall* zeigenden Relief auf dem Bronzeportal des Doms zu Hildesheim aus dem Jahre 1015 ist der Baum mit den verbotenen Früchten in Form von zwei an den Spitzkegeligen Kahlkopf (*Psilocybe semilanceata*) erinnernden Pilzen dargestellt. Anstatt des üblichen Feigenblatts halten Adam und Eva jeweils eine abgepflückte Kappe dieser Pilzart vor ihre Scham. Abbildungen des Fliegenpilzes (*Amanita muscaria*) als Baum der Erkenntnis im Paradies finden sich auf dem leider verblassten romanischen Fresko einer Kapelle nahe der Burg Plaincourault (13. Jh.) in Frankreich sowie auf einem alten Gemälde in der Marienkirche zu Lübeck, das Evas Sündenfall zeigt. Stilisierte Reishi- oder Ling-zhi-Motive, die den Glänzenden Lackporling (*Ganoderma lucidum*) darstellen, finden sich in Reliefs an Gebäuden in der Verbotenen Stadt in Peking. Ähnliche Motive werden auch heute noch in chinesischen und japanischen Statuetten, Malereien, Seidenstoffen und Wandtapeten verwendet. Vor 1900 war der Lackporling auf den Poststempeln des chinesischen Kaiserreichs abgebildet. Die Mykophilatelie, das Sammeln von Briefmarken und Poststempeln mit Pilzabbildungen, ist somit eines der ältesten Objekte für die Motivsammler unter den Philatelisten.

Ihr unerklärliches und plötzliches Erscheinen sowie ihre die Fantasie anregenden Formen und Eigenschaften machten die Fruchtkörper einiger Arten von Stinkmorcheln zum Phallussymbol. Der berühmtberüchtigte *Phallus impudicus* (= schamloser Phallus) taucht somit auch regelmäßig im Volksglauben auf. Von Hexen hieß es, dass sie den ausgewachsenen Fruchtkörper, in dessen Kappe sich das Sperma des Teufels befinden sollte, zum Zeugen gemeinsamer

Nachkommen benutzen. Die teilweise unterirdisch wachsenden „Teufels- oder Hexeneier“ wurden gekocht und als Aphrodisiakum verspeist, die Hirschtrüffeln *(Elaphomyces)* getrocknet, gemahlen und dann dem Viehfutter beigemengt, um die Tiere zur Paarung zu bewegen. Der mit einer Art Eizahn oder *discus* die Wand des „Hexeneis“ durchbrechende Fruchtkörper wurde bei Hochzeiten und Paarungsritualen benutzt. Meistens bediente man sich hierfür der Stinkmorchel (*Phallus impudicus*), der Schleierdame (*Phallus duplicatus* oder *Dictyophora duplicata*) oder der Hundsrute (*Mutinus caninus*).

Der Verzehr der Hexeneier der Schleierdame, des Tintenfischpilzes (*Clathrus archeri* oder *Anthurus archeri*) und des Roten Gitterlings (*Clathrus ruber*) ist trotz, oder vielleicht gerade wegen ihrer bizarren und übel riechenden Erscheinung vor allem in Asien weit verbreitet. Darstellungen der Schleierdame mit ihrem herunterhängenden weißen Schleier und des Roten Gitterlings sind auf dem unten abgebildeten Foto links in der Mitte und rechts unten in der Mitte zu erkennen.

Mykophilatelie

1 Merkmale, Eigenschaften und Lebensweise von Schimmeln und Pilzen

Höhere und niedere Pilze

Pilze und Schwämme sind die Fruchtkörper von sich im Erdreich oder auf Nährböden befindenden Mycelien sogenannter Großpilze *(Macrofungi)*. Zu den *Macrofungi* gehören alle mit dem bloßen Auge sichtbaren Arten, deren Fruchtkörper also größer als 1 mm sind. Sie sind allesamt zumindest zu geschlechtlicher Fortpflanzung befähigt. Gemeinsam mit den niederen Schimmelpilzen oder *Microfungi* bilden sie das Reich der Pilze.

Das Pilzreich bildet wiederum zusammen mit dem Pflanzen- und dem Tierreich die sogenannten Eukaryonten, die Organismen mit echten Zellkernen. Unter allen Eukaryonten ist die Gruppe der sich über Sporen verbreitenden Pilze mit 100 000 Arten die umfangreichste.

Die meisten niederen Schimmelpilze sind kleiner als 1 mm. Sie vermehren sich meist während einer ungeschlechtlichen Phase ihres Lebenszyklus in einer sogenannter imperfekten Form (Anamorphe) durch ungeschlechtliche Sporen oder Konidien auf speziellen Teilen des Mycels, oder an und in einfachen Fortpflanzungsorganen. Auch Hefen, Rost- und Brandpilze werden zum Pilzreich gerechnet.

Im Gegensatz zu Pflanzen können Pilze keine Photosynthese betreiben, d. h., sie können aus Sonnenlicht und Kohlendioxyd nicht selber Kohlehydrate herstellen, denn es fehlt ihnen das dazu notwendige Chlorophyll oder Blattgrün. Sie müssen die für ihre Entwicklung und ihren Fortbestand nötigen Nährstoffe aus lebendem oder abgestorbenem organischem Material von Pflanzen oder Tieren gewinnen.

Niedere Schimmel *(Microfungi)*

Im Folgenden sind einige Beispiele von niederen Schimmelpilzen oder *Microfungi,* die mit dem bloßen Auge oder zumindest mit einer Lupe leicht zu erkennen sind, beschrieben und abgebildet.

Mützenwerfer *(Pilobolus)*

Die verschiedenen Arten der Gattung *Pilobolus* finden sich auf Kuh-, Pferde-, Schafs-, Reh-, Hasen- und Kaninchenmist. Mit Hilfe einer Art lichtempfindlicher Linse richtet *Pilobolus* sein auf einem fleischigen Organ sitzendes, von einer schwarzen Hülle umgebenes Sporenpaket *(Sporangium)* nach dem Licht aus. Ein dünner Flüssigkeitsstrahl schleudert dann dieses Sporangium unter 7 Atmosphärenüberdruck mit einer Geschwindigkeit von 150-160 km/h bis zu 2 m weit weg. Die Sporenpakete bleiben an Ästchen und Blättern kleben und gelangen so bei der Nahrungsaufnahme über den Magendarmtrakt schließlich in den Kot des Tieres.

Der Mützenwerfer *(Pilobolus crystallinus)* kommt unter anderem auf feuchtem Pferdemist vor. Die einige Millimeter großen, flaschenförmigen Fortpflanzungsorgane sind wässrig weiß durchscheinend und tragen auf einer Ringzone an ihrer Spitze ein schwarzes, ovales und abgeflachtes Sporangium. Abhängig von dem jeweiligen Abstand zwischen Mycel und Lichtquelle sind sie kurz- oder langgestielt.

Mützenwerfer *(Pilobolus crystallinus)*

Keulenschimmel *(Paecilomyces farinosus)*

Die Gattung *Paecilomyces* gehört zu den als *Fungi imperfecti* bezeichneten Schimmelpilzen, von denen nur eine imperfekte oder ungeschlechtliche Form existiert. *Paecilomyces farinosus* lebt wie die orangegelbe Puppen-Kernkeule (*Cordyceps militaris*) auf Puppen von Schmetterlingen und Nachtfaltern, die schon als Raupen mit Sporen infiziert wurden. Die zähen, gelben Fortpflanzungsorgane sind einige Zentimeter lang und haben einen Durchmesser von mehreren Millimetern. Die gelegentlich verdickte obere Hälfte ist mit einer weißen, pudrigen Konidienmasse überzogen. Oft erscheinen sie zu mehreren gleichzeitig aus einer zwischen Blättern und Moos liegenden Raupe.

Keulenschimmel *(Paecilomyces farinosus)*

Rhizopus stolonifer

Der Schimmelpilz *Rhizopus stolonifer* wächst auf feuchten, pflanzlichen Abfällen, z.B. in kühl und dunkel stehenden Komposttonnen, wie hier auf verrottenden Apfelschalen. Auf einem weißen Mycelgeflecht erscheinen bis zu einem halben Zentimeter lange, aufrecht stehende Fäden. An deren Spitzen bilden sich 1–2 mm große, durchscheinend blasse Konidienknöpfchen, die unterseits eingedrückt sind. Wenn sie reif sind, werden sie schwarz.

♀

Schimmelpilz *Rhizopus stolonifer*

Spinellus fusiger

Das Mycel des Helmlingsschimmels *(Spinellus fusiger)* entwickelt sich in den Fruchtkörpern kleiner Blätterpilzarten, beispielsweise in denen des Rostfleckigen Helmlings *(Mycena zephirus)*.
Die Sporen werden in weißen, 1 mm großen Knöpfchen an der Spitze von mehreren Millimeter langen Fäden gebildet, die in Massen durch die Huthaut des verrottenden Pilzes nach außen stoßen. Zur Reifezeit verfärben sich die Knöpfchen schwarz.

♀

Helmlingsschimmel *(Spinellus fusiger)* auf Rostfleckigen Helmlingen *(Mycena zephirus)*

Krustenflechten (Lichenes)

Im Pilzreich nehmen die über 18 000 Arten zählenden krustigen, blättrigen, schuppigen, fädigen und strauchigen Flechten oder Lichenes (*Lecanorales*) eine besondere Stellung ein. Die Krustenflechte ist eine Lebensgemeinschaft zwischen einem dominant vertretenen Pilz *(Mykobiont)*, und einer Alge *(Phykobiont)*, wobei der Pilz von der Verbindung jedoch weit mehr profitiert als die Alge. Gemeinsam bilden sie äußerst stabile Strukturen, die sogenannten Thalli, die Jahrzehnte alt werden und auch unter widrigen Umständen überleben können. Sie können sich ungeschlechtlich oder vegetativ über leicht abbrechende Teile oder Auswüchse des Thallus oder aber geschlechtlich über die Sporen des Pilzes fortpflanzen. Der Mykobiont nimmt außerdem Wasser und Mineralien aus dem Nährboden auf.

Die Alge besitzt Chlorophyll und ist somit fähig zur Photosynthese. Auf diese Weise versorgt der Phykobiont die Krustenflechte mit Kohlehydraten wie Zucker die für die Entwicklung unerlässlich sind. Die meisten Mykobionten sind lichenisierte Schlauchpilze *(Ascomyceten)*, deren Partner Algen, zumeist Grün- oder Blaualgen, sind. Abgesehen davon gibt es einige Krustenflechten mit einem lichenisierten Ständerpilz *(Basidiomycet)* als Mykobiont, namentlich Krustenflechten der Gattung *Athelia,* trichterartige Vertreter der Gattung *Phytoconis* oder die Flechtenkeulen der Gattung *Multiclavula.*
Die Flechte *Cladonia floerkeana* ist auf moorigen und sandigen Böden und auf verrottendem Holz weit verbreitet. Auf ihren blassgrünen Krusten entwickeln sich in der selben Farbe bis zu 2 cm hohe, warzige, oftmals verzweigte Stiftchen. Auf deren Spitzen bilden sich rote, kugel- bis kissenförmige Strukturen (*Apothecien*), in denen in Schläuchen oder Asci die Sporen heranreifen.

♀

Schlauchpilze (Ascomyceten)

Abhängig von mikroskopisch kleinen Strukturen, wie beispielsweise dem Bau der Fortpflanzungsorgane, werden die Großpilze entweder zu den Schlauchpilzen *(Ascomyceten)*, oder zu den Ständerpilzen *(Basidiomyceten)* gerechnet.

Bei den Ascomyceten bilden sich die Sporen, meistens zu acht zeitgleich in einer Fruchtschicht, *(Hymenium)*, im Inneren einer keulen-, wurm- oder ballonförmigen Zelle, dem sogenannten Schlauch *(Ascus)*. Die Sporen reifen im Ascus.
Zur Reifezeit werden sie aus dieser Zelle, ähnlich dem Mechanismus einer Wasserpistole, mit Wucht herausgeschleudert. Im Ascus kann sich zuvor ein Druck von bis zu 30 Atmosphären aufbauen. Die Ascusspitze bricht bei dem Vorgang in der Mitte auf oder es wird ein Deckelchen umgeklappt oder abgerissen. Oft wird dann eine Wolke von Tausenden reifer Sporen in Richtung Licht abgeschossen und durch den Wind verbreitet. Die gestielten Becherchen der tropischen Gattung *Cookeina* (vgl. Foto Mykophilatelie auf S. 10: Mitte, mit roten Fröschen) produzieren pro Quadratzentimeter Hymenium anderthalb Millionen Sporen.
Bei einem Teil der zumeist im imperfekten oder ungeschlechtlichen Stadium *(Anamorphe)* vorkommenden Gießkannenschimmel *(Aspergillus)*, Pinselschimmel *(Penicillium)*, Echten Mehltaupilzen *(Erysiphaceae)* und einigen Hefen *(Saccharomycetes)* kennt man auch ein selten vorkommendes, perfektes Stadium *(Teleomorphe)*. Von den Kugelpilzen *(Sphaeriales)*, die ihre Sporen in Asci innerhalb eines kugeligen oder krusti-

Die Flechte *Cladonia floerkeana*

gen Fruchtkörpers bilden, gibt es oft auch ein imperfektes Stadium, in dem sie Konidien produzieren.
Die Arten der Gattung *Penicillium* kommen insbesondere auf und in Lebensmitteln, wie Früchten, Brot und Milchprodukten vor. Einige werden zur Herstellung von Käse (Camembert, Roquefort) verwendet. *Penicillium digitatum* tritt als grüne, pudrige Kruste auf der Schale befallener Apfelsinen in Erscheinung.

Penicillium digitatum

Sepedonium chrysospermum, die ungeschlechtliche Form (Anamorphe) des sehr seltenen Goldschimmels (*Hypomyces chrysospermus* oder *Apiocrea chrysosperma*) kann regelmäßig als gelbe, pudrige Masse auf verfaulenden Röhrlingen und Kremplingen beobachtet werden.

Goldschimmel *(Sepedonium chrysospermum)*

Auf faulenden, durch den Pilzbefall braun gefärbten Äpfeln können im Herbst oft Bereiche mit gelblichen Polstern angetroffen werden, die Konidienträger der Fruchtfäule (*Monilinia fructigena* oder *Sclerotinia fructigena*) enthalten. Die perfekte Form (Teleomorphe), ein langgestielter, napfförmiger, grau- oder gelbbrauner Scheibenpilz oder Discomycet, kommt nur selten vor.

Konidienträger des Ascomyceten *Sclerotinia fructigena*

Auf Pappelästen kommt gelegentlich bei feuchter Witterung eine Konidienmasse *(Cytospora)* zum Vorschein. Sie wird aus einer zentralen, von einem schmutzig weißen Kragen umgebenen Pore, in Form roter Fäden nach außen gepresst. Die Konidienmasse wächst aus den nur wenige Millimeter großen, im Bast verankerten schwarzen Fruchtkörpern des Weißscheibigen Pappel-Kugelpilzes *(Leucostoma niveum)* heraus.

Konidienform *Cytospora* des Weißscheibigen Pappel-Kugelpilzes

Den Echten Mehltau findet man gewöhnlich nur als mit Konidien bestäubte, graue Flecken auf den befallenen Blättern. Die seltene, perfekte Form des Echten Mehltaus *(Uncinula aduncta)*, bildet auf Weidenblättern wenige Millimeter große, einzeln stehende Fruchtkörper. Sie sind im Zentrum schwarz und umgeben von einem Kranz blassweißer, von der Mitte ausgehender, an den Enden eingerollter Anhängsel.

Echter Mehltau (Uncinula aduncta)

Ascosporen gibt es in vielen Formen, Größen und Farben. Oftmals enthalten die Sporen gut sichtbare Öltröpfchen. Die ungefähr 25 µm (1 µm = 1/1000 Millimeter) langen, elliptischen Sporen von *Ascobolus furfuraceus* sehen bei starker Vergrößerung aus wie Mandeln. Unreife Sporen sind von einer schleimigen Masse umgeben. Reif sind die Sporenwände der Länge nach gefaltet und gefurcht und nehmen eine violette Farbe an.

Ascosporen des Kleiigen Kotlings *(Ascobolus furfuraceus)*

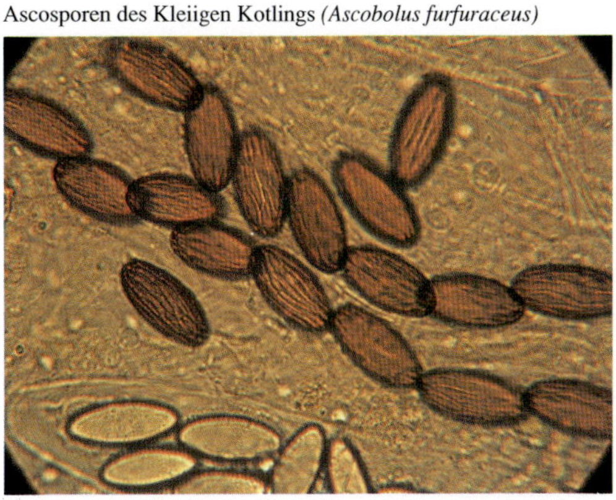

Die 30 bis 40 µm langen Sporen des Ascomyceten *Chaetosphaerella phaeostroma* lassen sich in Methylblau partiell anfärben und sind durch drei Querwände (Septen) in vier Zellen unterteilt. Die inneren Zellen sind braun, die äußeren wässrig durchscheinend.
Bei manchen Ascomyceten, wie z. B. dem Sepiabraunen Becherling *(Peziza sepiatra)*, färben sich die Spitzen der Asci in einem rotbraunen, jodhaltigen Farbstoff blau.

Ascusspitzen des Sepiabraunen Becherlings *(Peziza sepiatra)*

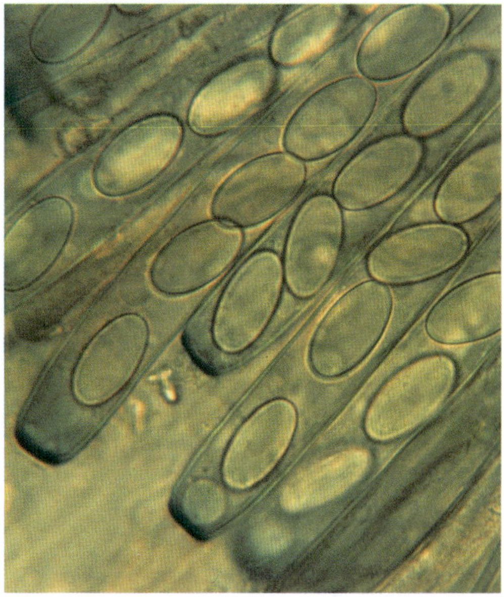

Die Asci sind umgeben von sterilen, länglichen Zellen und in der Fruchtschicht, dem Hymenium, palisadenartig angeordnet. Die *Paraphysen* enthalten jene Farbstoffe, die dem Hymenium des Roten Kurzhaarborstlings *(Melastiza chateri)* die orangerote Farbe verleihen. An den Sporenwänden sind Bruchstücke eines Netzes aus untereinander verbundenen Graten zu erkennen.
Die meisten Ascomyceten besitzen einfache scheiben-, schüssel-, napf- oder becherförmige Fruchtkörper mit oder ohne Stiel. Das Hymenium überzieht die Innenseite des Bechers. Umgestülpte, stark gefaltete oder

Sporen des Ascomyceten *Chaetosphaerella phaeostroma* (in Methylblau)

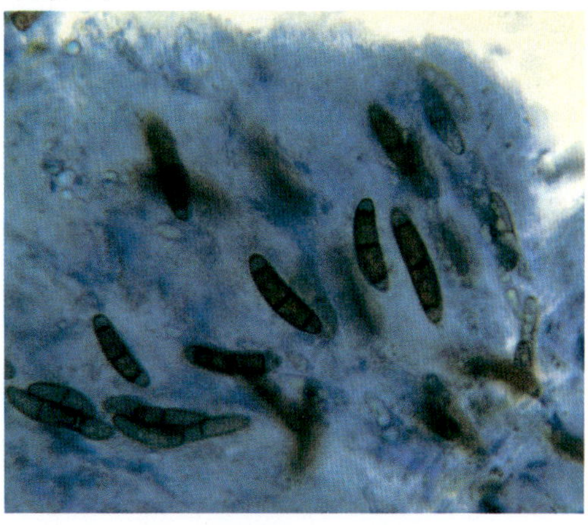

Ascosporen, Asci und Paraphysen des Kurzhaarborstlings

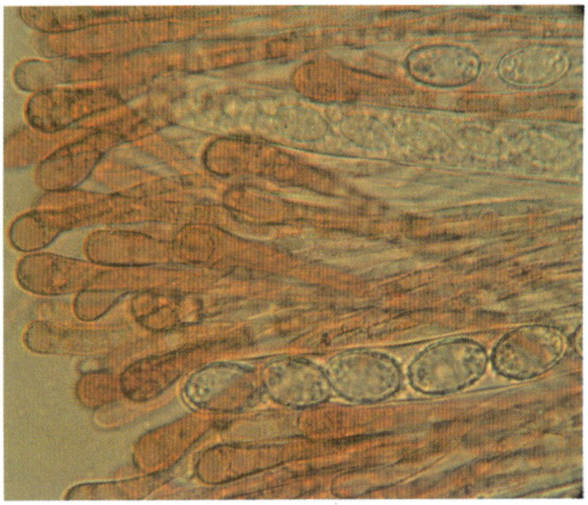

Speisemorchel *(Morchella esculenta)*

aus mehreren, an den Rändern miteinander verwachsenen „Bechern" bestehende Hüte findet man bei der Fingerhut-Verpel *(Verpa conica)*, bei den Lorcheln und Morcheln.

Bei den Sphaeriales liegen die Asci in einem Hohlraum in geschlossenen, urnen- oder flaschenförmigen Fruchtkörpern *(Perithecien)*, die einzeln oder zu mehreren in eine Kruste *(Stroma)* eingesenkt sind. Die Asci reifen nacheinander, reife Sporen werden durch eine zentrale Öffnung herausgeschossen. Beim Gelbgrünen Kissenpustelpilz *(Hypocrea aureoviridis)* sind die äußersten reifen Sporen als grüne Tupfen im sonst gelben Stroma zu erkennen.

Gelbgrüner Kissenpustelpilz *(Hypocrea aureoviridis)*

Sporen des Gelbgrünen Kissenpustelpilzes *(Hypocrea aureoviridis)*

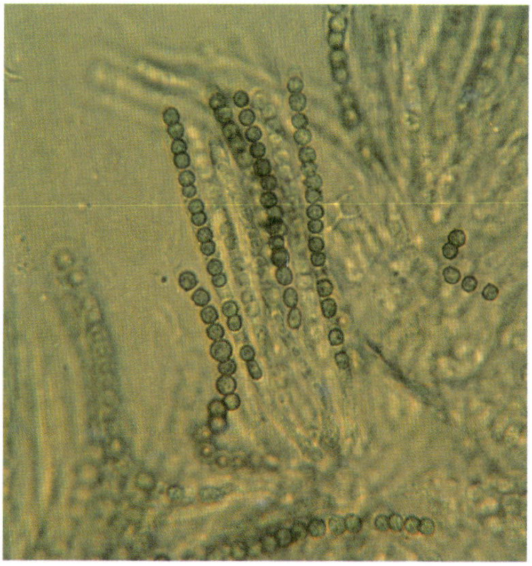

Sporen auf Basidie des Schild-Rötlings *(Entoloma clypeatum)*

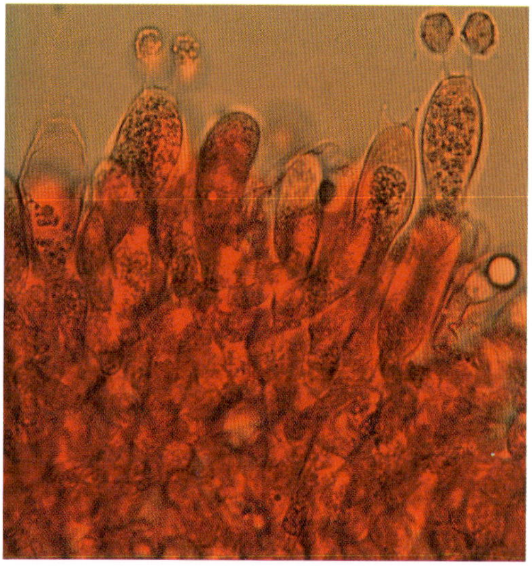

In den Asci werden 16 grüne Sporen produziert, die sich manchmal teilen. Wenn man die rotbraune Stromaoberfläche der Ziegelroten Kohlenkruste *(Hypoxylon rubiginosum)* anschneidet, werden die schwarz glänzenden Böden der Perithecien sichtbar.

♀

Perithecien im Stroma der Ziegelroten Kohlenkruste *(Hypoxylon rubiginosum)*

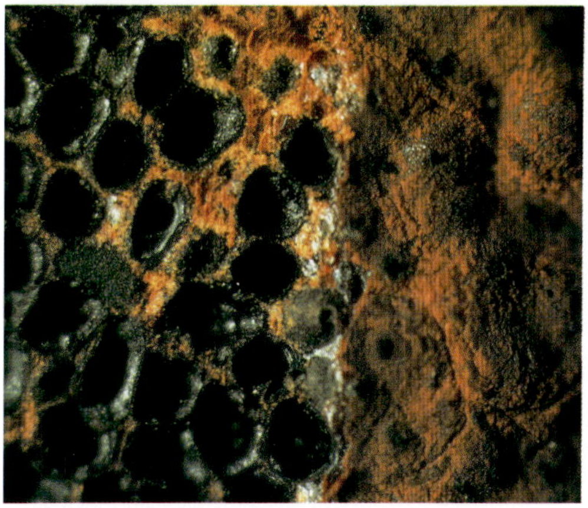

Ständerpilze (Basidiomyceten)

Bei den Ständerpilzen oder Basidiomyceten werden die Sporen auf zwei oder vier kurzen Stielchen oder Sterigmen an der Spitze knoten- oder stimmgabelförmiger Zellen, den Sporenständern oder Basidien, gebildet. Bei den meisten Basidiomyceten sind die Sporen während der Reifung der Luft ausgesetzt. Bei den Bauchpilzen (Gasteromyceten) entstehen und reifen sie in Innern der Fruchtkörper.

Zur Bestimmung der Gattung eines Basidiomyceten ist die durch einen Sporenabdruck auf Glas, Plastik(folie), schwarzem oder weißem Papier festgestellte Farbe der Sporenmasse entscheidend. Es gibt nahezu farblose bis weiße, rosa, creme- bis blassgelbe, grün- oder blaustichige, gelbbraune, zimtfarbene und rost- bis purpur- oder schokoladenbraune und schwarze Sporen. Bei der Bestimmung der Art spielen außerdem mikroskopische Merkmale wie Größe und Form der Sporen eine wichtige Rolle. Die Sporenwände der Täublinge *(Russula)* und Milchlinge *(Lactarius)* haben Warzen und Leisten.

Sporen des Rosaanlaufenden Milchlings *(Lactarius acris)* in Melzers Reagens

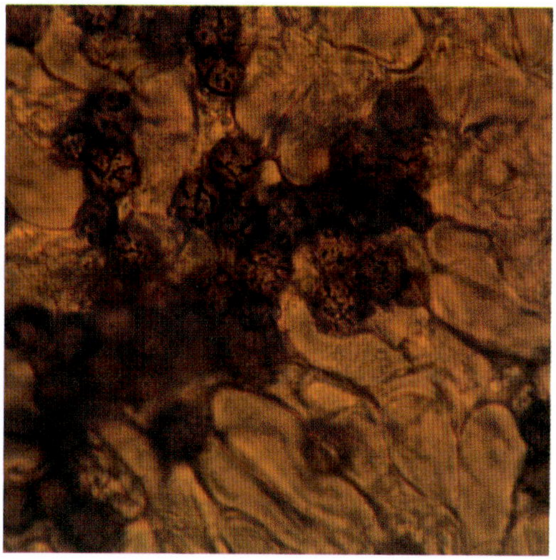

Perisporen *Coprinus semitalis*

dieser Pilze keimen später aus dem ausgeschiedenen Kot.

Pilzsporen können sich in den höheren Luftschichten über große Distanzen verbreiten. Sie sind jederzeit fast überall anwesend; Substrat, Wetter- und Umweltbedingungen entscheiden darüber, ob sie auskeimen. So kann es passieren, dass nach einem Winter mit viel Glatteis der sonst an der Küste wachsende Salzwiesen-Champignon *(Agaricus bernardii)* in Massen auf dem Seitenstreifen einer Schnellstraße auftritt, wo der Boden durch das viele Streusalz stark salzhaltig geworden ist.

Ausschlaggebend für die Bestimmung von Pilzarten sind oft Form und Struktur der in und auf verschiedenen Hut- und Stielbereichen vorkommenden Pilzfäden oder Hyphen, sowie An- oder Abwesenheit von nur unter dem Mikroskop zu erkennenden knoten- oder lanzettförmigen oder unregelmäßig geformten Zellen, wie den Zystiden.

Manche Blätterpilzsporen sind von einer gelatinösen Hülle, dem sogenannten *Perispor,* umgeben.

Auch Basidiomyceten sind zu einer enormen Sporenproduktion befähigt. Ein ausgewachsener Schuppiger Porling *(Polyporus squamosus)* produziert in acht Tagen so viele 12 µm lange Sporen, dass man mit ihnen – würde man sie aneinander legen – eine Distanz von 6000 km überbrücken könnte. Meistens werden die Sporen durch den Wind verbreitet. Die Sporen der Erdsterne und Boviste befinden sich in einem annähernd kugelförmigen Hohlraum und werden auf Druck oder durch den Aufprall von Regentropfen in Form einer Wolke durch eine zentrale Öffnung nach außen geblasen. Aufgerissene Boviste formen eine Art Spritzbecher, aus dem die Sporen vom Regen in kleinen Wolken nach oben geworfen werden. Die Nestlinge lassen sogar ihre umhüllten, wie „Eier" aussehenden Sporenpakete vom Regen aus ihren Spritzbechern schleudern, wobei sich die Hülle öffnet. Pustelpilze *(Nectria)* verbreiten ihre Sporen oder Konidien mittels Regentropfen, die vom Substrat aufspritzen. Der Kugelschneller *(Sphaerobolus stellatus)* schießt mit Hilfe eines Schüsselchens, das sich durch Veränderung des Innendrucks umstülpen kann, ein klebriges schwarzes Sporenpaket bis zu 4 m in die Höhe und 5 m weit von sich. Bei den Rutenpilzen *(Phallales)* befinden sich die Sporen in einer schleimigen, stinkenden Masse auf dem Hut und werden an den Beinchen und im Magen der vom Aasgeruch angelockten Fliegen weitertransportiert. Insekten, wie Bienen und Käfer, spielen auch bei der Verbreitung der Sporen von Rost- und Brandpilzen sowie dem durch *Ophiostoma ulmi* verursachten Ulmensterben eine entscheidende Rolle. Unterirdisch wachsende Pilze wie Trüffeln und Erdnussartige scheiden Substanzen aus, die Wildschweine und Hirsche anlocken, die dann die reifen Trüffel ausbuddeln und verspeisen. Die Sporen

Zystiden des Gurkenschnitzlings *(Macrocystidia cucumis)* in Phloxin

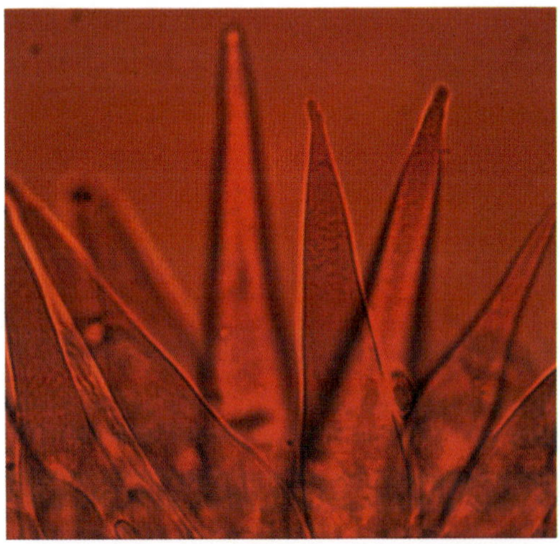

Die Fruchtschicht (Hymenium) mit den Basidien kann sich auf sehr unterschiedlichen Oberflächen befinden: auf einfachen, glatten, faltigen oder stacheligen Krusten, Häutchen, kleinen Bällen oder Fächern oder an den Wänden der Röhren ein- oder mehrjähriger Holzpilze, die in kleinen Poren an der Unterseite enden. Rost- und Brandpilze werden als eigene Gruppe neben die Basidiomyceten gestellt.

Die „klassische" Pilzform: ausgebreiteter Hut mit Sporenbildung in Blättern (Lamellen), Röhren oder Stacheln an der Unterseite, Stiel mit oder ohne Ring und Stielgrund mit oder ohne Volva, ist ein Merkmal der Blätterpilze, Röhrlinge und Stachelinge. Ob die Blätter oder Lamellen frei stehen, breit oder in einer Zacke buchtig am Stiel angeheftet sind, nur ein kleines Stück oder weit am Stiel herablaufen oder in einem am Stiel befindlichen Ring enden, sind alles wichtige Bestimmungsmerkmale. Täublinge *(Russula)* haben dickfleischige, am Stiel endende Lamellen, die in gleichmäßigen Abständen zueinander angeordnet sind.

Lamellen eines Täublings *(Russula)*

Die Röhren der Ziegenlippe *(Boletus subtomentosus)* sind von der Länge her unregelmäßig, die Poren relativ groß und eckig. Poren und Röhren sind hellgelb gefärbt. Bei manchen Röhrlingen weicht die Farbe der Poren von jener der der Röhrenschicht ab.

Röhren der Ziegenlippe *(Boletus subtomentosus)*

Die bis 5 mm langen Stacheln an der Hutunterseite des Orangegelben Korkstachelings *(Hydnellum aurantiacum)* sind zunächst fahlweiß und werden dann bräunlich bis orangebraun.
Die Poren im blassweißen bis gelbweißen Hymenium an der Unterseite des Flachen Lackporlings *(Ganoderma lipsiense)* sind kaum größer als ein Nadelstich und nur unter der Lupe gut zu erkennen.

Stacheln des Orangegelben Korkstachelings

Poren des Flachen Lackporlings *(Ganoderma lipsiense)*

Die Poren des Winterporlings *(Polyporus brumalis)* sind rund, langgestreckt oder leicht eckig. Sie haben einen Durchmesser von 1 mm und laufen ein Stück am Stiel herab.

Poren des Winterporlings *(Polyporus brumalis)*

Die Röhrenschicht des Eichenwirrlings *(Daedalea quercina)* hat eine labyrinthartige Struktur.

Labyrinthisches Hymenium des Eichenwirrlings *(Daedalea quercina)*

Manche Blätterpilze und Röhrlinge besitzen eine Haut, das sogenannte *Velum partiale*, die in geschlossenem Zustand den Hutrand mit dem Stiel verbindet und somit schützend über Lamellen oder Röhren gespannt ist.

Öffnet sich der Hut, bleibt die Haut als Ring um den Stiel oder als Rest auf oder am Hutrand herunterhängend zurück. Bei den Schleierlingen besteht das *Velum partiale* aus einem blass durchscheinenden oder einem farbigen, spinnennetzartigen Schleier *(Cortina)*, der meist eine ringförmige Zone auf dem Stiel hinterlässt. Velumreste in Form von Flocken oder Schuppen auf dem Hut, wie beispielsweise die flüchtigen weißen Tupfen auf dem roten Hut des Fliegenpilzes *(Amanita muscaria)* und / oder in Form einer Hülle oder Scheide *(Volva)* an der Stielbasis, sind Reste des häutigen *Ve-*

Geotropismus beim Zunderschwamm *(Fomes fomentarius)*

Velum des Spitzschuppigen Schirmpilzes *(Lepiota aspera)*

lum universale. Es umgibt den ganzen geschlossenen Fruchtkörper wie eine zarte oder ledrige Eierschale. Beim Spitzschuppigen Schirmpilz *(Lepiota aspera)* ist auch das weiße *Velum partiale* ausgebreitet und mit kleinen braunen Stacheln besetzt.

Um den aus den Basidien weggeschossenen Sporen einen freien Fall zwischen den Poren oder Lamellen hindurch zu ermöglichen, müssen die Lamellen oder Röhren senkrecht zum Erdboden ausgerichtet angeordnet sein. Verändert sich ihre Position, beispielsweise wenn der infizierte Baum umstürzt, sind einige mehrjährige Baumpilze in der Lage, rechtwinklig zum alten einen neuen Fruchtkörper mit einer neuen Röhrenschicht auszubilden. Diese Erscheinung nennt man Geotropismus.

Einige Nichtblätterpilze *(Aphyllophorales)* und Zitterlingsarten *(Tremella)* können auch ungeschlechtliche Sporen oder Konidien produzieren. Der Rötende Wirrling *(Abortiporus biennis)* und der Schwefelporling *(Laetiporus sulphureus)* bilden oftmals knollige, Konidien hervorbringende Fruchtkörper *(Ceriomyces)*. Beim Weißen Polsterpilz *(Oligoporus ptychogaster)* kommen die wahlweise Sporen oder Konidien produzierenden, perfekten und imperfekten Formen nebeneinander vor.

Selbst auf den Hüten der Blätterpilze können, wie bei den Zwitterlingen *(Asterophora),* Konidien ausgebildet werden. Steril gebliebene Blätterpilze, deren Lamellen nicht durch reife Sporen verfärbt worden sind (bei *Psathyrella*-Arten schwarzbraun), kommen nur selten vor.

Steriles Exemplar eines Faserlings *(Psathyrella spec.)*

Albinos, bei denen, wie im Fall des Orangeroten Becherlings *(Aleuria aurantia)* in den Paraphysen der (orange) Farbstoff fehlt, sind unter den Blätterpilzen selten.

Wenn Sporen auskeimen, wachsen sie zu röhrenförmigen, durch Querwände unterteilten Pilzfäden, den Hyphen, aus, die im Boden oder im oder auf dem Substrat miteinander das Mycel bilden. Hieraus entstehen bei günstigen Bedingungen kleine Knöpfchen, aus denen, wie die Äpfel am Apfelbaum, wiederum jene Fruchtkörper wachsen, die die Sporen verbreiten.

Mycel eines Schwindlings *(Marasmius)*

Vom Gelbflockigen Hallimasch *(Armillaria lutea)* hat man ein zusammenhängendes Mycel gefunden, dass sich über 15 ha erstreckt, mehr als 100 000 kg wiegt und 1500 Jahre alt ist.

Wachsen die Mycelfäden alle mit derselben Geschwindigkeit speichenartig von einem Punkt in der Mitte aus nach außen, so bilden die unterirdischen Fruchtkörper einen Hexenring aus, dessen Umfang jedes Jahr zunimmt. Der älteste bekannte Hexenring hat einen Durchmesser von 1 km und ist 700 Jahre alt. Berühmt sind die 100 m im Durchmesser messenden und 300 Jahre alten, untereinander verwachsenen „fairy rings“ des Nelkenschwindlings *(Marasmius oreades)* auf den Hügeln rund um Stonehenge in England. Das austreibende Mycel produziert Blausäure, wodurch das Gras an der Außenseite des Rings abstirbt.

Hexenring des Nebelgrauen Trichterlings *(Clitocybe nebularis)*

In manchen Fällen entwickelt sich das Mycel in Form einer kompakten, mehr oder weniger großen Knolle, dem Sklerotium, das von einer Haut umgeben sein kann. Sklerotien kommen beim Sklerotien-Porling *(Polyporus tuberaster)* im Boden und bei den Sklerotien-Becherlingen *(Sclerotinia),* einigen kleinen Rüblingen *(Collybia)* und dem Mutterkorn *(Claviceps purpurea)* in oder auch mit dem Substrat verwachsen vor. Aus den kaum austrocknenden Sklerotien wachsen unter günstigen Bedingungen die Fruchtkörper heraus.

Die meisten Pilze findet man im Herbst. Je nach Art kann das Auftreten der Fruchtkörper jedoch Jahr für Jahr durch wechselnde Standort-, Wetter- und Umweltbedingungen zeitlich stark variieren. Mehrjährige Baumpilze bilden an ihrer Unterseite jedes Jahr eine neue Röhrenschicht aus. Sie können auf diese Weise Jahrzehnte alt werden. Im Gegensatz hierzu leben manche auf Mist wachsende Tintlinge nur wenige Stunden.

Der Scharlachrote Kelchbecherling *(Sarcoscypha coccinea)*, der Kätzchenbecherling *(Ciboria amentacea)* und auch der Hasel-Kleiebecherling *(Encoelia furfuracea)* kommen nach den letzten Frösten zwischen Februar und April zum Vorschein. Morcheln, die Fingerhut-Verpel *(Verpa conica)*, der Aderige Scheiben-Becherling *(Disciotis venosa)*, Knöterich-Stromabecherling *(Stromatinia rapulum)*, der Weißdorn-Fruchtbecherling *(Monilinia johnsonii)*, der Sumpf-Haubenpilz *(Mitrula paludosa)* und auch einige Lorcheln zeigen ihre Fruchtkörper ausschließlich im Frühjahr. Viele Arten besitzen eine große Vorliebe für verregnete Sommer. Der Samtfuß-Rübling *(Flammulina velutipes)* und der Austernseitling *(Pleurotus ostreatus)* sind vom Spätherbst an bis in den Winter hinein – manchmal sogar mit schneebedeckten Hüten – zu finden.

Mykorrhiza

Ungefähr ein Viertel der bei uns vorkommenden *Macrofungi* leben symbiontisch an den Wurzeln von Laubbäumen wie Eichen, Buchen, Hainbuchen, Birken, Erlen, Pappeln, Weiden, Linden, Esskastanien und Hasel, oder von Nadelbäumen wie Kiefern, Fichten und Lärchen. Sie bilden eine sogenannte *Ectomykorrhiza,* ein Mycel, das die Wurzeln umgibt und sie vor Austrocknen, Schwermetallen und Parasiten schützt. Es wächst als fein verästeltes Hyphengeflecht zwischen den Baumwurzeln und verbessert somit auch deren Stabilität. Über dieses weite Netz funktioniert die Aufnahme von Wasser und den darin gelösten Nährsalzen aus dem Boden in den Baum.

Der Pilz benutzt die Mykorrhiza zur Deckung seines Energiebedarfs, indem er mit ihrer Hilfe vom Baum hergestellte Kohlehydrate und Stärke aufnimmt. Bäume würden oft ohne dieses durch die Hyphen stark vergrößerte und von einem schützenden Mantel umgebene Wurzelsystem nicht überleben; Mykorrhiza bildende Pilze können ebensowenig ohne den Baum überleben. Bei einer Störung des Gleichgewichts dieser auf gegenseitiger Abhängigkeit beruhenden Beziehung kann die Symbiose jedoch in einen einseitigen Parasitismus übergehen. Über 90 Prozent der höheren Pflanzen gehen eine Lebensgemeinschaft mit einem pilzlichen Mykorrhizapartner ein.

Ein geringer Teil dieser Pilze (Spezialisten) kann nur mit einer einzigen Baumart eine Symbiose eingehen, während die sogenannten Generalisten mit verschiedenen Laub- und/ oder Nadelbäumen eine Mykorrhiza bilden können. So kommen der Goldgelbe Lärchen-Röhrling *(Suillus grevillei)* und der Hohlfuß-Röhrling *(Boletinus cavipes)* ausschließlich in Symbiose mit Lärchen vor. Der sowohl an Laub- als auch an Nadelbäumen eine Ectomykorrhiza formende Kahle Krempling *(Paxillus involutus)* kann sogar saprotroph auf Totholz leben.

Die meisten Ectomykorrhizabildner gehören zu den Basidiomyceten oder Ständerpilzen. Oft treten sie in Sukzession auf. So stößt man in jungen Kiefernwäldern auf große Mengen des Blutblättrigen Hautkopfs und des Kuhröhrlings. In älteren Wäldern wird ihre Rolle durch den Maronenröhrling *(Boletus badius)* und verschiedene Täublinge übernommen. Bei Laubbäumen treten Lacktrichterlinge *(Laccaria)* und Fälblinge *(Hebeloma)*, sowie der Kahle Krempling *(Paxillus involutus)* als Pioniere auf. Manchmal findet man um einen Baum herum einen Wurzelring ihrer Fruchtkörper, ähnlich einem Hexenring.

Mykorrhizen mit faserigen Hyphen haben großen Anteil an der Versorgung von Pflanzen und Bäumen mit Wasser. Die Ectomykorrhiza der Milchlinge *(Lactarius)* besteht aus einer kompakten, an der Oberfläche glatten Mycelmasse, die die Wurzeln umgibt und oft dieselbe Farbe hat wie der oberirdische Fruchtkörper. Sie spielen eine wichtige Rolle bei der Versorgung der Laub- und Nadelbäume mit organischen Stickstoff- und Phosphorverbindungen.

Die Wurzeln des Ahorns, der Eschen, Platanen, Ulmen und Rosskastanien sind von einem Pilzmantel umge-

Ectomykorrhiza eines Milchlings *(Lactarius)*

ben, den man Endomykorrhiza oder vesikulär-arbuskuläre (VA-) Mykorrhiza nennt und der nicht zur Bildung oberirdischer Fruchtkörper befähigt ist. Außerdem kommen Mykorrhizen noch an Heidekraut und Orchideen, an Erdbeerbaumartigen und Wintergrünartigen (*Arbutus*-Mykorrhiza) und selbst als Symbiose zwischen Pilzen und Insekten bei Läusen, Käfern, Ameisen und Termiten vor.

Die Symbiosen zwischen Pilzen und Bäumen sind empfindlich. Bedingt durch Umweltverschmutzung und Trockenheit ist in den letzten Jahren insbesondere unter den höheren Schimmelpilzen, die mit Bäumen eine Ectomykorrhiza bilden, ein starker Rückgang zu verzeichnen.

Ungeachtet seiner eigenen Mykorrhiza mit Kiefern, bezieht der Rosenrote Schmierling *(Gomphidius roseus)* einen Teil seiner Nährstoffe über die Mykorrhiza des Kuhröhrlings *(Suillus bovinus)*. Dasselbe gilt vermutlich für den Kupferroten Gelbfuß *(Chroogomphus rutilus)*, der auf der Mykorrhiza von Röhrlingen *(Suillus)* und Wurzel-Trüffeln *(Rhizopogon)* parasitiert. Der Fichtenspargel *(Monotropa hypopithys)*, eine chlorophylllose Pflanze, bekommt die lebensnotwendigen Kohlehydrate über Pilzwurzeln von einem Nadelbaum, auf dem er zu diesem Zweck parasitiert. Die Nährstoffe entzieht er der Mykorrhiza von Ritterlingen und Röhrlingen, die an seinen Wurzeln wachsen.

Parasiten und Saprophyten

Pilze, die keine Symbiose mit Pflanzen oder Bäumen eingehen können, leben als Saprophyten oder Parasiten. Holz- und Streusaprophyten oder Saprotrophe verwerten totes organisches Material. Was ihren Kohlenstoff- und Nährstoffkreislauf angeht, so gehören sie zu den wenigen Organismen, die Holzbestandteile (Lignine) mit Hilfe von Enzymen in Cellulose zerlegen und weiter in nutzbare Stoffe für sich selber oder andere Lebewesen umwandeln können. Über 90 Prozent des Abbaus von organischen Reststoffen geschieht durch Pilze. Ohne sie würde jeder Wald in seinem eigenen Abfall ersticken. Der Rauchgraue Porling *(Bjerkandera adusta)*, Kahlköpfe *(Psilocybe)* und Helmlinge *(Mycena)* Arten „knacken“ das Substrat mit selbst hergestellten chlorierten Kohlenwasserstoffen. Obligate Parasiten leben auf Kosten eines lebenden Wirts, während fakultative Parasiten („Schwächeparasiten“) eine kranke oder geschwächte Wirtspflanze oft töten und danach als Saprophyt weiterleben. Auf Holz und Streu lebende Saprophyten und Parasiten kommen auf allen möglichen Baum- und Pflanzenteilen vor; Saprotrophe leben sogar auf verbrannten und mumifizierten Teilen oder gar auf halb zersetztem Material in Misthaufen. Manche sind stark spezialisiert und kommen beispielsweise ausschließlich auf männlichen

Fichtenspargel *(Monotropa hypopithys)*

Erlenkätzchen oder Kiefernnadeln vor, während andere stets in einer zeitlich festen Aufeinanderfolge auftreten. So parasitiert die Buckeltramete *(Trametes gibbosa)*, die saprotroph auf Buchen lebt, gleichzeitig auf dem eher im Holz zu findenden Mycel des Rauchgrauen Porlings *(Bjerkandera adusta)*. Die auf Mist prächtig gedeihenden Tintlinge scheiden Stoffe aus, die die Hyphen von Konkurrenten, etwa anderen Schlauchpilzen, abtöten.

Es gibt Rindenpioniere und Baumpilze, die auf freiliegendem Kernholz leben. Auf einem vom Blitz gespaltenen alten Buchenstamm konnten in acht Jahren über hundert einander ablösende höhere Pilze und Schleimpilze beobachtet werden. Wo konkurrierende Pilze aufeinanderstoßen, entstehen „Schützengräben" oder Demarkationslinien, die die Domänen der beiden Mycelien begrenzen. Wenn das Holz zerbrochen oder durchgesägt wird, werden sie als schwarze Linien sichtbar.

Arten wie der Hallimasch *(Armillaria mellea)*, die Wurzellorchel *(Rhizina undulata)* und der Echte Hausschwamm *(Serpula lacrymans)* können sich außer über Sporen, die durch den Wind verbreitet werden, noch mit Hilfe von wurzelähnlichen Mycelsträngen oder Rhizomorphen über den Boden oder das Substrat ausbreiten und so Baumwurzeln oder Holz besiedeln. Genau wie die Lamellen des vornehmlich in Südeuropa vorkommenden Ölbaum-Trichterlings *(Omphalotus illudens* oder *Omphalotus olearius)* leuchten auch die schwarzen Rhizomorphen des Hallimaschs *(Armillaria mellea)* im Dunkeln.

Der Lebenszyklus von aquatischen oder amphibischen Pilzen läuft ganz oder teilweise unter der Wasseroberfläche ab. *Fungi imperfecti* und Ascomyceten der Gattungen *Paecilomyces*, *Laboulbenia* und *Cordyceps* leben parasitär auf Insekten und auf Schmetterlingspuppen. Hornpilze wie *Onygena corvina* und andere *Onygenales* benutzen als Substrat keratinhaltige Vogelfederschäfte, Schnäbel, Gewölle, Hufe, Hörner, Haare (Wolle) und die Haut von Mensch und Tier (Mykosen). Auf und in anderen Pilzen leben der Schmarotzer-Röhrling *(Boletus parasiticus)*, der Parasitische Scheidling *(Volvariella surrecta)*, der Duftende Schuppenwulstling *(Squamanita odorata)* und bestimmte Arten der Gattungen *Cordyceps, Hypocrea, Hypomyces, Asterophora* und *Collybia*. Hyphen des Muschel-Seitlings *(Hohenbuehelia)* fangen und verzehren Fadenwürmer oder Nematoden. Auf dem Mycel des Austernseitlings *(Pleurotus ostreatus)* bilden sich Knöpfchen, die die Würmer erst mit Gift töten und dann mit Hyphen überziehen. Anamorphen von *Orbilia* fangen Springschwänze und Nematoden. Pilze und Hefen kommen auch auf und im Menschen vor: So verursacht *Candida albicans* Mundfäule und andere Mykosen. *Histoplasma capsulatum* ist verantwortlich für Histoplasmose und die Papageienkrankheit. *Epidermophyton floccosum* und *Trichophyton rubrum* sind als Bad- oder Fußpilze und Zehennagelpilze bekannt und *Trichophyton tonsurans (Tinea tonsurans)* erscheint als Ringflechte auf der (Kopf-) Haut.

Außerdem sind Mycelien und Fruchtkörper für viele in und auf dem Boden lebende Tiere, wie Schnecken und Würmer, Insekten und deren Larven (Fliegen, Asseln, Käfer, Tausendfüßler, Milben, Springschwänze) als

Zitzengallen *(Agathomyia wankowiczi)*

Rhizomorphen des Hallimaschs *Armillaria mellea*

Ozonium eines Tintlings *(Coprinus)*

Durch den Zunderschwamm *(Fomes fomentarius)* verursachte Braunfäule

Brutstätte und Nahrungsquelle von großer Bedeutung. Eiweißreiche Fruchtkörper stehen im Herbst fast täglich auf dem Speiseplan der Säugetiere, wobei Mäusen, Eichhörnchen, Kaninchen, Rehen, Hirschen und Wildschweinen. Die Zitzengallenfliege *(Agathomyia wankowiczi)* legt ihre Eier in das Hymenium des Flachen Lackporlings *(Ganoderma lipsiense)*. Die Larven dringen durch den zentralen Porus der warzenförmigen Galle nach außen, verpuppen sich und fliegen aus. Drei Tintlingsarten *(Coprinus)* entwickeln auf Holz oft ein orangebraunes, steriles Luftmycel oder Ozonium.

Viele Pilze können (Hemi-)Cellulose aufknacken, aber lediglich ein paar Gruppen von Pilzen sind gleichzeitig noch im Stande, Lignin zu verarbeiten. Bei gleichzeitigem Abbau von (Hemi-)Cellulose und Lignin entsteht Korrosionsfäule. Durch das Aufbrechen allein des Lignins erscheint das Holz bleich. Werden Lignin und (Hemi-)Cellulose aufgebrochen, wird das Holz morsch und längsfaserig und bleibt nur leidlich biegsam. Der Echte Zunderschwamm *(Fomes fomentarius)* ist in zunehmendem Maße verantwortlich für die Entstehung der gefürchteten Weißfäule an noch stehenden oder liegenden Buchen- und Birkenstämmen. Auf dem vom Schmetterlingsporling *(Trametes versicolor)* befallenen Baum ist die Weißfäule im weiter innen liegenden Kernholz zu erkennen.

Wenn nur Cellulose oder Hemicellulose aufgeknackt wird, entsteht Braun- oder Destruktionsfäule. Das Holz wird rost- oder dunkelbraun, querrissig und bekommt eine würfelige Struktur. Schwere Äste und Stämme werden dadurch anfällig für Bruch und Windwurf. Zum Schluss zerfällt das Kernholz zu braunem Staub. Braunfäule begegnet man häufiger in Nadel- als in Laubholz. Auf beschädigten alten Eichen kann man den Leberpilz *(Fistulina hepatica)*, der Essigsäure als Energiequelle benutzt, und den Schwefelporling *(Laetiporus sulphureus)*, der neben Eichen auch das Kernholz anderer Bäume zersetzt, antreffen. Das Mycel des Birkenporlings *(Piptoporus betulinus)* verursacht Braunfäule in noch stehenden oder schon liegenden Birkenstämmen. Die Abbildung des Dünnhäutigen Warzenschwamms *(Coniophora arida)* zeigt Destruktionsfäule im feuchten Zustand.

Bei einer weniger häufig vorkommenden Art der Holzfäule, der Moderfäule, wird die (Hemi-)Cellulose aufgebrochen und das Lignin auf bestimmte Art und Weise modifiziert. Sie wird durch *Fungi imperfecti* und Kernpilze wie dem Brandkrustenpilz *(Ustulina deusta)* verursacht und tritt in feucht verrottendem, auf dem Boden liegenden Holz oder oft in abgemähten Feldern, im Stammfuß oder in den Hauptwurzeln von Bäumen auf. Beim Brandkrustenpilz, der vornehmlich auf

Braunfäule, verursacht durch den Birkenporling *(Piptoporus betulinus)*

Buchen und Linden vorkommt, stößt man auf die charakteristischen schwarzen Trennlinien und Zonen in überwiegend weißem, stellenweise braun verfärbendem, nass verrottendem Holz.
Einige Holz bewohnende Pilze färben das Holz oberflächlich rot, wohingegen das Mycel der Grünspanbecherlinge *(Chlorociboria)* das Holz grün färbt.

Pilze und Krustenflechten als Bio-Indikatoren

Pilze und Schimmel bilden in der Natur einen unverzichtbaren Bestandteil in verschiedenen lebensnotwendigen Prozessen, wie Wasser- und Nährstoffaufnahme sowie Aufbrechen, Umsetzen und Verwerten von organischen Abfallstoffen. Sie können sogar Schwermetalle aufnehmen und speichern. Sie sind sehr empfindlich gegen Störungen und Gleichgewichtsverschiebungen im Ökosystem der Grünpflanzen.
Pilze und Krustenflechten sind nützliche Bio-Indikatoren, da einige von ihnen stark auf Umweltverschmutzung, Bodenversauerung, Überdüngung, Parzellierung und Entwässerung oder Austrocknen reagieren. Die An- oder Abwesenheit bestimmter Indikator-Arten setzt Richtlinien für Pflege und Management.
In den letzten Jahren wurde zunehmend ein Rückgang und damit eine Bedrohung insbesondere der Spezialisten unter den Ektomykorrhizabildnern und der Großpilze *(Macrofungi)* nährstoffarmer Biotope sowie Wiesen und Wälder mit mageren Sandböden festgestellt. Im Gegensatz dazu nimmt die Zahl und Häufigkeit von Schwäche-Parasiten und Stickstoff liebender Holz, Humus und Streu verwertender Arten gegenwärtig stark zu. In vielen Ländern gibt es bereits eine Rote Liste mit den (vom Aussterben) bedrohten Arten.

Pilze als Nahrungsmittel

Pilze, wie der Echte Hausschwamm *(Serpula lacrymans)*, verursachen Schäden an Gebäuden und sind verantwortlich für Pflanzenschäden und Ernteausfälle oder das Verderben von Lebensmitteln. Durch Quarantänemaßnahmen, Eliminierung von Rostpilz-Wirtspflanzen, Fungizide und Konservierungsmittel versucht man Auftreten und Verbreitung der Schädlinge zurückzudrängen. Die eiweißreichen Fruchtkörper der höheren Pilze liefern aber auch einen wichtigen Beitrag zu unserer Ernährung.
Bedeutsam sind vor allem die in der Natur leicht zu sammelnden frischen Fruchtkörper der Morcheln, Trüffeln, Röhrlinge, Pfifferlinge, Champignons, Semmelstoppelpilze *(Hydnum repandum)*, Edelreizker *(Lactarius deliciosus)*, Nelkenschwindlinge *(Marasmius oreades)*, Schopftintlinge *(Coprinus comatus)*, Riesenboviste *(Langermannia gigantea)* und Ritterlinge, wie *Tricholoma matsutake* sowie auf Termitenhaufen wachsende Arten der Gattung *Termitomyces*. Weitere bekannte Arten sind der Perlpilz *(Amanita rubescens)*, der Riesenschirmling *(Macrolopiota procera)*, der Violette Ritterling *(Lepista nuda)*, die Krause Glucke *(Sparassis crispa)* und der Beulenbrand *(Ustilago maydis)*.
Auf Holz, Holzschliff und Sägemehl, Stroh, Mist, Kompost und anderen organischen Abfällen werden tropische Schwarzstreifige Scheidlinge *(Volvariella volvacea)*, Samtfußrüblinge *(Flammulina velutipes)*, Austernpilze (Gattung *Pleurotus*), Champignons *(Agaricus bisporus)*, Shiitake *(Lentinula edodes)*, Rotbraune Riesen-Träuschlinge *(Psilocybe rugosoannulata* oder *Stropharia rugosoannulata*), Zitterlinge *(Tremella fuciformis)*, Judasohren *(Auricularia polytricha)* und „Hexeneier" der Schleierdame *(Phallus duplicatus)* gezüchtet. An wildem Reis, der mit dem Brandpilz (*Ustilago esculenta)* inokuliert wird, kann man später die ausgewachsenen Pilzkörper ernten.
Ohne Schimmelpilze und Hefen wäre die Herstellung von Nahrungs- und Genussmitteln, wie Ketchup, Miso, Tempeh (indonesischer Kuchen aus fermentierten Sojabohnen), Käse und Brot und von alkoholischen Getränken, wie Wein, Sake, Rum, Whisky und Bier gar nicht möglich. In der Landwirtschaft, im Gemüse- und Obstanbau werden Pilze mehr und mehr zur gezielten Bekämpfung von Insektenplagen eingesetzt.

Schimmel und Pilze als Heilmittel

Die heilende Wirkung des von Flemming 1928 durch Zufall entdeckten, aus *Penicillium notatum* gewonnenen Penicillins und anderer Antibiotika war schon Jahrhunderte vorher bekannt. Auf verdorbenen Lebensmitteln und Mist vorkommende Schimmelpilze waren ein wichtiger Bestandteil der „Dreckapotheke" des Mittelalters. Früher schmierten die Bauern in den niederländischen Provinzen Groningen und Drent auf eiternde Wunden den grünen Roggenbrotschimmel. Den Sporenstaub der Staubpilze und Boviste, der unter dem Namen *Fungus chirurgorum* gehandelt wurde, verwendete man gegen Nasenbluten, Krampfadern und als Babypuder.
Der schon seit Jahrhunderten den Lebenselixieren beigemengte Glänzende Lackporling *(Ganoderma lucidum)* rückte unter anderem wegen seiner möglicherweise krebshemmenden Wirkung in den Brennpunkt des Interesses. Der seltene, an Lärchen wachsende *Laricifomes officinalis* ist bekannt für seine blutstillenden und abführenden Eigenschaften. Von der Kernkeule *(Cordyceps sinensis)* befallene Schmetterlings-

raupen und -puppen werden auf chinesischen Märkten als Delikatesse (jertsa gunboe) und Heilmittel (tongtchong-ha-sjo) angeboten. In Shanghai pflegten die Ringer zur Vorbereitung auf Wettkämpfe mit Fruchtkörper überzogene Puppen zu essen. Einige in China und Japan häufig verspeiste Judasohr-Arten enthalten eine Substanz, die der Bildung von Blutgerinnseln entgegen wirkt. Der Verzehr von Hexeneiern der Schleierdame soll den Cholesterinspiegel im Blut senken und gegen hohen Blutdruck helfen. Aus den Fruchtkörpern des Orangeroten Becherlings *(Aleuria aurantia)* wird heutzutage das tumorhemmende Lectin gewonnen.
Die Sklerotien des Mutterkorn wurden – trotz der bei langer Anwendung auftretenden ernsten Folgen – als Wehen förderndes Mittel (daher auch der Name) und bis zur Mitte unseres Jahrhunderts sogar gegen Migräne verschrieben. Auch manchen Kahlköpfen *(Psilocybe)* und den häufig gegessenen Violetten Ritterlingen *(Lepista nuda)*, dem Shiitake *(Lentinula edodes)* und den Zitterlingen *(Tremella fuciformis)* werden heilende Eigenschaften zugeschrieben.

Giftige und halluzinogene Pilze

Gefürchtet sind die oft erst zu spät entdeckten, in einem grauenhaften Todeskampf endenden Vergiftungen mit dem Grünen Knollenblätterpilz *(Amanita phalloides)* oder dem wesentlich selteneren Spitzhütigen Knollenblätterpilz *(Amanita virosa)* und dem Weißen Knollenblätterpilz *(Amanita verna)*. Vergiftungen durch die in ihren Fruchtkörpern enthaltenen Amatoxine sind oft die Folge von Verwechslungen mit selbst gesammelten Champignons. Der Grüne Knollenblätterpilz wurde auch häufig als wirkungsvolles Mittel zum (Selbst-)Mord und bei Giftanschlägen, wie etwa dem auf Kaiser Claudius, das durch rechtzeitiges Erbrechen vereitelt werden konnte, gebraucht. Denselben Giftstoff enthalten auch manche Häublinge *(Galerina)*, Schirmlinge *(Lepiota)* und Samthäubchen *(Conocybe)*.
In den 50er Jahren gab es in Polen 19 Todesfälle durch Vergiftungen mit dem in Orangefuchsigen Rauköpfen *(Cortinarius)*, allerdings erst später nachgewiesenen, Orellanin. Trotz wiederholter Warnungen vor möglicherweise ernsten Folgen des sogenannten Gyromitrasyndroms sterben jedes Jahr Menschen nach dem Verzehr der Frühjahrs-Lorchel *(Gyromitra esculenta)* oder des Kronenbecherlings *(Sarcosphaera crassa)*. Das Paxillussyndrom, das selbst Jahre nach Verzehr des Kahlen Kremplings *(Paxillus involutus)* noch auftreten kann, verläuft manchmal auch tödlich. Außerdem kommen schwere Vergiftungen mit dem in einigen Arten von Risspilzen *(Inocybe)* und Trichterlingen *(Clitocybe)* enthaltenen Muscarin vor. Auch das Pantherinasyndrom, das nach dem Genuss des Pantherpilzes *(Amanita pantherina)* oder des Narzissengelben Wulstlings *(Amanita gemmata)* auftritt, führt nicht zum Tode.
In manchen Ländern gibt es Pilzberatungsstellen, wo Laien ihre gesammelte Pilzbeute auf giftige Exemplare hin kontrollieren lassen können. Berühmte Personen aus der Geschichte, wie Siddharta Buddha, Papst Clemens VII. und die Kaiser Diocletian und Karl VII. sollen (trotz allem) an den Folgen einer Pilzvergiftung verstorben sein. Daneben treten Vergiftungen durch roh oder ungenügend erhitzte Pilze und das in verdorbenen Pilzen entstehende Leichengift auf. Röhrlinge, Tintlinge und Riesenboviste können Schwermetalle und radioaktive Stoffe in einer Konzentration in ihrem Fruchtkörper speichern, die in Nahrungsmitteln nicht zugelassen ist. Das Einatmen einer Wolke Sporenstaub des Austernpilzes kann eine heftige, asthmatische Reaktion hervorrufen.
Mykotoxine, wie das durch den auf Erdnüssen, Nüssen, Körnern und Früchten vorkommenden Schimmelpilz *Aspergillus flavus* produzierte Aflatoxin sind verantwortlich für Leberkrebs und Gallenblasenerkrankungen bei Mensch und Tier. Von *Fusarium*-Arten herrührende Mykotoxine, die die Amerikaner im Vietnamkrieg als chemische Waffe, dem „Gelben Regen", einsetzten, verursachten bei den Vietnamesen schwere Magen-Darm-Störungen und innere Blutungen, die in den meisten Fällen zum Tode führten.
Vor der Einführung von Pilzbekämpfungsmitteln (Fungiziden) traten regelmäßig Vergiftungen durch Brot und Schiffszwieback auf, die mit „schlecht verlesenem Getreide und mit Mutterkorn verunreinigtem Mehl gebacken wurden. Die Alkaloide, die in den mitgemahlenen Sklerotien enthalten waren, verursachten Ergotismus, auch Kribbelkrankheit, Kalter Brand oder Antoniusfeuer genannt, das oft mit Raserei und epileptischen Anfällen oder mit dem Absterben von Extremitäten (Gangrän) einher geht. Zu Anfang dieses Jahrhunderts wurde in einigen Düngerlingen *(Panaeolus)* und Kahlköpfen *(Psilocybe)* jener Inhaltsstoff entdeckt, aufgrund dessen bereits die Azteken diese Pilze in Ritualen gebrauchten. Kurze Zeit nach dem Verzehr treten euphorische Zustände und farben- und formenreiche Halluzinationen auf. Ende der 60er Jahre brachten die Gurus der jungen Generation das in den Kahlköpfen enthaltene Psilocybin (und LSD) in Mode. Heute werden diese in Gewächshäusern gezüchteten „ecodrugs", zumindest in den Niederlanden, in speziellen Geschäften verkauft.
Die Wirkung halluzinogener Pilze auf die Sinneswahrnehmung und das Verhalten des Konsumenten ist nicht zuletzt auch von der Persönlichkeit des oder der Betroffenen abhängig, von Fall zu Fall also sehr verschieden. Im Zusammenhang mit den möglicherweise auftretenden psychiatrischen Symptomen, die oft eine stationäre Einweisung erzwingen, ist vor allem labilen Personen und insbesondere depressiv oder psychotisch veranlagten Menschen vom Gebrauch der Pilze dringend abzuraten.

Der praktische Nutzen der Pilze

Vor der Erfindung der Streichhölzer wurde der Kern junger Echter Zunderschwämme *(Fomes fomentarius)* so lange geklopft, bis er eine weiche, flockige Konsistenz hatte. Den „Zunder“ steckte man mit Feuersteinen in eine Zunderdose, die man mit sich herumtrug. Durch die Funken, die beim Aufeinanderschlagen der Feuersteine entstehen, ließ sich das Zunderbüschel entzünden und damit wiederum ein Holzfeuer entfachen. Aus dem Kern geschnittene Scheiben wurden zu einer Art Juchtenleder verarbeitet, aus dem Glacé-Handschuhe und Wundverbände gemacht wurden. Noch heute stellt man aus Zunder Hüte her. Birkenporlinge *(Piptoporus betulinus)* verwendete man in getrocknetem Zustand zum Tintenlöschen beim Schreiben mit dem Gänsekiel. Imker rauchten sie in ihren Pfeifen, um durch den entstehenden Rauch die Bienen zu verwirren. Vor wenigen Jahren fand man Birkenporlinge an einem Strick um die Taille des im Gletschereis gefundenen „Ötzis“, der 3000 Jahre vor Christus gelebt hat. Die Hüte des Fleischig-zottigen Rostporlings *(Inonotus hispidus)* enthalten einen gelben Farbstoff, der verwendet wird, um Seide und Leder kastanienbraun einzufärben. Das Mycel der Grünspanbecherlinge *(Chlorociboria)* färbt die Haut grün. Nur schwach befallenes, grün verfärbtes Holz verwendete man für Intarsienarbeiten an Möbeln und Bilderrahmen (Tunbridge-Ware). Aus Krustenflechten wurde früher Lackmus gewonnen.

Ein Wort zum Schluss

Die vorliegende Enzyklopädie ist in erster Linie ein Fotobildband, ein Nachschlagewerk, das die große Vielfalt der Pilzarten veranschaulichen möchte. Es ist ein „Bilderbuch“, das man sich oft anschauen sollte, um in der Natur die Pilze schon rein optisch erkennen zu können. Die Enzyklopädie enthält weder Bestimmungsschlüssel noch -tabellen. Ein Drittel bis die Hälfte der bei uns vorkommenden Pilzarten ist nur mit Hilfe eines Mikroskops und Spezialliteratur sicher zu bestimmen.

In den nun folgenden Kapiteln sind die mit bloßem Auge, Lupe oder mit Händen, Mund und Nase wahrnehmbaren Eigenschaften der aufgeführten Pilzgattungen und abgebildeten Arten beschrieben. Insbesondere werden Schleimpilze oder Myxomyceten, Schlauchpilze oder Ascomyceten, und Ständerpilze oder Basidiomyceten behandelt. Die in den Beschreibungen gebrauchten Abkürzungen und Symbole sind auf S. 4 erklärt. Mykologische Fachausdrücke wurden in diesem Kapitel erläutert.

Der Schleimpilz *Enteridium lycoperdon*, vgl. S. 33

2 Schleimpilze (Myxomyceten)

Obwohl die Schleimpilze (Myxomyceten) streng genommen nicht zum Pilzreich zählen, werden sie doch meistens von Pilzkundlern oder Mykologen behandelt. Die fast 500 Arten Myxomyceten oder *Dictyostelida* bilden eine Gruppe von Organismen, die sich von allen anderen Lebewesen unterscheiden. Aus Sporen entstehen amöben- (Myxoamöben) und flagellatenähnliche (Myxomonaden), mikroskopisch kleine, kriechende oder schwimmende Anfangsstadien, die in ein sich horizontal oder vertikal fortbewegendes Stadium *(Plasmodium),* übergehen und schließlich in einem ortsgebundenen Stadium mit Fruchtkörper enden, in dem sich die zur Fortpflanzung und Verbreitung unerlässlichen Sporen bilden. Die kriechende, sich von Mikroorganismen wie Bakterien und von Pilzsporen und Hyphen ernährende Plasmamasse, das sogenannte Plasmodium, hinterlässt meistens auf oder im Substrat eine perlmuttartig glänzende „Kriechspur" mit Speiseresten. Einige Schleimpilze haben ein recht voluminöses und kompaktes, oft hell gefärbtes *Plasmodium.* Das Plasmodium des weltweit sehr verbreiteten Blutmilchpilzes *(Lycogala epidendrum)* ist orange- bis zinnoberrot oder karminrot bis karminrosa gefärbt.

Plasmodium von Blutmilchpilz *Lycogala epidendrum*

Lycogala epidendrum

BLUTMILCHPILZ

Ungestielte Fruchtkörper in kleinen Gruppen, die manchmal in Kontakt stehen, kugel- oder kissenförmig, Ø 3-15 mm, rosa bis beige oder dunkelgrau, mit Schüppchen. Auf verrottendem Holz, Rinde und abgebrochenen Ästen oder am Boden in der Nähe von Baumstümpfen.

Blutmilchpilz *(Lycogala epidendrum)*

Die meisten Myxomyceten haben ein stark geadertes, sich fächerförmig ausbreitendes und zu einer Art Netz entwickelndes Plasmodium, das sich in „Strömen" über und im Substrat fortbewegt.

Plasmodium

Unter ungünstigen Umweltbedingungen kann ein Plasmodium sich zusammenziehen, wobei die inneren Teile mit einer festen Wand umgeben werden und Sklerotien entstehen. Nach ausreichender Nährstoffaufnahme und oftmals auch unter Lichteinfluss geht das Plasmodium zur Ausbildung von einem oder mehreren, großen oder kleinen Fruchtkörpern über. Wenn sich das Plasmodium zu einer großen Anzahl einzeln stehender Klümpchen zusammenzieht, entstehen gestielte, absonderliche Fruchtkörperchen oder Sporangien. Die sich entwickelnden Sporangien haben oft die selbe Farbe wie das Plasmodium.

Sporangienbildung

Manchmal wird zunächst ein Stiel gebildet. Danach kriecht das Plasmodium in oder an diesem hohlen Stiel entlang nach oben und wechselt in sein endgültiges Stadium. Bei der Reifung verändern die Fruchtkörper oft ihre Farbe. Die Sporen werden auf dem Stiel oder in der Wand des Fruchtkörpers gebildet. Das umgebende Häutchen zerreißt und platzt auf, woraufhin die (fast) runden, meist stacheligen oder warzigen Sporen von 5-20 µm Durchmesser sich in rot- oder purpurbraunen Wolken mit Hilfe von Regentropfen und durch den Wind verbreiten.

Badhamia utricularis

Sporangien in großen Gruppen, oft mehrere Sporangien auf untereinander verwachsenen Stielen als „Traubenbüschel" am oder unter dem Substrat hängend, birnen- oder kegelförmig. Ø 0,5-0,8 mm, mit Stiel 5-18 mm lang, blaugrau mit einem Schimmer grün, violett oder rot. **Stiel** stroh- oder ockerfarben bis rotbraun. **Plasmodium** dottergelb. Sehr verbreitet auf Totholz und Rinde und den darauf wachsenden Flechten und Pilzen.

Arcyria denudata

NICKENDER KELCHSTÄUBLING

Sporangien aufrecht, in Gruppen dicht gedrängt, gestielt, eiförmig bis kurz zylindrisch, Ø 0,5 mm,

Badhamia utricularis

1-3 mm hoch, scharlach-, wein- oder karminrot bis rotbraun.
Stiel rotbraun. **Plasmodium** weiß. Verbreitet auf totem (bemoostem) Holz, Baumstümpfen und Ästen.

♀

Nickender Kelchstäubling *(Arcyria denudata)*

Fuligo septica

GELBE LOHBLÜTE

Aethalien unregelmäßig, kissenförmig, oft mit Kriechspur, Ø 2-13 cm, 0,5-3 cm hoch, schwammig, spröde, rau und zerbrechlich, zitronengelb, grüngelb bis ockerfarben. **Plasmodium** gelb. Sehr verbreitet auf Totholz und anderem Substrat. Früher oft auf gerbstoffhaltigen Baumrinden, die in Gerbereien gebraucht wurden.

Gelbe Lohblüte *(Fuligo septica)*

Enteridium lycoperdon (Reticularia lycoperdon)

Aethalium meistens einzeln, kissenförmig, Ø 2-10 cm, zunächst weich und weiß, dann silbrig glänzend, durch den Sporenstaub braun werdend. **Plasmodium** weiß. Verbreitet auf stehendem und liegendem Totholz, oft schon im Frühjahr.

Enteridium lycoperdon

Didymium serpula

Fruchtkörper einzeln oder in kleinen Gruppen, sitzend, sehr dünn, Ø bis zu einigen Zentimetern, 0,1-0,2 mm hoch, grauweiß. **Plasmodium** gelb. Ziemlich verbreitet in Wäldern auf abgestorbenen Blättern und Laubhaufen.

♀

Didymium serpula

Tubifera ferruginosa

Sporangien dicht gedrängt, sitzend, in 1 bis über 5 cm breiten Gruppen, ungestielt, zylindrisch oder keulenförmig, Ø 0,3 mm, bis zu 5 mm hoch, blass- bis dunkelbraun oder rot- bis purpurbraun.
Plasmodium orange, rosa oder zinnoberrot, oft in rosafarbenen, erdbeerähnlichen Klümpchen. Sehr verbreitet auf Totholz von Laub- und Nadelbäumen.

♀

Tubifera ferruginosa

Dictydiaethalium plumbeum

Aethalium recht stark abgeflacht, Ø 4-5 cm, 0,5-1 mm hoch, beige, braun, ockerfarben oder grau, unter dem Aethalium mit leuchtend weißer, silbrig glänzender Haut *(Hypothallus)*. **Plasmodium** rosafarben. Recht verbreitet, insbesondere auf frisch gefällten Stämmen und Schnittholz.

Leocarpus fragilis

LÖWEN-FRÜCHTCHEN

Sporangien alle oder zum Teil dicht gedrängt, eine Ansammlung kleiner Grüppchen bildend, kurz gestielt oder sitzend, 2-4 mm hoch, Ø 0,5-1,5 mm, kugel- oder eiförmig bis kurz zylindrisch, oben abgerundet, glänzend gelb, braungelb, kastanien- oder rotbraun. **Plasmodium** gelb. Verbreitet auf toten Blättern, abgefallenen Ästen, oft einige Zentimeter über dem Boden auf lebenden krautigen Pflanzen und Baumstämmen.

♀

Löwen-Früchtchen *(Leocarpus fragilis)*

Dictydiaethalium plumbeum

3 Schlauchpilze (Ascomyceten)

Hornpilze *(Onygenales)*

Kleine Gruppe auf Keratin lebender Pilze. Die Arten der Gattung *Onygena* siedeln auf Vogelfederkielen, Hufen, Hörnern und Haaren (Wolle), Arten der Gattung *Trichophyton* und *Epidermophyton* auf Haut (Mykose).

Onygena corvina

FEDERPILZ
Frkp ein 5-20 mm großes, blass ockerfarbenes bis hellbraunes kleiig-puderiges, gestieltes Kügelchen, Ø 1-2 mm. **St** glatt, weiß, 4-18 x 1-2 mm. Einzeln stehend oder in Gruppen. Mäßig verbreitet auf Gewöllen und Vogelfedern (-kielen), SS auf Haaren (Socken aus Ziegenwolle), Vogelschädeln und -schnäbeln.
Nur unter dem Mikroskop vom sehr seltenen Hornpilz *(O. equina)* zu unterscheiden, der auf faulenden Hufen und Hörnern vorkommt.

Sa

Federpilz *(Onygena corvina)*

Taphrinales

Kleine Gruppe von Pilzen, die auf Blütenständen, Früchten, Blättern und Ästchen von Bäumen parasitieren und die am Substrat Verfärbungen, Verformungen und Wucherungen verursachen.
In der Bundesrepublik ca. 30 Arten, darunter die auf Erlenkätzchen vorkommende *Taphrina amentorum* und die die Kräuselkrankheit der Pfirsichblätter verursachende *Taphrina deformans.*

Taphrina betulina

MOORBIRKEN-HEXENBESEN
Verursacht Wucherungen und Verformungen von Ästchen und Blättern, wodurch Hexenbesen entstehen. Verbreitet in den Kronen lebender Birken zu finden.

Pa

Moorbirken-Hexenbesen *(Taphrina betulina)*

Taphrina johansonii

ESPEN-NARRENTASCHE
Bildet eine goldgelbe Schicht um einzelne auf bis 10 mm angeschwollene Blütenstände und Früchte der

Espen-Narrentasche *(Taphrina johansonii)*

Espe oder Zitterpappel.
Frühjahr.

Pa SS

Operculate Ascomyceten *(Pezizales)*

Die formen- und artenreiche Gruppe der Morcheln, Lorcheln, Becherlinge und Echten Trüffeln, die auf oder im Boden, an Feuerstellen und auf Moos, verrottendem Holz, Papier, Stroh, Fasern, Kompost, Mist, Zement und feuchten Mauern vorkommen. Sie haben operculate Asci, d.h. Schläuche mit einem kleinen Deckel an der Ascusspitze, der sich zur Reifezeit öffnet und der sich in Melzers-Reagens mitunter blau verfärbt (vgl. Foto Ascusspitzen *Peziza sepiatra*, Kap. 1, S. 15).

Morchella esculenta

SPEISE-MORCHEL

Frkp 6-25 cm. **H** 5-15 x 4-10 cm, unregelmäßig ei- oder birnenförmig bis kugelrund, besteht aus Rippen, die über tiefen Kammern (Alveolen) eckig unregelmäßig verbunden sind. Kammern honiggelb bis ocker- oder graubraun; Rippen manchmal heller oder dunkler gefärbt. Hutrand mit dem Stiel verwachsen. **St** hohl, an der verdickten Basis faltig oder gefurcht, körnig oder schuppig, weiß bis blass ockergelb, 3-11 x 1-5 cm. **F** blass, elastisch. **G** angenehm. **Gsm** mild. Unter Laubbäumen (Ulmen, Eschen, Buchen) und Sträuchern, auf humosem Sand, Ton und Lehm in Laubwäldern, Parks und Gebüschen, im Dünenbereich recht verbreitet. Einzeln oder in Gruppen. April-Mai (vgl. junge Exemplare Kapitel 1).
Nahe stehend ist die Hohe Morchel *(M. elata)* (S) mit spitz zulaufendem, konischem Hut.

Sa Eßb.

Morchella semilibera (Mitrophora semilibera)

KÄPPCHEN-MORCHEL

Frkp 10-20 cm. **H** im Verhältnis zum Stiel meist klein, 2-6 cm, konisch oder glockenförmig, auffällig längsgerippt mit nur wenigen Querrippen. Kammern nicht sehr tief, honig- bis olivbraun; Rippen dunkelbraun bis schwarz. Hutrand vom Stiel frei. Unterseite bis zur Hälfte des Stiel frei, weiß bis ocker. **St** hohl, zerbrechlich, Basis verbreitert, glatt oder gefurcht, mit körnigen Flöckchen, schmutzig weiß bis blass ockergelb, 4-15 x 1-4 cm. **F** weiß. **Gsm** mild. Mäßig verbreitet auf humosen, nährstoffreichen Böden unter Laubbäumen in Parks und Nutzgärten.

Speise-Morchel *(Morchella esculenta)*

Einzeln oder in Gruppen. April–Mai.

Sa Eßb.

Käppchen-Morchel *(Morchella semilibera)*

Verpa conica

FINGERHUT-VERPEL

Frkp 5-15 cm. **H** 2-4 cm, glocken- bis fingerhutförmig. Oberseite faltig oder glatt, honiggelb bis rotbraun. Hut zentral an der Stielspitze angeheftet, Unterseite filzig, schmutzig weiß. **St** hohl werdend, zerbrechlich, feinfilzig, weiß bis schmutzig cremefarben, horizontal verlaufende Zonen mit gelbbraunen Schuppen, 3-12 x 1-2 cm. Mäßig verbreitet auf nährstoffreichen, humosen Böden unter Laubbäumen und Sträuchern (Weißdorn) in Laubwäldern, Parks, Gebüschen und Nutzgärten (Erdbeeren). März–Mai.

Fingerhut-Verpel *(Verpa conica)*

Sa

Disciotis venosa

CHLORBECHERLING, ADERIGER SCHEIBENBECHERLING

Frkp tief becher- bis flach schüsselförmig, Ø 5-18 cm, auf kurzem, wurzelndem Stiel. Innenseite in der Mitte

Chlorbecherling *(Disciotis venosa)*

stark radial geadert und gerunzelt, gelbbraun bis dunkel dattelbraun. Rand heller, stark wellig gebogen. Unterseite filzig, grauweiß bis gelbbraun. **F** blass. **G** nach Chlor. Gelegentlich in Massen auf nackten oder mit Moos bedeckten, nährstoffreichen Lehmen und Tonen in Laubwäldern und auf Grünstreifen.
März–Mai.
Ähnlich, aber an altem Nadelholz: Ausgebreitete Becherlorchel *(Gyromitra ancilis)*.

S Sa

Gyromitra esculenta

FRÜHJAHRSLORCHEL
Frkp 5-16 cm. **H** 4-12 cm, rundlich, hirnähnlich gewunden, mit 3 breiten, tief faltigen Lappen, gelb- bis rotbraun, später grauweiß bereift. **St** hohl oder gekammert, fein mehlig, stark gefältelt und gefurcht, (schmutzig) weiß bis fleischig braun, 3-10 x 2-6 cm. Auf angereicherten, nackten Böden oder auf Streu unter Nadelbäumen (Kiefern), gelegentlich unter Laubbäumen. März–Mai.
Ähnlich: Riesen-Lorchel *(G. gigas)* (SS RL-3) und Bischofsmütze *(G. infula)* (SS).

S Sa †

Frühjahrslorchel *(Gyromitra esculenta)*

Helvella crispa

HERBSTLORCHEL
Frkp 5-15 cm. **H** 3-6 cm, gewellt sattelförmig, 2- bis 3-lappig. Oberseite schmutzig weiß bis cremig ocker. Hutrand vom Stiel frei, Unterseite rau behaart, cremefarben bis gelbbraun. **St** hohl, gekammert, der Länge nach tief gefurcht und gerippt, (schmutzig) weiß bis blass graubraun, 4-13 x 1-5 cm. Verbreitet auf humosem Sand, Lehm und Ton in Wäldern und an Waldrändern.
Sommer–Herbst.

Nahe stehend, aber sehr selten: Milchweiße Lorchel *(H. lactea)* (SS, RL-R)

Sa †

Herbstlorchel *(Helvella crispa)*

Helvella lacunosa

GRUBEN-LORCHEL
Frkp 8-15 cm. **H** 4-7 cm, ungleichmäßig wellig sattelförmig, 3- bis 4-lappig. Oberseite grau bis graubraun oder grauschwarz. Hutrand gelegentlich mit dem Stiel verwachsen; unterseits hellgrau. **St** hohl, tief längsgefurcht und -gerippt, hellgrau bis graubraun, oft mit weißer Basis, 4-10 x 1-3 cm. Verbreitet in Wäldern auf humosem Sand, Ton und Lehm. Sommer–Herbst.
Ähnlich, aber kleiner und Stiel ungerippt: Schwarze Lorchel *(H. atra)* (RL-3).

Sa †

Gruben-Lorchel *(Helvella lacunosa)*

Helvella elastica

ELASTISCHE LORCHEL

Frkp 5-10 cm. **H** 2-4 cm, unregelmäßig gelappt sattelförmig, 2-lappig. Oberseite ockerfarben, graugelb bis blass graubraun. Hutrand vom Stiel frei, Unterseite glatt, weißlich. **St** hohl, winkelig oder gebogen, stellenweise eingedrückt, behaart, weiß bis blass cremefarben, 6-12 x 1-2 cm.
Mäßig verbreitet auf humosem Sand und Lehm in Wäldern und Dünengebüschen.
Sommer–Herbst.
Nahe stehend sind die Sattel-Lorchel *(H. ephippium)* und die Breitsporige Lorchel *(H. latispora)*.

Sa

Elastische Lorchel *(Helvella elastica)*

Helvella fusca

DUNKELBRAUNE LORCHEL

Frkp 3-9 cm. **H** 3-5 cm, sattelförmig, 2- bis 3-lappig. Oberseite anfangs braunschwarz mit hellem Rand, später gelb- bis dattelbraun. Hutrand meist teilweise mit dem Stiel verwachsen; Unterseite auffallend verzweigt geadert, schmutzig weiß bis blassbraun. **St** hohl, scharf gerippt, fein behaart, weiß bis gelbbraun, 3-5 x 1-2 cm. Auf humosem, kalkreichem Sand und Ton in mageren Wiesen unter Laubbäumen (Pappeln).
Herbst.

SS RL-R Sa

Dunkelbraune Lorchel *(Helvella fusca)*

Helvella spadicea (H. leucopus)

WEISSSTIELIGE LORCHEL

Frkp 5-10 cm. **H** 3-6 cm, sattelförmig, 3-lappig. Oberseite schwarzbraun. Ränder an manchen Stellen mit dem Stiel verwachsen, Unterseite glatt, weiß. **St** hohl, an der Basis teils tief eingedrückt, weißlich bis cremegelb, 3-5 x 1-2 cm. Auf kalkreichen (Dünen)-Sanden unter (Zitter)-Pappeln.
April–Mai.

S Sa

Weißstielige Lorchel *(Helvella spadicea)*

Helvella acetabulum

HOCHGERIPPTE BECHERLORCHEL

Frkp 4-8 cm. **H** Ø 2-8 cm, tief napfförmig. Innenseite olivgelb- bis dunkelbraun. Unterseite ungefähr bis zur

Hochgerippte Becherlorchel *(Helvella acetabulum)*

Hälfte mit am Stiel herablaufenden Rippen, flaumig, gelblich bis olivbraun, zur Stielspitze hin weißlich. **St** hohl, gekammert, mit kräftigen Rippen, körnig oder kahl, weiß bis gelblich braun, 2-4 x 1-2 cm. Mäßig verbreitet in Laubwäldern (Eichen) auf humosem, nährstoffreichem Sand.
April–Juni.
Verwandt sind die Aderige Becherlorchel *(H. costifera)* und die Schwarzweiße Becherlorchel *(H. leucomelaena)*.

Sa

Helvella villosa

WOLLIGFILZIGE LORCHEL
Frkp 2-5 cm. **H** Ø 1-3 cm, napf- bis schüsselförmig. Innen matt dunkelgrau bis graubraun. Unterseite filzig, aschgrau mit oft gelblichem Schimmer, Rand gelegentlich gewimpert. **St** gefüllt, gerade oder gebogen, flockig-kleiig, mit Einbuchtungen an der verbreiterten Basis, aschgrau bis hell graubraun, 1-3 x 0,5-1 cm. Mäßig verbreitet in Wäldern auf humosem Sand, Lehm oder Ton. Oft in Grüppchen. Frühjahr–Herbst.
Nahe stehende Arten: Lederige Becherlorchel *(H. corium)*, Ockerbraune Becherlorchel *(H. cupuliformis)* (S, RL-R), Spindelsporige Becherlorchel *(H. macropus)* und Rippenstielige Becherlorchel *(H. queletii)*.

Sa

Rhizina undulata

WURZELLORCHEL
Frkp schüssel- oder kissenförmig, Ø 4-12 cm. Oberseits kastanien- bis schwarzbraun mit weißem, nach

Wurzellorchel *(Rhizina undulata)*

Wolligfilzige Lorchel *(Helvella villosa)*

unten umgeschlagenem Rand, ungestielt. Unterseite (ocker)gelb, durch Mycelstränge mit dem unterirdischen Mycel verbunden, das mit Hilfe von Rhizomorphen in die Wurzeln der Nadelbäume dringen kann. Auf Feuerstellen, verbranntem Holz und Kahlschlägen, meist bei Nadelbäumen. Einzeln oder (untereinander verwachsen) in Gruppen.
Frühjahr–Herbst.
Um der Verbreitung dieses Wurzelparasiten über Feuerstellen entgegen zu wirken, war es den Waldarbeitern früher verboten, Feuer zu machen.

S Pa

Peziza ammophila

DÜNENBECHERLING
Frkp becherförmig, Ø 2-4 cm, entwickelt sich teils unterirdisch. Sternförmig, sich in 4-6 Lappen öffnend. Erhebt sich nur wenig über die Sandoberfläche. Innen dunkel gelb- bis dattelbraun. Außen blass graubraun, mit Sand bedeckt, mit zerbrechlichem Mycelstrang im Sand wurzelnd. In den Außendünen auf (verrottenden) Wurzeln des Strandhafers *(Ammophila arenaria)*.

S RL-2 Sa

Peziza badia

KASTANIENBRAUNER BECHERLING
Frkp becher- bis schüsselförmig, Ø 3-10 cm. Innenseite rotbraun bis dunkel olivbraun. Außenseite rotbraun bis dunkel kastanienbraun, kleiig. **F** bräunlich, wässrige Milch enthaltend. Verbreitet zwischen Laub- und Nadelstreu oder auf nackten, sandigen oder lehmigen Böden, kalkmeidend. Oft in dichten Gruppen.
Juni–Herbst.

Sa

Kastanienbrauner Becherling *(Peziza badia)*

Dünenbecherling *(Peziza ammophila)*

Peziza bovina

MIST-BECHERLING
Frkp flach becher- bis schüsselförmig, Ø 8-12 mm. Innenseite bernsteinfarben bis schmutzig ockergelb. Außenseite flockig-schuppig mit blassem Rand, schmutzig ockergelb. In Wiesen auf Mist (Kuhfladen).

S Sa ♀

Mist-Becherling *(Peziza bovina)*

Peziza cerea

WACHS-BECHERLING
Frkp flach becher- bis abgeflacht schüsselförmig, Ø 5-15 cm. Innenseite heller ockergelb bis rötlich gelbbraun. Außenseite filzig-schuppig, weiß bis gelblich braun. **F** schmutzig weiß bis zart braun. Verbreitet auf faulendem Holz, Karton, Papier, Stroh, Sisal- und Kokosmatten und auf Zement und Mörtel in feuchten Mauern.

Sa

Wachs-Becherling *(Peziza cerea)*

Peziza depressa

NIEDERGEDRÜCKTER BECHERLING
Frkp flach schüsselförmig, Ø 2-4 cm. Innen purpur- bis kastanienbraun. Außen schuppig, hell purpurbraun, am Rand purpur überlaufen. **F** mit wässrig weißer Milch. Auf humusarmem oder humosem Ton in Laubwäldern und Gebüschen.

S Sa

Niedergedrückter Becherling *(Peziza depressa)*

Peziza emileia

ZWEIFARBIGER BECHERLING
Frkp becherförmig, Ø 2-7 cm. Innen ockergelb- bis purpurbraun. Außen kahl oder feinfilzig, weißlich bis wässrig graublau. Auf nährstoffreichem, humusarmem oder humosem Ton in Laubwäldern und Parks, auch auf Brandflächen.

S Sa

Zweifarbiger Becherling *(Peziza emileia)*

Peziza michelii

GELBFLEISCHIGER LILABECHERLING

Frkp becherförmig, gelegentlich einseitig niedergedrückt wie ein Öhrling *(Otidea)*, Ø 2-7 cm. Innenseite gelbbraun mit violettem Schimmer bis oliv- oder purpurbraun. Außenseite filzig-schuppig, ocker gelbbraun bis gelblich olivgrün oder purpurbraun, Basis weißfilzig. **F** enthält wässrige Milch, nach einiger Zeit gelb verfärbend.
Mäßig verbreitet auf Ton, Lehm oder Sand unter Laub- und Nadelbäumen.

Sa

Gelbfleischiger Lilabecherling *(Peziza michelii)*

Peziza subviolacea (Peziza praetervisa)

VIOLETTER BRANDSTELLEN-BECHERLING

Frkp becherförmig, Ø 2-4 cm. Innen lila bis schmutzig violettbraun. Außen am Rand mit gelbbraunen Flöckchen, blass grauviolett bis gelbbraun, Basis weißfilzig. **F** mit wässrig weißem Saft. Auf Brandstellen in Laub- und Nadelwäldern, oft auf mineralreichem, humusarmem Sand.

S Sa

Violetter Brandstellen-Becherling *(Peziza subviolacea)*

Peziza proteana f. *sparassoides*

KRAUSER BECHERLING, BLUMENKOHLPILZ

Frkp schwammartig gewunden und gekräuselt, Ø 3-15 cm. Hohlräume weißlich bis ocker. Außenseite flockig, weißlich mit einem Stich Rosa, braunrosa bis dunkelbraun verfärbend. Auf Brandstellen, Müllkippen etc.

SS Sa

Krauser Becherling *(Peziza proteana* f. *sparassoides)*

Peziza repanda

KURZSTIELIGER BECHERLING

Frkp becherförmig, Ø 2-5 cm. Innenseite blass ockerfarben gelbbraun bis rötlich braun. Außenseite schuppig-filzig, braungelb, weiß abtrocknend, Rand gezackt.

Kurzstieliger Becherling *(Peziza repanda)*

Verbreitet auf humosen Böden und verrottendem Holz, gelegentlich auf Papier oder Karton und auf Feuerstellen.

Sa

Peziza sepiatra

SEPIABRAUNER BECHERLING

Frkp flach schüsselförmig, Ø 0,5-1 cm. Innenseite graubraun bis schwarzbraun. Außenseite kleiig, sepiabraun mit leicht hervorgehobenem, gezacktem Rand. Auf Brandplätzen und kahlen, humosen Böden in Laubwäldern (vgl. auch Mikrofoto Kapitel 1, S. 15).

S Sa ♀

Peziza succosa

GELBMILCHENDER BECHERLING

Frkp becherförmig, 2-5 cm. Innenseite hell beige- bis gelbbraun. Außenseite schwach filzig oder kahl, hell gelblich grau bis hell gelblich braun. **F** weiß, schwefelgelb verfärbend. Weit verbreitet in Laubwäldern auf humosen, kalkreichen Böden.

Sa

Peziza vesiculosa

BLASEN-BECHERLING

Frkp becherförmig, lange blasenartig geschlossen bleibend, Ø 3-10 cm. Innenseite blass ockergelb bis

Gelbmilchender Becherling *(Peziza succosa)*

Blasen-Becherling *(Peziza vesiculosa)*

Sepiabrauner Becherling *(Peziza sepiatra)*

braungelb. Außenseite flockig-schuppig, weißlich oder blass schmutzig ockergelb bis blass gelbbraun mit unregelmäßig eingerissenem Rand. **F** dick, zerbrechlich, blass ockergelb. Verbreitet auf Streu, Holzabfällen, Stroh, Kompost, Mist und Karton. Oft untereinander zu Gruppen verwachsen.
Frühjahr–Herbst.
In Deutschland kommen ca. 40 Arten der Gattung *Peziza* vor.

Sa

Otidea onotica

ESELSOHR
Frkp unregelmäßig ohrförmig, 6-10 cm hoch. Innenseite ocker- bis orangegelb, zunächst rosa überhaucht. Außenseite schuppig-filzig, leicht runzelig, lachsfarben bis ockergelb. **F** weiß. Mäßig verbreitet zwischen Streu und auf humusarmen Böden unter Laubbäumen, insbesondere Eichen.

RL 3 M?

Otidea bufonia

KRÖTEN-ÖHRLING
Frkp unregelmäßig napfförmig bis ohrähnlich, an einer Seite gespalten, Ø 2-8 cm. Innenseite ocker- bis zimtfarben gelbbraun. Außenseite glatt bis runzelig, rau und warzig, ockerbraun bis sepiagraubraun, an der Basis weißwollig. **F** braun. Mäßig verbreitet zwischen Streu auf humosen Böden in Wiesen und Wäldern, auch Mischwäldern.

M?

Kröten-Öhrling *(Otidea bufonia)*

Otidea alutacea

LEDERBRAUNER ÖHRLING
Frkp unregelmäßig gewellt napfförmig, einseitig gespalten, Ø 3-5 cm. Innen dunkel lehmig bis grau- oder

Eselsohr *(Otidea onotica)*

gelbbraun. Außen kleiig-flockig, schmutzig ockergelb bis blass gelbbraun. **F** gelblich. In Laubwäldern zwischen Streu auf humusarmem bis humosem Sand, Lehm oder Ton.

S M?

Lederbrauner Öhrling *(Otidea alutacea)*

Otidia cochleata

SCHNECKENFÖRMIGER ÖHRLING

Frkp napfförmig, an einer Seite bis zur Basis gespalten, Ø 4-6 cm. Innenseite braun bis dunkel olivbraun. Außenseite filzig, heller olivbraun, Basis weißlich behaart. Gelegentlich dicht gedrängt wachsend. Auf humusarmem Ton oder Lehm unter Laubbäumen. Verwandt ist das Hasenohr *(O. leporina)* (S).

S M?

Schneckenförmiger Öhrling *(Otidea cochleata)*

Tarzetta catinus (Pustularia catinus)

KERBRANDIGER NAPFBECHERLING

Frkp becher- bis schüsselförmig, Ø 1-4 cm. Innenseite cremefarben bis blass gelbbraun. Außen schuppig-flockig, creme bis blass ockergelb, Rand eingekerbt, weißlich bis braungefleckt, gestielt. **St** 0,5-2 x 0,5 cm, gefurcht, schuppig, blass ockergelb. Verbreitet auf humusarmem bis humosem Lehm oder Ton, gelegentlich auf Sand, unter Laubbäumen.
Juni–Herbst.

Sa

Kerbrandiger Napfbecherling *(Tarzetta catinus)*

Tarzetta cupularis (Pustularia cupularis)

NAPFFÖRMIGER KELCHBECHERLING

Frkp becherförmig, Ø 1-2 cm. Innen blass graugelb bis schmutzig weißgelb. Außen mit bräunlichen Pusteln besetzt, schmutzig ockergelb bis blass grau-

Napfförmiger Kelchbecherling *(Tarzetta cupularis)*

gelb, Rand gekerbt, eingerissen mit „Spinnennetz", ohne oder mit im Boden eingesunkenem Stiel. Weit verbreitet auf humusarmem oder humosem Sand, Lehm oder Ton im Laubwald, gelegentlich auch in Nadel- oder Mischwäldern.
April–Herbst.
T. cupularis ist nicht immer mit Sicherheit von *T. catinus* zu unterscheiden.

Sa

Sowerbyella imperialis (S. unicolor)

PRÄCHTIGER WURZELBECHERLING
Frkp flach becher- bis schüsselförmig, Ø 2-4 cm. Innenseite hell orangegelb. Außenseite kleiig, cremegelb, tief wurzelnd mit filzigem Stiel. **F** weißlich. Auf humosen Böden in Laubwäldern und (Dünen-) Gebüschen.
Nah verwandt ist der Gelbe Wurzelbecherling *(S. radiculata)* (S).

SS RL-3 Sa

Prächtiger Wurzelbecherling *(Sowerbyella imperialis)*

Geopora arenicola (Sepultaria arenicola)

EINGESENKTER SANDBORSTLING
Frkp becher- bis schüsselförmig, bleibt oft tief im Boden eingesenkt, Ø 1-2 cm. Innenseite bläulich grau bis blass gelbbraun. Außenseite dicht behaart, mit Sandkörnchen bedeckt, Rand gekerbt oder eingerissen, gelbbraun bis braun. **F** weißlich. Mäßig verbreitet auf humusarmem Sand. Frühjahr–Herbst.

Sa

Geopora sumneriana (Sepultaria sumneriana)

ZEDERN-SANDBORSTLING
Frkp becherförmig, zunächst kugelig, hohl und vollständig im Erdboden, spaltet sich unregelmäßig sternförmig und bricht aus dem Boden hervor, Ø 2-7 cm. Innenseite beige bis hell grauocker. Außenseite dicht mit dunkelbraunen Haaren besetzt, rotbraun. **F** dick, weiß. Auf teils vermoderten Nadeln auf humusarmen Böden unter Zedern (und Eiben).
April–Mai.

SS RL-R Sa

Zedern-Sandborstling *(Geopora sumneriana)*

Geopora tenuis (Sepultaria tenuis)

VERFLACHENDER SANDBORSTLING
Frkp flach becher- bis schüsselförmig, größtenteils im Boden versunken, Ø 1-2 cm. Innenseite wässrig grau bis schmutzig gelbweiß. Außenseite spärlich behaart,

Eingesenkter Sandborstling *(Geopora arenicola)*

Rand unregelmäßig gespalten, gelbbraun bis rötlich braun. In Laubwäldern auf nährstoffreichem Lehm oder Ton.

S Sa

Verflachender Sandborstling *(Geopora tenuis)*

Neottiella rutilans (Leucoscypha rutilans)

MOOS-BORSTLING

Frkp flach schüsselförmig, Ø 1-2 cm. Innenseite orange bis orangerot. Außenseite weißhaarig, orangegelb durchschimmernd, gestielt. **St** ins Substrat eingesunken. Mäßig verbreitet, parasitierend auf lebenden Moosen auf humusarmem Sand.

Pa

Moos-Borstling *(Neottiella rutilans)*

Tricharina gilva

GEMEINER ERDBORSTLING

Frkp becher- bis schüsselförmig, Ø bis zu 0,5 cm. Innenseite gelborange bis gelblich graubraun. Außenseite kleiig, bräunlich behaart, hellgrau bis graubraun. Auf Brandflächen und mineralreichem, humusarmem Sand. Oft in Gruppen. Frühjahr–Herbst.

S Sa ♀

Gemeiner Erdborstling *(Tricharina gilva)*

Humaria hemisphaerica (Mycolachnea hemisphaerica)

HALBKUGELIGER BORSTLING

Frkp becher- bis schüsselförmig, Ø 1-3 cm. Innenseite wässrig graublau bis cremeweiß. Außenseite dunkelbraun behaart, gelbbraun. Verbreitet auf nacktem Boden zwischen Laubstreu auf Sand, Lehm oder Ton unter jungen Laub- und Nadelbäumen.

M

Halbkugeliger Borstling *(Humaria hemisphaerica)*

Trichophaea woolhopeia

GRAUBORSTLING

Frkp halbkugel- bis flach schüsselförmig, Ø bis 0,5 cm. Innen weißgrau bis schmutzig gelb. Außen dicht gelbbraun behaart, schmutzig gelb bis hellbraun. In Laubwäldern auf nährstoffreichem Boden. Oft in Gruppen. Sommer–Herbst.

S Sa ♀

Grauborstling *(Trichophaea woolhopeia)*

Trichophaeopsis bicuspis (Trichophaea bicuspis)

ZWEISPITZ-GRAUBORSTLING

Frkp flach becher- bis schüsselförmig, Ø bis 0,5 cm. Innen schmutzig weiß. Außen mit einzelnen, braunen, weit über den dunklen Rand hinausragenden Haaren, schmutzig gelb. Auf Humus, Blättern, Ästen und verrottendem Holz auf nährstoffreichen Böden in Laubwäldern und Parks.

S Sa ♀

Zweispitz-Grauborstling *(Trichophaeopsis bicuspis)*

Scutellinia scutellata

SCHILDBORSTLING

Frkp flach schüssel- bis scheibenförmig, Ø 0,5-1 cm. Innen orange- bis scharlachrot. Außen mit bis zu 2 mm

Schildborstling *(Scutellinia scutellata)*

langen, braunschwarzen, weit über den Rand hinausragenden Haaren, blassbraun bis schmutzig rotbraun. Verbreitet auf feuchtem, verrottendem Holz, Blättern, Krautpflanzen und dem umgebenden Boden in feuchten (Erlen- und Weiden)Wäldchen und Wiesen. Frühjahr–Herbst.
In Europa kommen ca. 40 Arten der Gattung *Scutellinia* vor.

Sa ♀

Cheilymenia fimicola

GEMEINER MISTBORSTLING
Frkp scheiben- bis schüsselförmig, Ø 2-6 mm. Innenseite orangegelb bis gelb. Außenseite mit durchsichtigen, blassbraunen Haaren, blass orangegelb. In Wiesen auf Kuhmist. Frühjahr–Herbst.

S Sa ♀

Cheilymenia granulata (Coprobia granulata)

KÖRNIGER MISTBORSTLING
Frkp flach schüsselförmig, Ø 1-5 mm. Innenseite körnig rau, hellgelborange bis orangerot. Außenseite kleiig-körnig, orangegelb. Verbreitet auf Kuhfladen in nährstoffreichen Wiesen. Frühjahr–Herbst.

Sa ♀

Körniger Mistborstling *(Cheilymenia granulata)*

Cheilymenia pulcherrima

SCHÖNER MISTBORSTLING
Frkp flach schüsselförmig, Ø 1-2 mm. Innenseite dottergelb bis orangegelb. Außenseite nur spärlich mit

Gemeiner Mistborstling *(Cheilymenia fimicola)*

blassbraunen Haaren behaart, Rand flockig, dottergelb. Auf Kuh- und Schafsmist.

S Sa ♀

Schöner Mistborstling *(Cheilymenia pulcherrima)*

Cheilymenia theleboloides

BLASSGELBER ERDBORSTLING

Frkp becher- bis schüsselförmig, Ø 5-10 mm. Innen dottergelb bis orangegelb. Außen und Rand mit einzelnen, bleichen Haaren, blassgelb bis orangegelb. Auf Kompost und (Pferde)Mist mit Stroh. In dichten Gruppen. Frühjahr–Herbst.
In Europa kommen auf Mist, Kompost und humusarmem, nährstoffreichem Ton oder humosem Sand über 10 Arten der Gattung *Cheilymenia* vor.

S Sa ♀

Blassgelber Erdborstling *(Cheilymenia theleboloides)*

Melastiza chateri

ROTER KURZHAARBORSTLING

Frkp napf- bis flach schüsselförmig, Ø 0,5-2 cm. Innenseite orange bis orangerot. Außenseite am Rand dicht mit wie Haare wirkenden braunen Flecken besetzt, schmutzig orangegelb bis bräunlich orange. Verbreitet auf humosen Böden in Laubwäldern, Wiesen, Äckern und Nutzgärten (vgl. auch Mikrofoto Kapitel 1).

Sa

Roter Kurzhaarborstling *(Melastiza chateri)*

Anthracobia melaloma

SCHWARZGESÄUMTER BRANDSTELLEN-BORSTLING

Frkp flach napf- bis scheibenförmig, Ø 2-6 mm. Innenseite schmutzig orange. Außenseite mit Flecken von gebündelten dunkelbraunen Haaren, blassorange. Verbreitet an Feuerstellen. In Gruppen.
Frühjahr–Herbst.

Sa ♀

Schwarzgesäumter Brandstellenborstling *(Anthracobia melaloma)*

Aleuria aurantia

ORANGE-BECHERLING

Frkp unregelmäßig becher- bis flach schüsselförmig, Ø 2-10 cm. Innenseite fahl (rot)orange. Außenseite weißfilzig, Creme- bis orangegelb. Verbreitet auf nahezu nacktem Boden oder nährstoffreichem Ton, Lehm oder Sand in Laub- und Mischwäldern, Parks, Wiesen und Rasen, oft an Wegrändern. Gelegentlich in Gruppen.

Sa

Smardaea amethystina (Jafneadelphus amethystinus)

DUNKLER VIOLETTBECHERLING

Frkp flach becherförmig, Ø 1-2 cm. Innen dunkelblau bis dunkel purpurviolett. Außen glatt, dunkelblau bis purpur. Auf nacktem, nährstoffreichem Boden unter Haselsträuchern.

SS Sa

Geopyxis carbonaria

KOHLEN-KELCHPILZ

Frkp napf- bis kelchförmig, Ø 1-2 cm. Innenseite gelblich rotbraun bis schmutzig orangegelb. Außenseite fein schuppig, Rand weiß, gezahnt, Stiel tief wur-

Dunkler Violettbecherling *(Smardaea amethystina)*

Kohlen-Kelchpilz *(Geopyxis carbonaria)*

Orange-Becherling *(Aleuria aurantia)*

zelnd und schlank, hell rotbraun bis orangegelb. Auf Brandflächen unter Nadelbäumen.
Frühjahr–Herbst.

SS M

Octospora humosa

GEMEINER MOOSBORSTLING
Frkp schüssel- bis scheibenförmig, Ø 0,5-1 cm. Innenseite blass orange bis orange. Außenseite flockig-schuppig, Rand schwach gekerbt, orangegelb bis blass lachsrosa. Mäßig verbreitet auf Haarmoosen auf humusarmen Sanden.
Frühjahr–Herbst.

Pa ♀

Gemeiner Moosborstling *(Octospora humosa)*

Octospora similis (= O. melina)

WARZIGSPORIGER MOOSBECHERLING
Frkp flach becher- bis scheibenförmig, Ø 1-2 mm. Innen orangegelb bis orange. Außen flockig-schuppig, orange. Auf Moosen.

Warzigsporiger Moosbecherling *(Octospora similis)*

In Deutschland kommen ca. 30-35 Arten der Gattungen *Octospora* und *Lamprospora* vor.

SS RL-3 Pa ♀

Ascobolus furfuraceus

KLEIIGER KOTLING
Frkp schüssel- bis scheiben- oder flach becherförmig, Ø 2-5 mm. Innenseite hell schwefel- bis grüngelb mit den violettschwarzen Punkten der reifenden Sporen. Außenseite schuppig, mit leicht gezähntem, hellerem Rand, blass grüngelb. Verbreitet auf (Kuh)Mist.
Frühjahr–Herbst.

Sa ♀

Kleiiger Kotling *(Ascobolus furfuraceus)*

Kleiiger Kotling *(Ascobolus furfuraceus)*

Ascobolus carbonarius

BRANDSTELLEN-KOTLING
Frkp becher- bis flach schüsselförmig, Ø 2-7 mm. Innenseite gelblich olivgrün bis dunkel olivbraun mit schwarzen Punkten. Außen schuppig, oliv- bis dunkel-

braun. An Feuerstellen und verbranntem Holz. Frühjahr–Herbst.

S Sa ♀

Brandstellen-Kotling *(Ascobolus carbonarius)*

Ascobolus albidus

HELLER KOTLING

Frkp becher- bis flach schüsselförmig, Ø 0,5-1 mm. Innen und außen schmutzig weiß bis beige, innen mit einzelnen violettschwarzen Punkten. Auf Kuhfladen und Kaninchenkötteln.
In Europa kommen ca. 35 Arten der Gattung *Ascobolus* vor.

S Sa ♀

Heller Kotling *(Ascobolus albidus)*

Lasiobolus papillatus (L. ciliatus)

BORSTIGER KOTBECHERLING

Frkp napf- bis flach schüsselförmig, Ø 0,5-0,8 mm. Innen gelb bis schmutzig orangegelb. Außen mit einzelnen, über den Rand ragenden, blassgelben Haaren, schmutzig orangegelb. Auf Kuh-, Pferde-, Schafs- und Rehmist.

Sa ♀

Borstiger Kotbecherling *(Lasiobolus papillatus)*

Iodophanus carneus

ROSAFARBENER KOTLING

Frkp knopf- bis flach kissenförmig, Ø 1-2 mm. Innen rau, fleischfarben rosa bis wässrig orange. Außen fleischfarben bis wässrig orange. Verbreitet auf Mist, auch auf verrottenden Fasern (Sisal, Baumwolle). Frühjahr–Herbst.

Sa ♀

Rosafarbener Kotling *(Iodophanus carneus)*

Pyronema domesticum

GROSSSPORIGER FEUERBECHERLING

Frkp knopf- bis kissenförmig, Ø 0,5-1 mm. Innen- und Außenseite weißlich bis lachsrosa oder orangerot.

Auf Brandflächen und auf gedämpfter Erde wie man sie in Gewächshäusern benutzt. In zusammenfließenden Gruppen auf einem weißen Hyphennetz. Frühjahr–Herbst.

S Sa ♀

Großsporiger Feuerbecherling *(Pyronema domesticum)*

Sarcoscypha coccinea

ZINNOBERROTER KELCHBECHERLING

Frkp napf- bis becherförmig, Ø 1-5 cm. Innen zinnober- bis signalrot. Außen weißlich flockig-kleiig, mit gelegentlich tief wurzelndem Stiel, schmutzig fleischfarben bis rot. **St** filzig, weiß. **F** zäh. In Laubwäldern auf vergrabenen Ästchen (Erle, Weide) und vermodertem Holz auf feuchten, nährstoffreichen Böden. Februar–April.

Zinnoberroter Kelchbecherling *(Sarcoscypha coccinea)*

Nur unter dem Mikroskop von der auf ähnlichem Substrat vorkommenden Art *S. austriaca* (S RL-3) und der auf Lindenzweigen wachsenden Art *S. jurana* (SS RL-3) zu unterscheiden.

SS RL-3 Sa

Tuber rufum

ROTBRAUNE TRÜFFEL

Frkp regelmäßig kugelförmig bis leicht gelappt, Ø 2-4 cm. Außenseite filzig bis glatt, an der Basis mit filzigen Flecken, strohfarben bis rostbraun. **F** fest, weiß bis cremefarben, mit weißen Adern marmoriert, graupurpur bis schokoladenbraun bei Reife. **G** schwach nussig bis unangenehm sauer. **Gsm** scharf, nussig. Oft teilweise versunken im Humus, in mäßig feuchten, nährstoffreichen, oft kalkhaltigen Tonen und Sandböden, insbesondere unter Laubbäumen (Eichen, Buchen, Hasel).
Aus Deutschland sind bisher ca. 15 *Tuber*-Arten bekannt.

S M Eßb.

Rotbraune Trüffel *(Tuber rufum)*

Elaphomyces muricatus

STACHELIGE HIRSCHTRÜFFEL

Frkp regelmäßig kugel- bis unregelmäßig knollenförmig, Ø 2-5 cm. Außenseite mit recht kräftigen, ziemlich spitzen Warzen, mit festkiebender Kruste aus Sand, Humus und Feinwurzeln, hell gelbbraun bis dunkel rostbraun. **F** hart und zäh, graurosa bis purpurfarben schwarzbraun, durch gelblich weiße Adern marmoriert. Relativ niedrig in der dünnen Streu von Laubbäumen (Eichen, Buchen, Hainbuchen, Birken)

und gelegentlich Nadelbäumen (Fichte), auf nährstoffarmen, sauren bis kalkhaltigen Sandböden. Oft befallen von der Zungen-Kernkeule *(Cordyceps ophioglossoides)*.
Nahe stehend sind die Warzige Hirschtrüffel *(E. granulatus)* (S) und die Gefleckte Hirschtrüffel (*E. maculatus)* (SS); außerdem verschiedene Arten der Gattungen *Hydnobolites, Hydnotria, Stephensia, Pachyphloeus* und *Balsamia*.

S M

Stachelige Hirschtrüffel *(Elaphomyces muricatus)*

Inoperculate Ascomyceten *(Leotiales)*

Formen- und artenreiche Gruppe: keulig-zungenförmig, gestielt oder ungestielt, kahl oder behaart, becher- oder scheibenförmig (Discomyceten). Alle Arten besitzen inoperculate Asci (Schläuche ohne Deckelchen), mit meist zentral aufreißender Spitze.

Ascocorticium anomalum

GEMEINER SCHLAUCHRINDENPILZ

Frkp bildet einen oft aus zusammenfließenden Flecken bestehenden, hauchdünnen Überzug auf dem Substrat, sehr dünne Schicht, Ø 0,5-1 cm. Oberseits mehlig bestäubt, grauweiß bis dunkel blaugrau. Verbreitet auf der Innenseite locker ansitzender oder schon abgefallener Nadelbaumrinde.

Sa ♀

Trichoglossum hirsutum

GEMEINE HAARZUNGE

Frkp spatel- bis keulenförmig, 3-8 cm hoch. Oberer Teil breit spatel- bis zungenförmig, an zwei Seiten zusammengedrückt, mit zwei oder mehreren Längsfur-

Gemeiner Schlauchrindenpilz *(Ascocorticium anomalum)*

chen, deutlich vom Stiel abgesetzt, matt schwarzbraun bis schwarz. **St** dicht fein behaart, matt schwarz, 2-6 cm x 2-4 mm. Mäßig verbreitet am Boden von (Dünen)Grasland auf kalkarmem Sand, Dünentälchen und Hochmooren, gelegentlich in Laubwäldern auf feuchten, nährstoffreichen Böden.

RL-3 Sa

Gemeine Haarzunge *(Trichoglossum hirsutum)*

Geoglossum glutinosum

SCHLEIMIGE ERDZUNGE

Frkp keulenförmig, 3-6 cm hoch. Oberer, bis zu 5 mm verbreiterter Teil schleimig-klebrig, glänzend schwarz. **St** schleimig, glänzend schwarz, 2-4 cm x 2-3 mm. Mäßig verbreitet auf trockenem Sand in kaum oder nicht bemoosten Wiesen und Grasstreifen, in feuchten Dünentälchen und in Laubwäldern auf nährstoffreichen Böden. Es gibt viele ähnliche Arten, die nur mikroskopisch bestimmt werden können.

S RL-3 Sa

Schleimige Erdzunge *(Geoglossum glutinosum)*

Geoglossum umbratile (G. nigritum)

SCHWARZE ERDZUNGE

Frkp zungen- bis keulenförmig, 4-10 cm hoch. Obe-

Schwarze Erdzunge *(Geoglossum umbratile)*

rer, bis 8 mm verbreiterter Teil ist fein kleiig, matt, grauschwarz bis schwarz, deutlich vom Stiel abgegrenzt. **St** kleiig oder feinschuppig, matt braunschwarz bis schwarz, 2-6 cm x 2-7 mm.
Mäßig verbreitet auf trockenem, kalkarmem Sand in nicht oder kaum bemoosten (Dünen)Grasbereichen und Wegrändern, in Mooren, Sümpfen und Wäldern auf trockenen oder feuchten, nährstoffarmen Sandböden.

S RL-3 Sa

Leotia lubrica

GRÜNGELBES GALLERTKÄPPCHEN
Frkp mit Hut und Stiel 3-6 cm hoch. **H** 1-2 cm breit, gewölbt mit eingerolltem, unregelmäßig gelapptem Rand, gelatinös. Oberseits schleimig, grüngelb bis grünlich olivbraun. **St** fein kleiig, ockerfarben mit feinen, grünlichen Körnchen, 2-4 cm x 3-8 mm. Weit verbreitet auf nährstoffarmen, lehmigen oder lehmfreien Sandböden oder nährstoffreichem Ton oder Sand in Laub- und Mischwäldern und an Wegen.

Sa M? †

Grüngelbes Gallertkäppchen *(Leotia lubrica)*

Microglossum viride

GRÜNE ERDZUNGE
Frkp zungen- bis keulenförmig, 3-6 cm hoch. Oberer, bis 7 mm verbreiterter Teil abgeplattet und längs gefurcht, vom Stiel abgegrenzt, matt bis glänzend olivgrün. **St** abgeplattet mit Längsfurchen, fein kleiig, blau- bis gelbgrün, 2-3 cm x 2-4 mm.
In Mischwäldern und an Bachrändern auf trockenen und feuchten, lehmigen Sandböden

SS RL-2 Sa

Grüne Erdzunge *(Microglossum viride)*

Mitrula paludosa

SUMPF-HAUBENPILZ
Frkp gestielt knopf- bis keulenförmig, 2-5 cm hoch. **H** rund bis keulenförmig, dottergelb bis orangerot. **St** kahl, an der Basis weißfilzig, weiß bis zartrosa, 1-2 cm x 1-3 mm. Auf im Wasser liegenden Blättern und Nadeln von Laub- und Nadelbäumen in (nährstoffar-

Sumpf-Haubenpilz *(Mitrula paludosa)*

men) Quellbereichen, Mooren, Sümpfen und Bruchwäldern. Frühjahr-Herbst.

S RL-3 Sa

Sclerotinia trifoliorum

KLEE-SKLEROTIENBECHERLING
Frkp Scheibchen auf einem bis zu 3 cm hohen Stiel, Ø 4-8 mm. Innen blass gelbbraun. Außen gelbbraun. **St** gelbbraun. Auf – und meistens mit einem schwarzen Sklerotium – in Stängeln und Wurzeln von Schmetterlingsblütlern (Klee).

S Pa ♀

Stromatinia rapulum

SALOMONSIEGEL-STROMABECHERLING
Frkp kelch- bis becherförmig, Ø 1-3 cm. Innenseite haselnussfarben bis dunkelbraun. Außenseite dunkelbraun, tief wurzelnd. **St** braun. Auf Wurzelstöcken des Salomonsiegels an Waldrändern und in Gebüschen sowie Grasstreifen in den Dünen auf kalkreichem Sand.
April–Mai.

Klee-Sklerotienbecherling *(Sclerotinia trifoliorum)*

Häufiger ist der Anemonen-Sklerotienbecherling (*Dumontinia tuberosa*), der im Frühjahr auf Wurzelstöcken von Buschwindröschen gedeiht.

SS RL-R Pa

Salomonsiegel-Stromabecherling *(Stromatinia rapulum)*

Monilinia johnsonii

WEISSDORN-FRUCHTBECHERLING

Frkp becher- bis schüsselförmig, Ø 4-9 mm. Innenseite blassbraun. Außenseite blassbraun bis rötlich braun, tief wurzelnd. **St** braun. Auf mumifizierten (vergrabenen) Weißdornbeeren auf kalkhaltigen Böden in Dünengestrüpp und an Waldrändern. Imperfektes Stadium auf Weißdornblättern. März–April.

S Pa ♀

Weißdorn-Fruchtbecherling *(Monilinia johnsonii)*

Ciboria batschiana

BRAUNER EICHELBECHERLING

Frkp schüsselförmig bis abgeplattet, Ø 0,5-1,5 cm. Innenseite zimtfarben bis braun. Außenseite fein flaumig, zimtfarben bis braun, gestielt. **St** dunkelbraun mit schwarzbrauner Basis. Verbreitet auf abgefallenen, geschwärzten Eicheln in Wäldern und an Wegen auf trockenen, sandigen Böden.

Sa

Brauner Eichelbecherling *(Ciboria batschiana)*

Ciboria amentacea

ERLENKÄTZCHEN-BECHERLING

Frkp becher- bis schüsselförmig, Ø 3-10 mm. Innen cremeocker bis ockerbraun. Außenseite dünn bereift, Rand gekerbt und weiß bewimpert, ockerbraun, (lang) gestielt. **St** hellbraun. Verbreitet auf mumifizierten, männlichen Erlenkätzchen in feuchten Wäldern und Gebüschen. Februar–April.

Sa ♀

Erlenkätzchen-Becherling *(Ciboria amentacea)*

Rutstroemia echinophila

EDELKASTANIEN-STROMABECHERLING

Frkp becher- bis flach schüsselförmig, Ø 2-10 mm. Innenseite matt, gelb- bis kastanienbraun. Außenseite mit leicht gezähneltem Rand, ockerbraun, gestielt. **St** ockerbraun mit dunklerer Basis. Auf Schalen der Edelkastanie auf nährstoffarmen, sandigen oder lehmigen Böden in Laubwäldern und Parks. Oft in Gruppen.

SS Sa ♀

Edelkastanien-Stromabecherling *(Rutstroemia echinophila)*

Poculum firmum (Rutstroemia firma)

ZÄHER STROMABECHERLING

Frkp becher- bis schüsselförmig, Ø 0,5-1 cm. Innenseite oliv- bis rotbraun. Außenseite oliv- bis rotbraun, gestielt. Verbreitet auf abgefallenen, wenig vermoderten Eichenästen (auch Erlen) in Laub- und Mischwäldern, Parks und an Wegen.
Frühjahr–Herbst.
In Deutschland kommen ca. 25-30 Arten der Gattungen *Ciboria, Poculum* und *Rutstroemia* vor.

Sa ♀

Zäher Stromabecherling *(Poculum firmum)*

Neobulgaria pura f. *pura*

BLASSROTER GALLERTBECHER

Frkp kreisel- bis scheibenförmig, gelatinös, Ø 1-3 cm. Innenseite weiß bis rosaocker mit einem Lilaschimmer. Außenseite schuppig, fleischfarben rosa. Auf toten Stämmen und Ästen von Buchen (gelegentlich auch Birken und Ulmen) auf verschiedenen Böden in Laub- und Mischwäldern. Oft in dicht gedrängten Gruppen.

Sa

Blassroter Gallertbecher *(Neobulgaria pura* f. *pura)*

Ascotremella faginea

SCHLAUCHZITTERLING

Frkp hirnähnlich gewunden, kugelig, Ø 2-5 cm. Außenseite in trockenem Zustand matt, feucht glänzend, rosa bis violettbraun. **F** gelatinös, zäh, rosa. Mäßig verbreitet auf dicken Ästen und liegenden Stämmen von Buchen (auch Eschen, Erlen) in Laubwäldern auf feuchten, nährstoffreichen Böden.
Sommer–Herbst.

Sa

Schlauchzitterling *(Ascotremella faginea)*

Ascocoryne sarcoides

FLEISCHROTER GALLERTBECHER

Frkp kreisel- bis scheibenförmig, Ø 0,5-2 cm. Innenseite fleischfarben rosa bis violettrosa. Außenseite

Fleischroter Gallertbecher *(Ascocoryne sarcoides)*

trocken fein weißkleiig, violettrosa. Außerdem als glänzendes, violettes bis violettbraunes, knopf- bis kissenförmiges, imperfektes Stadium *(Pirobasidium sarcoides)*. Verbreitet auf Totholz von Laub- und Nadel-Bäumen.
Nur mit dem Mikroskop zu unterscheiden ist der Großsporige Gallertbecher *(A. cylichnium)*.

Sa

Fleischroter Gallertbecher *(Ascocoryne sarcoides)*

Bulgaria inquinans

SCHMUTZBECHERLING

Frkp kreisel- bis scheibenförmig, Ø 1-4 cm. Innen in trockenem Zustand matt, feucht glänzend braunschwarz bis schwarz. Außen kleiig-flockig mit leicht hervorgehobenem Rand, dunkelbraun bis schwarz. **F** ockerbraun. Weit verbreitet auf Rinde. Bricht durch die Rinde frisch gefällter Stämme und abgefallener Äste von Eichen und Buchen in Laub- und Mischwäldern. Oft in Gruppen.

Sa

Bisporella citrina

ZITRONENGELBER REISIGBECHERLING

Frkp flach becher- bis schüsselförmig, Ø 1-3 mm. Innenseite zitronen- bis goldgelb. Außenseite mit etwas dunklerem Rand, goldgelb.
Verbreitet auf toten Ästen und Stämmen von Laubbäumen (Buche, Esche). In dichten Gruppen.
Sommer–Herbst.

Sa ♀

Schmutzbecherling *(Bulgaria inquinans)*

Zitronengelber Reisigbecherling *(Bisporella citrina)*

Bisporella sulfurina

SCHWEFELGELBER REISIGBECHERLING
Frkp flach becher- bis schüsselförmig, Ø 0,5-1,5 mm. Innenseite schwefelgelb. Außenseite feinfilzig, blass schwefelgelb. Verbreitet auf oder in der Nähe von krustenförmigen Kernpilzen auf Totholz von Laubbäumen. Einzeln oder in Gruppen.

Sa ♀

Schwefelgelber Reisigbecherling *(Bisporella sulfurina)*

Cudoniella acicularis

DÜNNSTIELIGER HOLZKREISLING
Frkp gestielt kreiselförmig, 5-10 mm hoch. **H** scheiben- bis kissenförmig, Ø 1-4 mm. Oberseits weiß. Unterseits mit umgebogenem Rand, weiß bis grauweiß. **St** grauweiß mit graubrauner Basis. Weit verbreitet auf morschen Stämmen und Strünken von Laubbäumen, insbesondere Eichen.

Sa ♀

Cudoniella clavus var. *clavus*

WASSER-HOLZKREISLING
Frkp (lang) gestielt kreiselförmig, 1-2 cm hoch. **H** scheiben- bis kissenförmig, Ø 4-10 mm. Unterseite trüb weiß bis ockerweiß, gelegentlich lila überhaucht. Unterseite trüb ockerweiß. **St** trüb ockerweiß bis weißgrau, Basis braunschwarz, bis 2 cm lang. Mäßig verbreitet, oft an der Unterkante nasser Stümpfe, liegender (bemooster) Stämme und Äste von Laubbäumen, gelegentlich auf Blättern und krautigen Stängeln. Mai–Juni.

Sa ♀

Wasser-Holzkreisling *(Cudoniella clavus* var. *clavus)*

Hymenoscyphus calyculus

KELCHFÖRMIGER STÄNGELBECHERLING
Frkp gestielt becher- bis flach schüsselförmig, bis 1 cm hoch, Ø 2-3 mm. Innen zitronen- bis ockergelb. Außen fein flockig, weißlich bis weißgelb. **St** weißgelb, spitz zulaufende Basis.

Dünnstieliger Holzkreisling *(Cudoniella acicularis)*

Verbreitet auf abgefallenen Ästen von Laubbäumen, insbesondere Erlen. In Gruppen.

Sa ♀

Kelchförmiger Stängelbecherling *(Hymenoscyphus calyculus)*

Hymenoscyphus salicinus (H. conscriptus)

WEIDEN-STÄNGELBECHERLING

Frkp flach becher- bis schüsselförmig. Ø 4-7 mm. Innenseite ocker- bis dottergelb. Außenseite glatt, weißlich gelb. **St** weißlich, an der Basis behaart. Verbreitet auf Ästen, Zweigen und Wundstellen von Laubbäumen, insbesondere Weiden (auch Erlen, Pappeln).
Ähnlich die junge Geweihförmige Holzkeule *(Xylaria hypoxylon)*.

Sa ♀

Weiden-Stängelbecherling *(Hymenoscyphus salicinus)*

Hymenoscyphus fructigenus

FRUCHTSCHALEN-BECHERLING

Frkp becher- bis flach schüsselförmig, Ø 1-4 mm. Innenseite weißgelb bis weißlich ockergelb. Außenseite weißlich gelb, gestielt. **St** weißlich gelb. Verbreitet auf Fruchtschalen und Käppchen von Eicheln, Bucheckern und Früchten von Hainbuche, Hasel und Erlenkätzchen.

Sa ♀

Fruchtschalen-Becherling *(Hymenoscyphus fructigenus)*

Calycina herbarum (Hymenoscyphus herbarum)

KRAUT-STÄNGELBECHERLING

Frkp becher- bis schüsselförmig, Ø 2-4 mm. Innenseite creme- bis ockergelb. Außenseite feinfilzig, hellgelb, kurz gestielt. Verbreitet auf krautigen Stängeln, insbesondere von Brennnesseln, gelegentlich auf Ästchen oder abgefallenen Blättern.
Aus Deutschland sind ca. 60-80 Arten der Gattungen *Hymenoscyphus*, *Calycina* und *Cyathicula* bekannt, doch werden immer wieder neue Arten entdeckt.

Sa ♀

Kraut-Stängelbecherling *(Calycina herbarum)*

Kraut-Stängelbecherling *(Calycina herbarum)*

Pezizella alniella

BLASSES ERLENBECHERCHEN

Frkp kreisel- bis scheibenförmig, Ø 0,3-0,7 mm. Innen cremefarben bis blassgelb. Außen mehlig bestäubt, cremefarben. Verbreitet an (Teilen von) abgefallenen, verholzten Erlenkätzchen im Wald auf nährstoffreichen Böden. Winter–Frühjahr.
Zahlreiche andere Arten der Gattung *Pezizella* kommen auf Kätzchen, Farnen, Gras, Pflanzen, Nadeln und Ästchen vor.

Sa ♀

Blasses Erlenbecherchen *(Pezizella alniella)*

Chlorociboria aeruginascens (Chlorosplenium aeruginascens)

KLEINSPORIGER GRÜNSPANBECHERLING

Frkp becher- bis unregelmäßig schüsselförmig, Ø 2-5 mm. Innenseite blaugrün, gelb fleckend. Außenseite fein kleiig, weißlich bis blaugrün, gestielt. Auf abgestorbenen Eichenästen und Ästen anderer Laubbäume in feuchten Laub- und Mischwäldern.
Ähnlich der nur unter dem Mikroskop zu unterscheidende Großsporige Grünspanbecherling *(C. aeruginosa)* (SS).

S Sa ♀

Kleinsporiger Grünspanbecherling *(Chlorociboria aeruginascens)*

Encoelia furfuracea

HASEL-KLEIEBECHERLING

Frkp zunächst blasenförmig geschlossen, öffnet sich sternförmig und wird unregelmäßig becher- bis schüsselförmig, Ø 0,5-1,5 cm. Innenseite zimtfarben bis dunkelbraun. Außenseite kleiig-flockig, blassbraun. Auf fest sitzenden und abgefallenen, toten Ästen der Hasel (und Erle). In zusammengedrängten Grüppchen. Dezember–März.
Nahe stehend ist der seltene Pappel-Kleiebecherling *(E. fascicularis)* (S).

S Sa ♀

Hasel-Kleiebecherling *(Encoelia furfuracea)*

Polydesmia pruinosa

BEREIFTES KERNPILZBECHERCHEN

Frkp kreisel- bis flach schüsselförmig, Ø 0,3-0,5 mm. Innenseite mehlig bestäubt, weiß. Außenseite feinfilzig, weiß. Verbreitet auf und in der Nähe von Kernpilzen auf Laubholzästen.
Ganzjährig.

Sa? ♀

Bereiftes Kernpilzbecherchen *(Polydesmia pruinosa)*

Albotricha acutipila (Dasyscyphus acutipilus)

SPITZHAARIGES SCHILFBECHERCHEN

Frkp becherförmig, Ø 0,5-1 mm. Innenseite weißlich bis weißgelb. Außenseite und Rand mit weißen Haaren besetzt, oft farblose Tropfen, kurz gestielt. Weit verbreitet auf Schilf und Gras, insbesondere in Schilfgürteln (Flutmarke). In Gruppen. Sommer–Herbst.

Sa ♀

Trichopeziza mollissima (Dasyscyphus mollissima)

GELBES HAARBECHERCHEN

Frkp becher- bis schüsselförmig, Ø 0,5-2 mm. Innen grauweiß. Außenseite und Rand dicht besetzt mit blassgelben bis goldgelben Haaren. Auf toten Stängeln

Gelbes Haarbecherchen *(Trichopeziza mollissima)*

Spitzhaariges Schilfbecherchen *(Albotricha acutipila)*

von Doldenblütlern (Wiesenkerbel, Bärenklau) an nährstoffreichen Standorten.

S Sa ♀

Trichopeziza sericea (Dasyscyphus sericeus)

SEIDIGES HAARBECHERCHEN

Frkp flach schüsselförmig, Ø 1-3 mm. Innen weißlich, dunkel (blau)grün gefleckt. Außenseite und Rand mit weißen Haaren, dunkel (blau)grün, kurz gestielt. Auf Eichenstümpfen.

SS Sa ♀

Seidiges Haarbecherchen *(Trichopeziza sericea)*

Dasyscyphella nivea (Dasyscyphus niveus)

SCHNEEWEISSES HAARBECHERCHEN

Frkp becher- bis schüsselförmig, Ø 0,5-2 mm. Innenseite weiß bis cremefarben. Außenseite und Rand dicht besetzt mit weißen Haaren, weiß, lang gestielt. Verbreitet auf totem Laubholz und Rinde, insbesondere von Eichen (Hainbuche, Hasel, Weide). Das ganze Jahr über.
Nur mit Hilfe des Mikroskops zu unterscheiden von *Lachnum virgineum.*

Sa ♀

Schneeweißes Haarbecherchen *(Dasyscyphella nivea)*

Lachnum virgineum (Dasyscyphus virgineus)

WEISSES HAARBECHERCHEN

Frkp becher- bis schüsselförmig, Ø 0,5-1 mm. Innenseite (durchscheinend) weiß bis cremefarben. Außenseite und Rand dicht besetzt mit weißen Haaren, weiß, gestielt. Am Rand oft farblose Tropfen.
Verbreitet auf abgestorbenem Holz, krautigen Stängeln, Kiefernzapfen und Blättern. In Gruppen.
Frühjahr–Herbst.
Die Artenzahl der Gattungen *Albotricha, Cistella, Dasyscyphella, Lachnum, Lasiobelonium* und *Trichopeziza* lässt sich gegenwärtig noch kaum abschätzen.

Sa ♀

Weißes Haarbecherchen *(Lachnum virgineum)*

Lachnellula occidentalis (L. hahniana)

LÄRCHEN-HAARBECHERLING

Frkp becher- bis schüsselförmig, Ø 1-5 mm. Innenseite dottergelb bis orange. Außenseite und Rand dicht besetzt mit weißen Haaren. Kurz gestielt. Auf Ästen und Zweigen von Lärchen.

S Sa ♀

Lärchen-Haarbecherling *(Lachnellula occidentalis)*

Lachnellula willkommii

LÄRCHENKREBS-HAARBECHERLING

Frkp becher- bis schüsselförmig, Ø 1-5 mm. Innenseite dottergelb bis orange. Außenseite und Rand dicht besetzt mit weißen Haaren, kurz gestielt. Auf Lärchenästen und neben und auf Krebsgeschwüren an Lärchen *(Larix decidua)*.

Nur mikroskopisch vom Lärchen-Haarbecherling *(Lachnellula occidentalis)* zu unterscheiden. Das gleiche gilt für mehrere andere *Lachnellula*-Arten an Kiefern-, Tannen- und Fichtenholz.

S Pa ♀

Arachnopeziza aranea *(Arachnoscypha aranea)*

EDELKASTANIEN-SPINNWEBBECHERCHEN

Frkp becher- bis schüsselförmig, Ø 0,2-0,3 mm. Innenseite weißgelb. Außen mit spitzen, farblosen Randhaaren, weiß. Wuchs verstreut über farblose, spinnennetzartige Hyphenmatte. Auf der Innenseite von Edelkastanienschalen.

In Deutschland wurden bisher ca. 5 weiße, weißgelbe oder gelbe Arten der Gattung *Arachnopeziza* festgestellt.

SS Sa ♀

Edelkastanien-Spinnwebbecherchen *(Arachnopeziza aranea)*

Lärchenkrebs-Haarbecherling *(Lachnellula willkommii)*

Orbilia alnea (O. xanthostigma)

GELBES KNOPFBECHERCHEN

Frkp flach schüsselförmig, Ø 0,5-1 mm. Innenseite gold- bis orangegelb. Außenseite orangegelb bis orangerot, in feuchtem Zustand durchscheinend wächsern. Verbreitet auf moderndem, feuchtem Laubholz. In Gruppen. Sommer–Herbst.

Am gleichen Substrat wächst auch das Aschgraue Weichbecherchen *(Mollisia cinerea)*.

Sa ♀

Gelbes Knopfbecherchen *(Orbilia alnea)*

Catinella olivacea

SCHNÜRSPORIGES OLIVBECHERCHEN

Frkp flach schüsselförmig, Ø 0,5-1,5 cm. Innen olivschwarz bis olivbraun. Außen mehlig-kleiig, dunkel bis schwarzbraun, mit fein gerieftem, schmutzig ockergelbem bis olivgrünem Rand. Auf nassen, modernden Stämmen und Stümpfen von Buchen, Weiden und Pappeln in Gebüschen und im Unterholz der Wälder. Sommer–Herbst.

S Sa

Schnürsporiges Olivbecherchen *(Catinella olivacea)*

Orbilia sarraziniana

GRAUROSA KNOPFBECHERCHEN

Frkp kreisel- bis flach schüsselförmig, Ø 0,3-0,8 mm. Innenseite graurosa. Außenseite graurosa, glasig durchscheinend. Auf abgestorbenem Laubholz. In Gruppen.

Sommer–Herbst.

S Sa ♀

Graurosa Knopfbecherchen *(Orbilia sarraziniana)*

Mollisia cinerea

ASCHGRAUES WEICHBECHERCHEN

Frkp becher- bis unregelmäßig schüsselförmig, Ø 0,5-2 mm. Innenseite grau bis graublau. Außenseite fein flockig, graubräunlich, Rand weiß. Verbreitet auf verrottetem Laubbaumholz. In Gruppen stehend. Frühjahr–Herbst (vgl. auch Foto Gelbes Knopfbecherchen).

Sa ♀

Aschgraues Weichbecherchen *(Mollisia cinerea)*

Mollisia ventosa

FLATTERIGES WEICHBECHERCHEN
Frkp becher- bis flach kissenförmig, Ø 0,5-1,5 mm. Innen gelblich bis grau ockergelb. Außen gelblich braun. Auf toten Stämmen, Stümpfen und Ästen von Laubbäumen (Erle, Buche).

S Sa ♀

Flatteriges Weichbecherchen *(Mollisia ventosa)*

Mollisia rosae

ROSEN-WEICHBECHERCHEN
Frkp becher- bis schüsselförmig, Ø 0,5-1,5 mm. Innenseite dunkelgrau bis fast schwarz. Außenseite flaumig-flockig, braunschwarz. Wächst auf einem Netz schwarzbrauner Fäden. Auf verholzten Teilen von Rosen und Schlehen. In dicht gedrängten Gruppen.
In Europa gibt es über 50 Arten der Gattungen *Mollisia (Tapesia)* und *Mollisiopsis*.

S Sa ♀

Rosen-Weichbecherchen *(Mollisia rosae)*

Callorina neglecta (Callorina fusarioides)

ORANGEFARBENES BRENNNESSELBECHERCHEN
Frkp scheiben- bis linsenförmig, Ø 0,5-1 mm. Innen und außen rau, orange. Fleischig weich. In Gruppen auf toten Brennnesselstängeln. Frühjahr.

Sa ♀

Orangefarbenes Brennnesselbecherchen *(Callorina neglecta)*

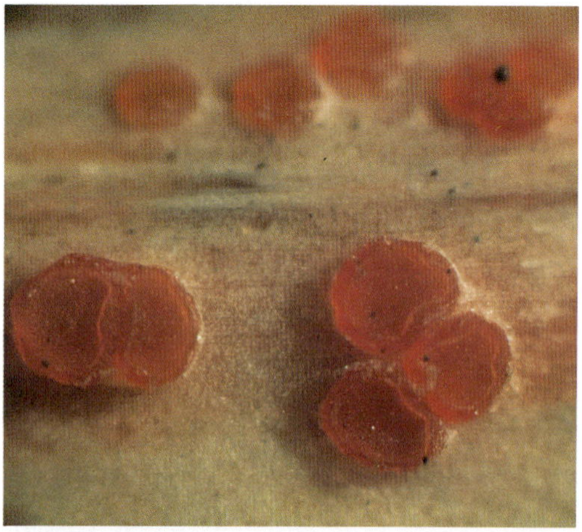

Runzelschorfartige (Rhytismatales)

Zu dieser kleinen Gruppe gehören unter anderem auch die Arten der Gattung *Rhytisma,* die an Blättern die Teerfleckenkrankheit verursachen.

Rhytisma acerinum

AHORN-RUNZELSCHORF
Frkp bildet ein unregelmäßiges, flach kissenförmiges

Rosen-Weichbecherchen *(Mollisia rosae)*

Stroma, Ø 1-2 cm. Außenseite geadert und schwarz. **F** ockergrau. Verbreitet auf Ahornblättern.

Sa

Ahorn-Runzelschorf *(Rhytisma acerinum)*

Rhytisma salicinum

WEIDEN-RUNZELSCHORF

Frkp langgezogenes, flach kissenförmiges, dünnes Stroma, 1-2 x 0,5 cm. Außenseite geädert, schwarz. Auf Weidenblättern.

SS Sa

Weiden-Runzelschorf *(Rhytisma salicinum)*

Hypoderma rubi

BROMBEER-SPALTLIPPE

Frkp teilweise durch die Stängeloberfläche brechend, spindelförmig, an den äußeren Enden spitz zulaufend, 1-2 x 0,5-1 mm. Außenseite glänzend schwarz, bricht der Länge nach auf und zeigt braunen Inhalt. Auf toten Brombeerranken.

S Sa ♀

Lophodermium arundinaceum

SCHILF-SPALTLIPPE

Frkp lang gestreckt, spitz spindelförmig, bricht als Längsriss durch die Stängeloberfläche, 0,4-0,8 x 0,2-0,4 mm. Außenseite schwarz, bricht der Länge nach auf. Verbreitet auf abgestorbenen Schilfhalmen. Sommer.

Sa ♀

Schilf-Spaltlippe *(Lophodermium arundinaceum)*

Clavicipitales

Hoch spezialisierte, parasitisch lebende Ascomyceten. Perithecien in kugel- oder keulenförmigen Teil des Stromas gebettet, auf deutlich abgesetztem Stiel.

Claviceps microcephala (Sklerotien)

PFEIFENGRAS-MUTTERKORN

Sklerotien schnabelartig aus den Blütenständen ragend, längs gefurcht, braunschwarz bis schwarz,

Brombeer-Spaltlippe *(Hypoderma rubi)*

0,5-1,5 cm x 2-3 mm. Verbreitet auf Grassamen, z. B. Pfeifengras und Röhricht.

Pa ♀

Sklerotien des Pfeifengras-Mutterkorns *(Claviceps microcephala)*

Claviceps purpurea

MUTTERKORN

Frkp entwickelt sich aus einem zu Boden gefallenen Sklerotium. **H** kugelig, Ø 1,5-3 mm, ocker- bis orangegelb mit als dunkle Pünktchen erscheinenden Perithecienöffnungen.
St rötlich braun, 5-15 x 1-1,5 mm. Oft mit einem oder mehreren Sklerotien. Auf Gräsern und Getreide (Roggen). Mai–Juli.

S Pa ♀ †

Mutterkorn *(Claviceps purpurea)*

Cordyceps militaris

ORANGEGELBE PUPPEN-KERNKEULE

Frkp zungen- bis keulenförmig, 2-6 x 0,5-1 cm. **H** verbreitert, fein warzig, orange bis orangegelb. **St** blassorange bis ockergelb. Weit verbreitet auf im Boden vergrabenen Schmetterlingspuppen auf Wiesen, in Laub- und Mischwäldern, an Wegen auf nährstoffarmen, trockenen Sand- oder Lehmböden, oft zwischen Gabelmoos.

Pa

Orangegelbe Puppen-Kernkeule *(Cordyceps militaris)*

Cordyceps longisegmentis (C. canadensis)

KOPFIGE KERNKEULE

Frkp keulenförmig mit ovalem bis rundem Kopf, 3-10 cm hoch. **H** kugelig, warzig, kastanienbraun bis schwarz. **St** zäh, gelb bis hell olivgrün, 2-8 x 0,5-1 cm. Auf Hirschtrüffeln in Laub- und Mischwäldern.

S RL-3 (als *C. capitata*) Pa

Kopfige Kernkeule *(Cordyceps longisegmentis)*

Cordyceps ophioglossoides

ZUNGEN-KERNKEULE

Frkp zungen- bis keulenförmig, 4-8 cm hoch. **H** verbreitert, warzig, oliv- bis rotbraun bis schwarz.

Zungen-Kernkeule *(Cordyceps ophioglossoides)*

St matt, bräunlich, zur Basis hin gelblich, 3-6 cm x 4-8 mm, mit gelben Mycelsträngen. Auf Hirschtrüffeln in Laub- und Nadelwäldern und Parks.

S Pa

Hypocreales

Arten mit auffallend bunten, einzeln, aber in Gruppen wachsenden oder in ein flächiges Stroma eingebetteten Perithecien.

Hypocrea aureoviridis

GELBGRÜNER KISSENPUSTELPILZ

Frkp kissenförmig, Ø 0,5-1 cm. Oberseite gelb bis blassgelb, zur Reifezeit mit grünen Punkten. Unterseite matt, weiß bis weißgelb. **F** fest, weiß. Auf Stümpfen und Ästen von Laubbäumen.

Sa ♀

Hypocrea citrina

AUSGEBREITETER KISSENPUSTELPILZ

Frkp krustenartig, Ø von wenigen Quadratzentimetern bis zu einigen Quadratdezimetern. Oberseite creme-

Gelbgrüner Kissenpustelpilz *(Hypocrea aureoviridis)*

Ausgebreiteter Kissenpustelpilz *(Hypocrea citrina)*

bis zitronengelb, mit gleichmäßig verteilten dunkelgelben Punkten (ähnlich Griespudding) und mit unregelmäßigem weißem Rand.
Auf verrottenden Holzstücken und Stümpfen, oft Blätter und Moos über- und umwachsend.

S Sa

Hypocrea nigricans f. *nigricans*

SCHWÄRZENDER KISSENPUSTELPILZ

Frkp kissenförmig, Ø 0,5-1 cm. Oberseite schwarzbraun bis schwarz. Unterseite schwarz. **F** weißlich bis hellgrau. Auf verrottenden Fruchtkörpern des Schwarzroten Stielporlings *(Polyporus badius)*.

SS Sa ♀

Schwärzender Kissenpustelpilz *(Hypocrea nigricans* f. *nigricans)*

Hypocrea pulvinata

BIRKENPORLING-KISSENPUSTELPILZ

Frkp kissenförmig, rund bis unregelmäßig oval, oft zusammenfließend, Ø 0,5-2 cm. Oberseite rau, matt ockergelb bis blassbraun. Meistens in der weit verbreiteten, pudrig bestäubten imperfekten Form. Auf der

Ausgebreiteter Kissenpustelpilz *(Hypocrea citrina)*

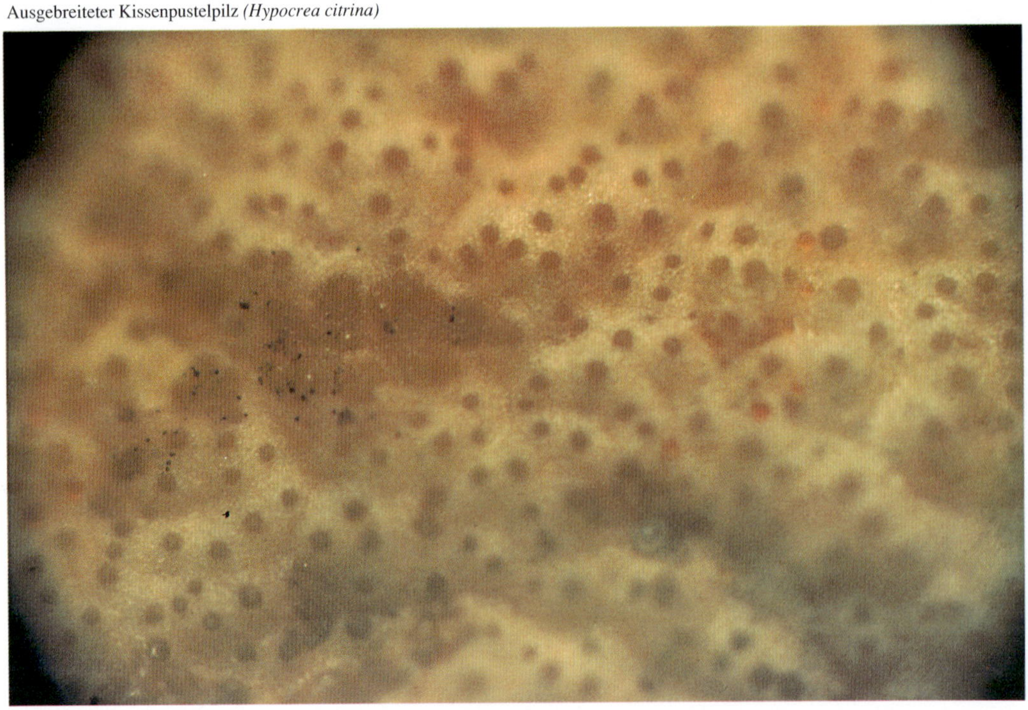

porigen Unterseite auf dem Boden liegender alter Birkenporlinge *(Piptoporus betulinus)*.

Sa

Birkenporling-Kissenpustelpilz *(Hypocrea pulvinata)*

Hypocrea rufa

ROTBRAUNER KISSENPUSTELPILZ

Frkp unregelmäßig kissenförmig, Ø 0,5-1 cm. Oberseite rotbraun mit dunkelbraunen Punkten. Unterseite und Rand weißlich. **F** weiß. Oft dicht gedrängt wachsend. Oft auf eine imperfekte Form eines blaugrünen Schimmels *(Trichoderma viride)* folgend oder gleichzeitig erscheinend. Verbreitet auf verrottendem Laubbaumholz.

Sa ♀

Rotbrauner Kissenpustelpilz *(Hypocrea rufa)*

Hypocreopsis lichenoides

TROLLHAND

Frkp rosettenartig gefaltete Kruste, Ø 3-10 cm. Oberseite matt, gelbbraun bis rötlich braun. Unten blass gelbbraun. Auf noch ansitzenden abgestorbenen Ästen oder in Feuchtgebüschen auf quer wachsenden Weiden- und Birkenstämmchen. Der deutsche Name ist dem Schwedischen entlehnt.

SS RL-3 Sa

Trollhand *(Hypocreopsis lichenoides)*

Creopus gelatinosus

GELATINÖSER KISSENPUSTELPILZ

Frkp kugel- bis kissenförmig, Ø 1-3 mm. Oberseite wässrig cremeweiß bis blassgelb, zur Reifezeit mit grünen Punkten. Unterseite mit filziger Basis. **F** gelatinös, durchscheinend. Auf Stämmen, Stümpfen, Ästen und Zweigen von Laubbäumen. Dicht gedrängt wachsend. Herbst–Frühjahr.

SS Sa ♀

Gelatinöser Kissenpustelpilz *(Creopus gelatinosus)*

Hypomyces viridis (Peckiella viridis)

GRÜNER SCHMAROTZER-PUSTELPILZ

Frkp kugelig mit einer Papille, Ø 0,2-0,3 mm, dicht gedrängt in einer mehrere Quadratzentimeter großen Kruste wachsend. **Perithecien** olivgelb mit olivgrüner Papille, bis zur Hälfte in gelbgrüner Hyphenmasse eingebettet.
Auf Täublingen und Milchlingen.
Nahe verwandt ist der auf Lamellen von Milchlingen wachsende *(H. lateritius)* (SS).

SS Pa ♀

Grüner Schmarotzer-Pustelpilz *(Hypomyces viridis)*

Hypomyces aurantius

GOLDGELBER SCHMAROTZER-PUSTELPILZ

Frkp kugelig mit einer Papille, Ø 0,3-0,4 mm, dicht gedrängt in einer mehrere Quadratzentimeter großen Kruste. **Perithecien** orange bis orangegelb, in einer goldgelben bis blass orangefarbenen Hyphenmasse eingebettet.
Auf alten Baumpilzen und Austernpilzen.

S Pa ♀

Goldgelber Schmarotzer-Pustelpilz *(Hypomyces aurantius)*

Goldgelber Schmarotzer-Pustelpilz *(Hypomyces aurantius)*

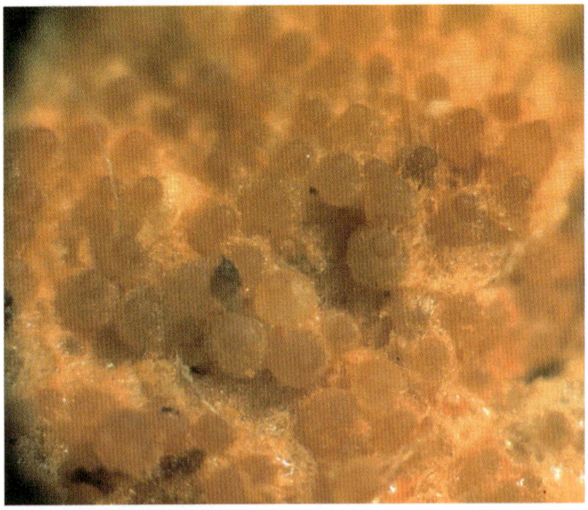

Hypomyces rosellus

RÖTLICHER SCHMAROTZER-PUSTELPILZ

Frkp kugel- bis pyramidenförmig mit einer Papille, Ø 0,1-0,2 mm, weit auseinander stehend auf einer mehrere Quadratzentimeter großen Kruste. **Perithecien** rosarot, auf einer zunächst weißen, dann rasch rosa werdenden Hyphenmasse.
Auf alten Schichtpilzen *(Stereum)* und Stielporlingen *(Polyporus)*, oder am Boden auf Moosen und verrottendem Holz.

S Pa ♀

Rötlicher Schmarotzer-Pustelpilz *(Hypomyces rosellus)*

Nectria cinnabarina

ZINNOBERROTER PUSTELPILZ

Frkp kugelförmig bis oval mit einer Papille, Ø 0,2-0,4 mm. **Perithecien** rau, scharlach- bis braunrot, brechen in himbeerähnlichen Grüppchen durch die Rinde. Oft zusammen mit dem blass orangerosa, kissenförmigen imperfekten Stadium *Tubercularia vulgaris*. Verbreitet auf (lebenden und) abgestorbenen Ästen in Wäldern, Parks und Grünanlagen.

Sa (Pa) ♀

Zinnoberroter Pustelpilz *(Nectria cinnabarina)*

Nectria coccinea

SCHARLACHROTER PUSTELPILZ

Frkp kugel- bis birnenförmig mit Papille, Ø 0,2-0,3 mm. **Perithecien** glatt, scharlachrot mit dunkler Papille, einzeln auf nacktem Holz oder in Gruppen durch die Rinde brechend. Auf Laubbaumrinde (Buchen, Pappeln, Ulmen, Ahorn).

Scharlachroter Pustelpilz *(Nectria coccinea)*

Führen bei gleichzeitigem Befall mit Schildläusen *(Cryptococcus fagi)* zu einer Baumkrankheit.

S Pa ♀

Nectria episphaeria

AUFSITZENDER PUSTELPILZ

Frkp kugelförmig mit Papille, Ø 0,1-0,2 mm. **Perithecien** glatt, durchscheinend, orangerot bis rot. Verbreitet auf Kernpilzen *(Diatrype, Hypoxylon)* und Buchenkrebsgeschwüren.

Pa? ♀

Aufsitzender Pustelpilz *(Nectria episphaeria)*

Nectria peziza

EINGEDRÜCKTER PUSTELPILZ

Frkp kugelförmig, an der Spitze eingedrückt, mit eingesunkener Papille, Ø 0,2-0,4 mm. **Perithecien** glatt,

Eingedrückter Pustelpilz *(Nectria peziza)*

gelb bis orangebraun. Dicht gedrängt in Gruppen. Weit verbreitet auf Holz, gelegentlich auf Rinde, am Boden oder auf faulenden Fruchtkörpern des Schuppigen Porlings *(Polyporus squamosus)*.

Sa ♀

Sordariales

Kleine Gruppen von Arten mit einzeln oder in Gruppen stehenden oder im Substrat (Holz, Pflanzenreste, Mist) vorkommenden, dunklen oder schwarzen Perithecien.

Lasiosphaeria ovina

EIFÖRMIGER HAARKUGELPILZ
Frkp kugelig mit schwarzer Papille, 0,4-0,6 mm. **Perithecien** schwarz, von einem schmutzig weißen, die Papille frei lassende Hyphenfilz umgeben. In Gruppen. Verbreitet auf modrigem Laubholz.

Sa ♀.

Eiförmiger Haarkugelpilz *(Lasiosphaeria ovina)*

Trichosphaeriales

Chaetosphaerella phaeostroma

FILZMATTEN-KUGELPILZ
Frkp kugelförmig, 0,2-0,5 mm. **Perithecien** rau, schwarz, gedrängt auf oder eingebettet in einer schwarzfilzigen Hyphenmasse. Mäßig verbreitet auf dicken Ästen von Laubbäumen (vgl. auch Mikrofoto Kapitel 1, S. 15).

Sa ♀

Diatrypales

Diatrype bullata

BLASIGES ECKENSCHEIBCHEN
Frkp oval kissenförmig, Ø 4-8 mm, durch die Rinde brechend. Oberseite rau, gleichmäßig mit Papillen besetzt, braunschwarz bis grauschwarz. **Stroma** weiß. In feuchten Gebüschen auf abgestorbenen Weiden- und Erlenästen. Winter–Frühjahr.

S Sa ♀

Blasiges Eckenscheibchen *(Diatrype bullata)*

Diatrype disciformis

BUCHEN-ECKENSCHEIBCHEN
Frkp 4- bis 6-eckig kissenförmig, Ø 3-5 mm, durch die Rinde brechend. Oberseite rau, gleichmäßig mit

Filzmatten-Kugelpilz *(Chaetosphaerella phaeostroma)*

Papillen besetzt, braunschwarz bis grauschwarz. **Stroma** weiß.
Auf abgestorbenen Buchenästen.

Sa ♀

Buchen-Eckenscheibchen *(Diatrype disciformis)*

Diatrype stigma

FLÄCHIGES ECKENSCHEIBCHEN
Frkp krustenartig, Ø wenige Quadratzentimeter bis einige Quadratdezimeter, breitet sich unter der Rinde aus und wirft sie dadurch auf. Oberseite rau, gleichmäßig mit kleinen Papillen besetzt, mit einem Muster aus Längs- und Querrissen, schwarz. **Stroma** cremeweiß. Verbreitet auf dicken Ästen und Stämmen von Laubbäumen (Buchen).

Sa

Flächiges Eckenscheibchen *(Diatrype stigma)*

Diatrypella quercina

EICHEN-ECKENSCHEIBCHEN
Frkp kugelig kissenförmig, Ø 2-4 mm, durch die Rinde brechend. Oberseite warzig, Papillen kaum sichtbar, schwarz. **Stroma** weiß bis hellbraun.
Verbreitet auf abgestorbenen Ästen, insbesondere von Eichen.

Sa ♀

Eichen-Eckenscheibchen *(Diatrypella quercina)*

Peroneutypa heteracantha (Eutypella scoparia)

FLASCHENFÖRMIGER KRUSTENKUGELPILZ
Frkp flaschenförmig mit langem Hals, Ø 0,5-1 mm. **Perithecien** schwarz, mit 2-8 zusammen mit langen Hälsen, inmitten einiger langer brauner Haare, bricht aus einem Stroma durch die Rinde. **Stroma** schwarz. Auf Ästen von Laubbäumen (Ulme, Erle).
Winter–Frühjahr.

S Sa ♀

Flaschenförmiger Krustenkugelpilz *(Peroneutypa heteracantha)*

Sphaeriales

Artenreiche Gruppe von Kernpilzen mit Perithecien, die einzeln stehen oder in ein Stroma eingebettet sind. Die Ascosporen sind dunkelbraun mit längsgezogener Keimspalte.

Hypoxylon fragiforme

BUCHEN-KOHLENBEERE

Frkp kissenförmig, Ø 4-10 mm, zimtbraun bis ziegelrot, später braun bis schwarz, rau, gleichmäßig mit Papillen besetzt. **Stroma** hart, braunschwarz bis schwarz.

Verbreitet auf abgestorbenen, dicken Buchenästen und liegenden Buchenstämmen.

Sa ♀

Buchen-Kohlenbeere *(Hypoxylon fragiforme)*

Hypoxylon howeianum

KLEINSPORIGE KOHLENBEERE (MIT NEBENFRUCHTFORM)

Frkp kissenförmig, Ø 2-4 mm, rotbraun bis braunschwarz, rau, gleichmäßig mit Papillen besetzt. Entwickelt sich gelegentlich auf und zwischen einer wurzelartigen Struktur, dem imperfekten *Geniculosporium*-Stadium. Verbreitet auf abgestorbenen Laubholzmästen. Winter–Frühjahr.

Die Hauptfruchtform ist nur unter dem Mikroskop von kleinen Exemplaren der Buchen-Kohlenbeere *(H. fragiforme)* zu unterscheiden.

Sa ♀

Hypoxylon fuscum

ROTBRAUNE KOHLENBEERE

Frkp gleichmäßig verbeult kissenförmig, Ø 4-6 mm, rotbraun, wirkt wegen der unauffälligen Papillen glatt.

Kleinsporige Kohlenbeere *(Hypoxylon howeianum)* mit Nebenfruchtform

Stroma hart, dunkelbraun. Verbreitet auf Ästen von Laubbäumen (Erle, Hasel).

Sa ♀

Rotbraune Kohlenbeere *(Hypoxylon fuscum)*

Hypoxylon multiforme

VIELGESTALTIGE KOHLENBEERE

Frkp langgestreckt, abgerundet krustenförmig, 2-6 x 1-3 cm, rostbraun bis schwarz, gleichmäßig wellig-wulstig, mit Papillen.

Verbreitet auf dicken Ästen und abgestorbenen Stämmen, insbesondere von Birken.

Sa

Vielgestaltige Kohlenbeere *(Hypoxylon multiforme)*

Hypoxylon rubiginosum

ZIEGELROTE KOHLENKRUSTE

Frkp langgestreckt, flach, runzelig krustenartig, 5-15 x 2-5 cm, ziegel- bis weinrot, später ocker- bis rostbraun bis schwarz. **Stroma** ocker bis gelbbraun, scheidet an verletzten Stellen schwarze Tropfen ab. Auf dicken Ästen und liegenden, (teilweise) geschälten Stämmen von Laubbäumen (vgl. Foto Perithecien, S. 17).

S Sa

Ziegelrote Kohlenkruste *(Hypoxylon rubiginosum)*

Hypoxylon serpens

GEWUNDENE KOHLENBEERE

Frkp merkwürdig gewunden, flach krustenartig, Ø 1-2 x 2-4 cm, schwarz, gleichmäßig mit Papillen besetzt. **Stroma** zunächst blass. Auf dicken, geschälten Ästen und Stämmen von Laubbäumen.

In Europa kommen 12 Arten der Gattung *Hypoxylon* vor.

S Sa

Gewundene Kohlenbeere *(Hypoxylon serpens)*

Ustulina deusta

BRANDKRUSTENPILZ

Frkp unregelmäßig krustenartig, Ø bis zu einigen Quadratdezimetern, zunächst mehlig bestäubt, hell bläulich grau mit weißem Wuchsrand, später dunkelgrau bis schwarz, spärlicher Papillenbesatz. Mehrjähriges **Stroma** schwarz, bröckelig. Verursacht Moderfäule. An Stämmen und auf Hauptwurzeln lebender Laubbäume, insbesondere Buchen und Linden, oft auch auf vergrabenem Holz oder saprophytisch auf alten Baumstümpfen.

Pa (Sa) ♀

Brandkrustenpilz *(Ustulina deusta)*

Brandkrustenpilz *(Ustulina deusta)*

Daldinia concentrica

KOHLIGER KUGELPILZ

Frkp runzelig kugel- bis kissenförmig, 2-6 x 1-3 cm. Außen glatt, mit undeutlichen Papillen, rotbraun bis schwarz. Bei vertikalen Schneiden wird Aufbau aus konzentrischen, abwechselnd silbrig glänzenden und schwarzen Ringen sichtbar. Weit verbreitet auf toten Ästen, aber auch auf der Rinde noch stehender Laubbäume (Eschen), in Laubwäldern, Parks und Alleen. Nahe verwandt ist der kleinere Gestielte Kugelpilz *(D. vernicosa)* (S) auf verbranntem Holz auf Heide- und Hochmooren.

Sa

Kohliger Kugelpilz *(Daldinia concentrica)*

Xylaria hypoxylon

GEWEIHFÖRMIGE HOLZKEULE

Frkp abgeflacht zylindrisch bis schmal keulenförmig, gegabelt bis geweihförmig verästelt, 3-7 x 0,5-1 cm. Oberer Teil schwarz, Perithecienöffnungen warzig, März–April mit Konidien weiß bestäubt. **St** filzig,

Geweihförmige Holzkeule *(Xylaria hypoxylon)*

schwarz. Verbreitet auf toten Ästen, Holzspänen und Stümpfen von Laubbäumen (junge Exemplare vgl. Foto von *Hymenoscyphus salicinus*, S. 64)

Sa

Xylaria carpophila

BUCHENFRUCHTSCHALEN-HOLZKEULE

Frkp abgeflacht zylindrisch, gegabelt bis drahtförmig geweihartig verzweigt, 2-6 cm x 2-5 mm. Oberer Teil schwarz, April–Mai durch Konidien weiß bis bläulich grau. **St** haarig, schwarz. Mäßig verbreitet auf Bucheckern, die im oder auf dem Boden liegen.

Sa

Buchenfruchtschalen-Holzkeule *(Xylaria carpophila)*

Xylaria oxyacanthae

WEISSDORNBEEREN-HOLZKEULE

Frkp abgeflacht zylindrisch bis schmal keulenförmig, gegabelt-verzweigt, 2-4 cm x 3-6 mm. Oberer Teil

Weißdornbeeren-Holzkeule *(Xylaria oxyacanthae)*

schwarz, April–Mai durch Konidien weißgelb.
St haarig, schwarz.
Am Waldrand, im (Dünen)Gestrüpp und in Laubwäldern auf im Humus vergrabenen Weißdornbeeren.

S RL-R Sa

Xylaria polymorpha

VIELGESTALTIGE HOLZKEULE

Frkp keulenförmig, 3-8 x 1-3 cm. Oberer Teil warzig, braunschwarz bis schwarz. **St** rau oder feingefaltet, schwarz. **F** radialfaserig, zäh, weiß mit schwarzem Rand.
Verbreitet büschelweise auf Stümpfen abgestorbener Laubbäume.

Sa

Vielgestaltige Holzkeule *(Xylaria polymorpha)*

Xylaria longipes

LANGSTIELIGE HOLZKEULE

Frkp zungen- bis schmal keulenförmig, 3-8 x 0,5-1 cm. Oberer Teil feinwarzig, schwarz. **St** rau, schwarz. **F** radialfaserig, zäh, weiß mit dünnem schwarzen Rand.
Auf Ästen und Stümpfen von Ahornen, Platanen und Eschen.

Sa

Langstielige Holzkeule *(Xylaria longipes)*

Rosellinia aquila

ZITZEN-KOHLENBEERE

Frkp kegelförmig mit einer Warze, Ø 1-2 mm. **Perithecien** dunkelbraun bis schwarz, mit Papille, meistens eng gedrängt auf brauner, dichter Hyphenmasse. Weit verbreitet auf toten Laubholzästen (insbesondere Ahorn), vor allem auf unter Holzschnitt liegenden Ästen.
Februar–Mai.
Es gibt zahlreiche ähnliche, nur mikroskopisch bestimmbare Arten.

Sa ⚲

Zitzen-Kohlenbeere *(Rosellinia aquila)*

Camarops polysperma

KISSENFÖRMIGER KUGELPILZ

Frkp flach kissen- bis herablaufend krustenförmig, 5-7 x 3-4. Oberseite braunschwarz bis (glänzend) schwarz, mit Papillen. Auf toten, aber meist noch stehenden Laubbaumstämmen (Erle, Buche).
Nahe verwandt ist die viel kleinere *C. microspora* (SS RL-3).

SS RL-3 Sa

Kissenförmiger Kugelpilz *(Camarops polysperma)*

Poronia punctata

ROSSAPFEL-KERNPILZ

Frkp nagel- bis keulen- oder flach napfförmig, Ø 0,5-1,5 cm. Innenseite weißlich bis cremegelb, mit schwarzen Punkten. Außenseite weißlich mit grauem Rand. **St** lang, schwarz, tief im Substrat wurzelnd. Auf Pferdemist.
Nahe verwandt ist die auf Kaninchen- und Hasenkötteln wachsende *P. erici* (S).

SS RL-1 Sa ⚲

Rossapfel-Kernpilz *(Poronia punctata)*

4 Rost- und Brandpilze (Teliomyceten)

Rost- und Brandpilze gehören zu den Teliomyceten, einer eigenständig neben den Basidiomyceten stehenden Gruppe.
Rostpilze leben parasitisch an höheren Pflanzen. Sie kommen insbesondere auf Blättern, Nadeln und Zapfen von Laub- und Nadelbäumen, Pflanzen und Farnen vor, führen jedoch nicht zum Absterben der Wirtspflanze. Die rostfarbenen Sporen werden durch den Wind verbreitet. Bei Rostpilzen findet oft auch ein Wirtswechsel statt. So keimen die Sporen des Getreide-Schwarzrosts (*Puccinia graminis)* im Frühjahr auf den Blättern von Berberitzen *(Berberis)* und durchdringen das Blatt. Nach einigen Tagen entstehen an der Blattoberseite becherförmige, „männliche" Fortpflanzungsorgane oder Pycnidien (Spermogonien) mit Pycnosporen (Spermatien) und an der Unterseite „weibliche" Fortpflanzungsorgane oder Aecidienanlagen mit Empfängnishaaren. Die Becherchen scheiden eine süße, Pycnosporen enthaltende Flüssigkeit ab, die Insekten anlockt, welche die Spermatien zu den Empfängnishaaren hin transportieren. Die nach der Befruchtung entstehenden Aecidiosporen verbreiten sich durch den Wind und infizieren Getreide. Auf den Ähren entstehen Uredien, in denen die Sommer- oder Uredosporen gebildet werden, die neue Wirtspflanzen infizieren können. Im Herbst entstehen auf den Ähren in sogenannten Telien die dickwandigen Wintersporen oder Teleutosporen, die im Erdboden überwintern und aus denen im Frühjahr eine Basidie mit Basidiosporen ensteht.
Brandpilze werden durch Blüten besuchende Insekten verbreitet und machen die Pflanze steril. Sie entwickeln sich insbesondere auf Blütenständen, also in und auf den Fortpflanzungsorganen und Fruchtansätzen der Pflanzen. Sie sind sogar im Stande, die weiblichen Blüten zur Ausbildung von Staubfäden anzuregen. In Europa kennt man einige hundert Arten. Die Gattung *Ustilago* ist mit über 100 auf Gräsern (Getreide) und krautigen Pflanzen vorkommenden Arten am stärksten vertreten.

Ustilago maydis

MAISBRAND

Frkp ein Tumor, Ø bis 10 cm. Weißlich, später violett bis schwarz. Auf den Blütenständen von (Futter)Mais, wo er sich anstelle und auf Kosten der Fortpflanzungsorgane entwickelt.

Pa

Maisbrand *(Ustilago maydis)*

Ästchen-Schichtpilz *(Stereum ochraceoflavum)*, vgl. S. 99

5 Ständerpilze (Basidiomyceten)

Die sehr umfang- und artenreichen Ordnungen und Familien der Gallertpilze, Aphyllophorales, Bauchpilze, Blätterpilze und Röhrlinge gehören zu den Ständerpilzen.

GALLERTPILZE (DACRYMYCETALES, AURICULARIALES, TREMELLALES, EXOBASIDIALES)

Gruppe der Phragmobasidiomyceten, deren meist gelatinöse Fruchtkörper sich nach dem Austrocknen durch Feuchtigkeitsaufnahme wieder regenerieren können.

Calocera cornea

PFRIEMFÖRMIGER HÖRNLING

Frkp zylindrisch bis pfriemförmig, nicht oder nur wenig gegabelt, 2-10 x 1-2 mm. Glatt, klebrig, glänzend dotter- bis orangegelb. Verbreitet auf sehr morschen Laubholzästen und -stämmen. Nahe verwandt ist der Gegabelte Hörnling *(C. furcata)* (S) auf Nadelholz.

Sa ♀

Pfriemförmiger Hörnling *(Calocera cornea)*

Calocera viscosa

KLEBRIGER HÖRNLING

Frkp vom wurzelnden Stämmchen aus mehrfach verästelt und gegabelt, korallenartig, 1-8 cm hoch. Kleberig, dotter- bis orangegelb. **F** gelatinös, zäh. Verbreitet auf sehr morschen Nadelholzstümpfen und -stämmen auf trockenen, nährstoffarmen Böden.

Sa

Klebriger Hörnling *(Calocera viscosa)*

Dacrymyces stillatus

ZERFLIESSENDE GALLERTTRÄNE

Frkp tropfen- oder kissenförmig bis flach becherförmig, Ø 2-5 mm. Schleimig, gelatinös, gelb bis orangegelb, in trockenem Zustand orange bis orangerot. Gesellig in Gruppen. Verbreitet auf sehr morschem

Zerfließende Gallertträne *(Dacrymyces stillatus)*

Nadel- (und Laub-)holz, auch auf bearbeitetem Holz (Zaunlatten, Türrahmen, Fensterbänke).

Sa ♀

Femsjonia pezizaeformis

GELBWEISSER BECHERGALLERTPILZ

Frkp kreisel- bis flach becherförmig, Ø 0,5-1 cm. Oben hell dottergelb. Unten fein flaumig, weißlich, mit blasser Randzone. **F** gelatinös, durchscheinend

Gelbweißer Bechergallertpilz *(Femsjonia pezizaeformis)*

weiß, mit weißem Kern. Auf Laub- (Eichen) und Nadelholzstämmen, die noch nicht geschält sind.

SS RL-3 Sa ♀

Hirneola auricula-judae

JUDASOHR

Frkp abstehend oder hängend, muschel- bis ohrförmig, Ø 2-8 cm. Oberseite in der Mitte ans Substrat geheftet, fein flaumig, braunrosa bis gräulich olivbraun. Unterseite runzelig gefaltet, rot- bis olivbraun, gelegentlich durch Sporen weiß bereift. **F** gelatinös bis trocken hornähnlich. Verbreitet auf Holunderästen und -stämmen, auch auf anderen Laubbäumen und Strünken, vor allem auf kalkhaltigen Böden.
Frühjahr–Herbst.

Pa (Sa) Eßb.

Auricularia mesenterica

GEZONTER OHRLAPPENPILZ

Frkp krustenartig verwachsen mit bis zu 3 cm aufragender Oberseite, Ø einige Quadratzentimeter bis Quadratdezimeter. Oberseite haarig-filzig, wellig, mit weißlich grauen und olivbraun Zonen. Unterseite netz-

Judasohr *(Hirneola auricula-judae)*

artig runzelig gefaltet, purpurbraun, gelegentlich durch die Sporen weiß bereift. **F** gelatinös, gummiartig. Mäßig verbreitet auf Stämmen und Stümpfen von Laubbäumen, insbesondere Ulmen, in Laubwäldern und Parks auf nährstoffreichen Sand- und Tonböden.

(Pa) Sa

Gezonter Ohrlappenpilz *(Auricularia mesenterica)*

Pseudohydnum gelatinosum

ZITTERZAHN

Frkp seitlich angewachsen, zungen- bis fächerförmig, Ø 2-6 cm. Oberseite fein körnig-flaumig, weißgrau bis blau- oder grüngrau oder bräunlich. Unterseite mit weißlichen bis gelblichen Stacheln. **Stln** spitz, 3-5 mm. **F** durchscheinend, gelatinös. Weit verbreitet auf sehr morschen Nadelbaumstümpfen und -stämmen.

Sa Eßb.

Zitterzahn *(Pseudohydnum gelatinosum)*

Exidia thuretiana

WEISSLICHER DRÜSLING

Frkp flach kissen- bis unregelmäßig kugelförmig, Ø 1-4 cm. Oben weiß bis blauweiß, oft rosa überhaucht. Unterseite matt, weißlich. **F** gelatinös, zäh, verschleimend. Weit verbreitet an morschen Ästen und Stämmen von Laubbäumen auf mäßig feuchten, nährstoffreichen Böden.

Sa

Weißlicher Drüsling *(Exidia thuretiana)*

Exidia plana

WARZIGER DRÜSLING, HEXENBUTTER

Frkp komplex, hirnartig gewunden, eine dicke, weiche Kruste formend, 10-30 x 3-5 cm. Außenseite fein warzig, glänzend oder stumpf, braunschwarz bis (blau)schwarz.
F 5-15 mm dick, gelatinös, weich. Verbreitet an toten, aber noch ansitzenden Ästen von Laubbäumen (Eichen). Ganzjährig.

Sa

Warziger Drüsling, Hexenbutter *(Exidia plana)*

Exidia truncata

ABGESTUTZTER DRÜSLING

Frkp kreisel- bis knotenförmig, Ø 1-6 cm. Oben matt bis glänzend, schwarz bis braunschwarz. Unterseite mit stumpfen Stacheln (Stoppeln), matt, schwarz bis braunschwarz.

F gelatinös, zäh. Verbreitet auf Ästen und Stämmen von Laubbäumen, insbesondere Eichen.

Sa

Abgestutzter Drüsling *(Exidia truncata)*

Myxarium nucleatum (M. hyalinum)

KÖRNCHEN-DRÜSLING

Frkp unregelmäßig kissen- bis kugelförmig, Ø 0,5-1,5 cm. Außenseite schleimig, glänzend, wässrig weiß, rosa oder violett überhaucht. **F** durchscheinend, mit 1-2 mm großem weißem Kristallkern, oft verschleimend. Verbreitet auf Laubholzästen.

Sa

Körnchen-Drüsling *(Myxarium nucleatum)*

Exidia recisa

KREISEL-DRÜSLING

Frkp kreisel- bis flach schüsselförmig, Ø 0,5-3 cm. Oberseite glänzend, bernsteinfarben bis dunkel rotbraun. Unterseite rau, matt, dunkel rotbraun. **F** gelatinös, leicht elastisch. Auf noch ansitzenden Laubholzästen (meist Weide).

S Sa

Kreisel-Drüsling *(Exidia recisa)*

Tremella mesenterica

GOLDGELBER ZITTERLING

Frkp hirnartig gefältelt und gelappt, 2-6 x 2-4 cm. Außenseite glänzend, blass- bis goldgelb. **F** gelatinös, weich, durchscheinend gelb. Weit verbreitet auf Laubholzästen.

Sa

Goldgelber Zitterling *(Tremella mesenterica)*

Tremella encephala

KIEFERN-KERNLING

Frkp halbkugel- bis kissenförmig, hirnartig gewunden, Ø 1-3 cm. Außenseite glänzend, weißlich oder gelblich bis braunrosa. **F** gelatinös, durchscheinend, mit hartem weißen Kern. Mäßig verbreitet auf Nadelholzstämmen an oder neben Fruchtkörpern des Blutenden Schichtpilzes *(Stereum sanguinolentum)*.

Pa

Kiefern-Kernling *(Tremella encephala)*

Tremiscus helvelloides

RÖTLICHER GALLERTTRICHTER

Frkp ohr- bis trichterförmig, 3-10 x 2-5 cm. Innen matt, gelegentlich weiß bereift, orangerosa bis lachs- oder braunrot. Außenseite glatt, orangerosa bis lachs- oder braunrot. **F** gelatinös, elastisch.

S Sa Eßb.

Rötlicher Gallerttrichter *(Tremiscus helvelloides)*

Tremella foliacea

ROTBRAUNER ZITTERLING

Frkp zusammengepresst gefältelt bis blattförmig gelappt, 3-10 cm. Außenseite glänzend, kandiszuckerbraun bis rötlich orangebraun.
F gelatinös, weich. Weit verbreitet in sandigen Mischwäldern auf Laubholzästen und -stämmen (Birke, Eiche).

Sa

Rotbrauner Zitterling *(Tremella foliacea)*

Exobasidium vaccinii

PREISELBEER-NACKTBASIDIE

Frkp gallenartig, Ø 1-2 cm. Außenseite puderig, matt, weißlich bis rosarot mit gelblichem Rand. In Nadelwäldern auf Preiselbeerblättern.
In Europa kommen ca. 25 Arten der Gattung *Exobasidium* auf Alpenrosen, Preisel-, Rausch-, Heidelbeeren und Bärentraube vor.

Pa

Preiselbeer-Nacktbasidie *(Exobasidium vaccinii)*

NICHTBLÄTTERPILZE *(APHYLLOPHORALES)*

Eine sehr formenreiche Gruppe von Holobasidiomyceten. Ihre Fruchtkörper sind oft nicht in Hut, Stiel und Lamellen oder Röhren gegliedert, sondern liegen krustenförmig dem Substrat an. Die Fruchtschicht kann sehr unterschiedlich sein.

Rindenpilze *(Corticiaceae)*

Umfangreiche Gruppe von am Substrat anliegenden (resupinaten), krustenartigen Basidiomyceten mit glatter, gefalteter, geaderter, poroider oder gestachelter Keimhaut, manche mit auf- oder abstehendem Rand oder muschel-, fächer- oder ohrförmigen Scheinhüten.

Hyphodontia quercina (Kneiffiella quercina)

EICHEN-ZÄHNCHENRINDENPILZ

Frkp dünn, rund bis lang gestreckt krustenartig, wachsartig bis hart, bis zu mehrere Dezimeter lang und mehrere Zentimeter breit. Oberseite glatt bis höckrig-warzig, matt, fahlblau bis dunkelblau, später blaugrau bis graubraun mit scharfem, manchmal filzigem Rand. **Sp** blassblau. Auf Laubholz.

S Sa ♀

Eichen-Zähnchenrindenpilz *(Hyphodontia quercina)*

Basidioradulum radula (Hyphoderma radula)

REIBEISEN-RINDENPILZ

Fp krustenartig, wächst in runden bis ovalen Gebilden von einigen Quadratzentimeter bis Quadratdezimeter Größe. Oberseite mit Stacheln, cremeweiß bis ockergelb, mit weißem, scharf begrenztem oder drahtig auslaufendem Rand. **Stln** stumpf bis pfriemförmig, 3-5 mm lang. Weit verbreitet in nährstoffreichen Wäldern auf Stämmen und Ästen von Laubbäumen (Birke).

Sa

Reibeisen-Rindenpilz *(Basidioradulum radula)*

Terana caerulea (Pulcherricium caeruleum)

BLAUER RINDENPILZ

Frkp dünn, rundlich bis ausgebreitet, krustenförmig, wachsartig bis hart, bis mehrere Dezimeter lang und einige Zentimeter breit. Oberseite glatt bis höckrig warzig, matt, lebhaft blau bis dunkelblau, später blaugrau bis graubraun, mit scharfem, mitunter filzigem Rand. **Sp** blassgrau. Auf Laubholzästen in warmen Gegenden (Auwäldern).

S RL-3

Blauer Rindenpilz *(Terana caerulea)*

Cerocorticium confluens

ZUSAMMENFLIESSENDER REIBEISENPILZ

Frkp krustig, wächsern, Ø bis zu einigen Quadratdezimeter. Oberseite höckrig-warzig, glatt, cremefarben bis grauocker und leicht blau überhaucht, Rand scharf abgegrenzt und oft gewimpert. **G** nach im Krankenhaus üblichen Desinfektionsmitteln. Verbreitet auf Laubholz.

Sa

Zusammenfließender Reibeisenpilz *(Cerocorticium confluens)*

Megalocystidium leucoxanthum (Gloeocystidiellum leucoxanthum)

GELBWEISSER GLOEOZYSTIDEN-RINDENPILZ

Frkp dick krustig, wächsern, Ø bis mehrere Quadratzentimeter. Oberseite höckrig-warzig, glatt, cremefarben bis gelb- oder ockerbraun mit scharfem oder gewimpertem, hellerem Rand. **Sp** weiß. Auf toten Ästen und Stämmen von Pappeln und Weiden.

SS Sa

Gelbweißer Gloeozystiden-Rindenpilz

Cerocorticium molare

GEZÄHNELTER REIBEISENPILZ

Frkp dick krustenförmig, rund bis lang gestreckt, Ø bis zu 4 cm. Oberseite mit Stacheln, cremefarben bis dunkel ockerfarben, Rand gewimpert. **Stln** oft mit gespaltener Spitze, 1-4 mm lang. Auf Laubholzästen (Eiche).

S Sa ♀

Gezähnelter Reibeisenpilz *(Cerocorticium molare)*

Trechispora farinacea

MEHLIGER STACHELSPOR-RINDENPILZ

Frkp dünn krustig, Ø bis mehrere Quadratzentimeter. Oberseite spinnwebenartig oder körnig mit kleinen Warzen oder Stacheln, weiß bis cremefarben mit gewimpertem Rand und weißen Rhizomorphen. Verbreitet auf halbvermodertem Laub- und Nadelholz.

Sa ♀

Mehliger Stachelspor-Rindenpilz *(Trechispora farinacea)*

Phlebiella vaga (Trechispora vaga)

SCHWEFELGELBER STACHELSPOR-RINDENPILZ

Frkp dünn krustig, Ø mehrere Quadratzentimeter bis Quadratdezimeter. Oberseite in der Mitte körnig, honiggelb bis bräunlich, zum Rand hin haarig-warzig, schwefelgelb mit weißlichen bis gelben Rhizomorphen. Mäßig verbreitet auf (der Unterseite von liegendem) Laub- und Nadelholz.

Sa

Schwefelgelber Stachelspor-Rindenpilz *(Phlebiella vaga)*

Rogersella sambuci (Hyphoderma sambuci)

HOLUNDER-RINDENPILZ

Frkp dünn krustenartig, wie Farbanstrich, Ø mehrere Quadratdezimeter. Oben schwach warzig, matt, weiß bis cremefarben. Verbreitet auf Holunderästen und -stämmen ohne Rinde. Ganzjährig.

Sa

Holunder-Rindenpilz *(Rogersella sambuci)*

Meruliopsis corium (Byssomerulius corium)

LEDERARTIGER FÄLTLING

Frkp krustenartig, ledrig, lang gestreckt, mit kräuseligen, eine Art Hut formenden Rändern, bis einige Dezimeter lang und einige Zentimeter breit. Oberseite der weit vom Substrat abstehenden Scheinhüte, haarig-filzig, zoniert, weiß bis ocker. Unterseite gerunzelt-geadert, stark warzig, weißlich bis ocker, später bräunlich. Verbreitet an der Unterseite liegender Laubholzäste.

Sa

Lederartiger Fältling *(Meruliopsis corium)*

Merulius tremellosus

GALLERTFLEISCHIGER FÄLTLING

Frkp elastisch krustenförmig, mit bis zu 5 cm abstehendem Rand, bis zu mehrere Dezimeter lange Gebilde. Oberseite der biegsamen, halbrunden Scheinhüte

Gallertfleischiger Fältling *(Merulius tremellosus)*

haarig-filzig, weiß. Unterseite gefältelt-geadert aus porenähnlichem Netzwerk, gelb oder orange bis lachsrosa, später dunkelorange mit seidig behaartem, gefältelt-gefurchtem, blassweißem Rand. **Sp** weiß.
Verbreitet auf stark verrotteten Stümpfen und an der Unterseite liegender Laubbaumstämme, insbesondere Birken.

Sa

Peniophora incarnata

FLEISCHROTER ZYSTIDENRINDENPILZ
Frkp dünn krustenartig, Ø einige Quadratzentimeter. Oberseite glatt bis knubbelig, blass oder hell orange bis lachsrosa. **Sp** hellrosa. Verbreitet auf Laubholzästen und -stämmen (Erlen) (vgl. auch Foto *Datronia mollis,* S. 118).

Sa

Peniophora quercina

EICHEN-ZYSTIDENRINDENPILZ
Frkp dick krustenartig mit abstehenden Rändern, einige Zentimeter bis mehrere Dezimeter lange Gebilde formend. Oberseite der Scheinhüte matt, dunkelbraun bis schwarz. Unterseite glatt oder geborsten, violett oder blaulila bis leicht rosa graubraun. **Sp** weiß. Verbreitet auf (hängenden) Eichenästen.

Sa

Eichen-Zystidenrindenpilz *(Peniophora quercina)*

Peniophora rufomarginata

LINDEN-ZYSTIDENRINDENPILZ
Frkp krustenartig, Ø bis zu mehrere Quadratzentimeter. Oberseite glatt, trocken etwas rissig, höckrig-wel-

Fleischroter Zystidenrindenpilz *(Peniophora incarnata)*

lig, graurosa bis bläulich graubraun. **Sp** weiß. Auf (hängenden), toten Lindenästen.

S Sa

Linden-Zystidenrindenpilz *(Peniophora rufomarginata)*

Peniophora laeta

HAINBUCHEN-ZYSTIDENRINDENPILZ

Frkp krustenartig, die Rinde durchbrechend, Ø bis zu mehrere Quadratzentimeter. Oberseite glatt mit 1-3 mm hohen Ausstülpungen, hellorange bis creme. Auf toten, hängenden Ästen von Laubbäumen, vornehmlich Hainbuchen.
In der Bundesrepublik kommen etwa 20 Arten der Gattung *Peniophora* vor.

S Sa

Hainbuchen-Zystidenrindenpilz *(Peniophora laeta)*

Mycoacia uda

WACHSGELBER FADENSTACHELPILZ

Frkp wachsartig, dünn krustenförmig, bis mehrere Zentimeter lang. Oberseite mit dicht gedrängt stehenden kleinen Stacheln, schwefelgelb oder wächsern gelb bis ockergelb. **Stln** spitz, 1-2 mm lang. **Sp** weiß. Weit verbreitet auf liegendem Laubholz, vor allem an der Unterseite.
Nahe verwandt sind der Goldgelbe und der Schwarzbraune Fadenstachelpilz *(M. aurea)* (S), *(M. fuscoatra)* (S).

Sa

Wachsgelber Fadenstachelpilz *(Mycoacia uda)*

Phlebia radiata

ORANGEROTER KAMMPILZ

Frkp krustenartig, oval bis unregelmäßig ausgebreitet, Ø mehrere Quadratzentimeter bis Quadratdezimeter. Oberseite unregelmäßig radial gefältelt-geadert bis gerippt, hellorange bis trüb fleischfarben oder violettgrau, Rand gewimpert. **Sp** weiß. Verbreitet auf toten, aber noch am Baum anhängenden Ästen und (durch die Rinde brechend) auf Stämmen von Laubbäumen (Eichen).

Sa

Orangeroter Kammpilz *(Phlebia radiata)*

Plicaturopsis crispa

KRAUSER ADERNZÄHLING

Frkp gefaltet bis wellig muschel- oder fächerförmig, seitlich gestielt, Ø 1-2 cm. Oberseite filzig konzentrisch zoniert, weißlich bis ocker- oder rotbraun. Unterseite lamellenähnlich gerippt, Rippen welliggegabelt, untereinander verbunden, schmutzig weiß bis grauocker mit gekerbtem, eingerolltem Rand. **Sp** weiß. Auf Stämmen und Ästen von Birken, Buchen und Hasel.

S Sa

Krauser Adernzähling *(Plicaturopsis crispa)*

Schizophyllum commune

SPALTBLÄTTLING

Frkp muschel- bis fächerförmig, oft gelappt, lateral gestielt, Ø 1-4 cm. Oberseits Scheinhüte mit über den Rand hinausragendem filzigen Flaum, (grau)weiß, gelegentlich purpur überhaucht. An der Unterseite längs gespaltene Lamellenschneiden und gekräuselte, radiale Scheinlamellen, blass fleischfarben bis violettgrau. **F** zäh. **Sp** weiß.
Verbreitet auf (gelagerten, dicken) Stämmen und Ästen von Laubbäumen.

Sa

Spaltblättling *(Schizophyllum commune)*

Auriculariopsis ampla

PAPPEL-BECHERRINDENSCHWAMM

Frkp ohr- bis flach schüsselförmig, herabhängend, Ø 10-15 mm. Scheinhüte auf der Oberseite filzig behaart, fast mittig angeheftet, hell ocker- bis zimtfarben. **F** dünn, elastisch. **Sp** weiß. Auf toten, oft noch am Baum hängenden Ästen und Zweigen von Laubbäumen, besonders von Pappeln.

S Sa

Pappel-Becherrindenschwamm *(Auriculariopsis ampla)*

Steccherinum bourdotii

KLEINSPORIGER RESUPINATSTACHELING

Frkp krustenartig, an der Außenseite mit Scheinhüten, 3-6 x 1-2 cm. Oberseite durch die bis zu 1 cm abstehenden Scheinhütchen haarig, cremefarben bis gräulich. Unterseits gestachelt, cremebeige. **Stln** 2-3 mm. **Sp** weiß. Weit verbreitet auf Laubholz (Erle). Nahe

Kleinsporiger Resupinatstacheling *(Steccherinum bourdotii)*

verwandt ist der Ockerrötliche Resupinatstacheling *(S. ochraceum)* (S).

Sa ♀

Steccherinum fimbriatum

GEFRANSTER RESUPINATSTACHELING

Frkp dünn, lederartig krustenförmig mit gewimpertem Rand, Ø 3-6 cm. Oberseite aderig, warzig gestachelt, graurot oder grauviolett bis fleischbraun. Mycelstränge weiß bis grau rötlich. **Stln** warzig, stumpf, 1 mm. **Sp** weiß.
Auf abgefallenen Ästen von Laubbäumen in feuchten, nährstoffreichen Wäldern.

S Sa ♀

Gefranster Resupinatstacheling *(Steccherinum fimbriatum)*

Chondrostereum purpureum

VIOLETTER SCHICHTPILZ

Frkp krustig mit bis zu 2 cm abstehendem, welligem Rand, Ø 2-4 cm. Oberseits haarig-flaumig durch Scheinhütchen, konzentrisch zoniert, Haare weiß. Unterseite glatt, dunkel- oder braunviolett. **Sp** weiß.

Violetter Schichtpilz *(Chondrostereum purpureum)*

Verbreitet auf frisch gefällten Laubholzstämmen und Stümpfen. Verursacht an Kirschbäumen die Silberblatt-Krankheit.

Pa (Sa)

Stereum hirsutum

STRIEGELIGER SCHICHTPILZ

Frkp ledrig-krustig mit bis zu 2 cm abstehenden Scheinhütchen, 3-10 x 1-4 cm. Oberseits haarig, zoniert, ocker bis braun mit blassem Rand, oft grün durch Algen. Unterseite glatt, hellgelb bis trüb braun oder graugelb.
Sp weiß. Verbreitet auf Laubholz, besonders auf gestapeltem Brennholz.

Sa

Striegeliger Schichtpilz *(Stereum hirsutum)*

Stereum gausapatum

EICHEN-SCHICHTPILZ

Frkp ledrig-krustig mit leicht abstehendem Rand, Ø 1-4 cm. Scheinhütchen oberseits feinhaarig, zoniert, gräulich ockerbraun, Rand weißlich. Unterseite glatt,

Eichen-Schichtpilz *(Stereum gausapatum)*

blass bis dunkel gelb- oder kastanienbraun, bei Verletzen rot blutend. **Sp** weiß. Verbreitet auf Stämmen und Stümpfen von Laubbäumen, vornehmlich Eichen.

Sa

Stereum ochraceoflavum (S. rameale)

ÄSTCHEN-SCHICHTPILZ

Frkp ledrig-krustig mit bis zu 1 cm abstehenden Scheinhütchen, formt Gebilde von einigen Zentimetern Breite und einigen Zentimetern bis Dezimetern Länge. Scheinhütchen an der Oberseite haarig-filzig, Haare grau bis ockerweiß mit gewimpertem Rand. Unterseite glatt, braun- bis grauocker. **Sp** weiß. Verbreitet auf Ästen und Zweigen von Laubbäumen.

Sa

Ästchen-Schichtpilz *(Stereum ochraceoflavum)*

Stereum rugosum

RUNZELIGER SCHICHTPILZ

Frkp unregelmäßig-krustenförmiges Gebilde von einigen Zentimetern Länge. Außen glatt, weiß gelblich bis graurosa, bei Verletzung rot anlaufend. **Sp** weiß. Verbreitet auf Laubholz, vor allem auf toten stehenden oder liegenden Stämmen.

Auch der Blutende Schichtpilz *(S. sanguinolentum)* auf frisch gefälltem Nadelholz (vgl. Foto *Tremella encephala,* S. 91) rötet an verletzten Stellen.

Sa

Runzeliger Schichtpilz *(Stereum rugosum)*

Stereum subtomentosum

SAMTIGER SCHICHTPILZ

Frkp ledrig-krustig mit weit abstehenden, fächerförmigen, welligen Scheinhütchen, Ø 3-7 cm. Scheinhütchen oberseits haarig-filzig, konzentrisch zoniert, braun- oder grauorange bis ockergelb, oft grün durch Algen, weißliche Wachstumsränder. Unterseite glatt, gelb bis graugelb oder ocker, bei Verletzung hellgelb verfärbend. **Sp** weiß.

Weit verbreitet auf Laubholzästen und -stämmen (Erle, Weide).

Sa

Samtiger Schichtpilz *(Stereum subtomentosum)*

Xylobolus frustulatus

MOSAIK-SCHICHTPILZ

Frkp krustig, mosaikartig aufgeplatzt, aus vieleckigen Blöckchen von 1-3 mm Durchmesser bestehend. Oberseite glatt, beige bis graurosa ockerfarben. Unterseite braun bis schwarz. **Sp** weiß. Die Fruchtkörper wachsen sehr langsam und können über 20 Jahre alt werden. Auf blankem Kernholz sehr alter, liegender oder stehender, toter Eichen.

SS RL-2 Sa ♀

Mosaik-Schichtpilz *(Xylobolus frustulatus)*

Vuilleminia comedens

RINDENSPRENGER

Frkp krustenartig, die Rinde aufwerfend und mehrere Quadratdezimeter bedeckend. Oberseite glatt, matt bis glänzend, weißlich bis blass fleischfarben oder grau lila überhaucht. **Sp** weiß. Verbreitet auf toten, noch anhängenden oder abgefallenen Laubholzästen, vor allem von Eichen.

Sa

Coniophora arida

DÜNNHÄUTIGER WARZENSCHWAMM

Frkp filzig krustenartig, Ø bis mehrere Quadratdezimeter. Oberseite warzig-filzig, ocker- bis olivbraun mit unregelmäßigem, weiße Fäden produzierendem Rand. **Sp** hellbraun. Im Holz ist die nasse Form der Braunfäule sichtbar. Mäßig verbreitet auf Nadelholz, gelegentlich auch auf Laubholz.

Rindensprenger *(Vuilleminia comedens)*

Verwandt sind der Olivbraune Warzenschwamm *(C. olivacea)* (SS) und der Kellerschwamm oder Braune Warzenschwamm *(C. puteana)*.

Sa

Dünnhäutiger Warzenschwamm *(Coniophora arida)*

Leucogyrophana romellii

ROMELLS GEWEBEHAUT

Frkp ledrig, weich, krustenartig, stark geadert-gefältelt oder mit kantigen, weiten Poren, über mehrere Quadratdezimeter ausgebreitet. Oberseite hellorange bis lachsfarben mit haarig-wattigem, weißem Rand. **Sp** hellgelb. Auf (verkohlten) Ästen von Nadel- und Laubbäumen, gelegentlich auch am Boden oder auf Moos.

S RL-R Sa

Romells Gewebehaut *(Leucogyrophana romellii)* und Schneeweißer Stachelspor-Rindenpilz *(Trechispora mollusca)*

Trechispora mollusca

SCHNEEWEISSER STACHELSPOR-RINDENPILZ

Frkp wattig weich, wabenartig krustig, Ø bis zu einigen Quadratzentimetern. Oberseite mit feinen, unregelmäßigen Poren, schneeweiß bis weißocker, Rand wattig-haarig. **P** Ø 0,3-1 mm. **Sp** weiß. Auf halbverfaultem (oder verkohltem), geschützt liegendem Holz und Streu von Laub- und Nadelbäumen.
In den Niederlanden kommen 9 Arten der Gattung *Trechispora* vor.

S Sa ♀

Serpula himantioides

WILDER HAUSSCHWAMM

Frkp weichledrig-krustenartig, einige Quadratdezimeter groß. Oberseite filzig, labyrinth- bis netzförmig geadert-gefältelt, senfgelb bis rost- oder olivbraun mit wollig-filziger, leicht freistehender, breiter weißer Randzone. **Sp** gelbbraun. Auf Nadelholz in nährstoffarmen Nadelwäldern.
Nahe verwandt der in Gebäuden zunehmend auch auf bearbeitetem Holz vorkommende Echte Hausschwamm *(Serpula lacrymans)*.

S Sa

Wilder Hausschwamm *(Serpula himantioides)*

Lederkorallen (Thelephoraceae)

Kleine Gruppe von fransig aussehenden oder mit fransigen Enden an den meist verästelten Fruchtkörpern versehenen Basidiomyceten.

Thelephora terrestris

ERD-WARZENPILZ

Frkp fächer- oder rosettenförmig, oft untereinander verwachsen, bis mehrere Quadratdezimeter große, halbkreisförmige oder lang gestreckte Scheiben bildend. Oberseite radial haarig-faserig, konzentrisch zoniert, grau- bis rostbraun mit hellem, gewimpertem Rand. Unterseite warzig-runzelig, hell oder dunkel zimt- oder graubraun. **F** faserig, zäh. **G** schwach erdig. **Sp** purpurbraun. Verbreitet unter (jungen) Laub- und Nadelbäumen in Wäldern und auf Heiden auf nährstoffarmem Boden, oft auf Streu oder an und um Stämme herum.

M

Erd-Warzenpilz *(Thelephora terrestris)*

Thelephora palmata

STINKENDE LEDERKORALLE

Frkp gebündelt, stark korallenartig verästelt, 4-7 x 4-7 cm. Oberseite vom Stiel an ein- oder mehrfach verzweigt mit abgeplatteten bis fächerförmigen, gewimpert-gezähnelten Spitzen, jung weißlich, später dunkel grau- bis lilabraun, Spitzen bleiben weißlich. **St** dunkel grau- bis lilabraun. **F** korkig, zäh, braun.

Stinkende Lederkoralle *(Thelephora palmata)*

G unangenehm. **Sp** braun. Unter Nadelbäumen auf humus- und streureichen Böden.

S M

Thelephora anthocephala

BLUMENARTIGE LEDERKORALLE

Frkp gebündelt korallenförmig oder flach rosettenförmig, mehrfach verzweigt, 3-6 x 2-4 cm. Oberseite einfach- oder mehrfach verzweigt, abgeplattet zylindrisch, oberes Ende spitz, weiß oder oft breit spatelförmig mit weißen Fransen, matt, olivgrau bis lilabraun. **St** matt, olivgrau bis lilabraun. **F** elastisch, dunkelbraun. **G** keiner. **Sp** braun. Unter Laubbäumen (Buche, Weide) in Laubwäldern auf nährstoffreichem Ton und humosem Sand.
In Mitteleuropa kommen ca. 10 Arten der Gattung *Thelephora* vor.

S M

Blumenartige Lederkoralle *(Thelephora anthocephala)*

Stachelinge *(Hydnaceae, Boletopsidiaceae, Auriscalpiaceae)*

Gruppe von Basidiomyceten mit Stacheln oder, in seltenen Fällen, mit Poren *(Boletopsis)* an der Hutunterseite.

Hydnellum aurantiacum

ORANGEGELBER KORKSTACHELING

Frkp napf- bis trichterförmig, bis 6 cm hoch. **H** Ø 2-7 cm, unregelmäßig rund, knubbelig mit welligem und gekerbtem Rand, filzig, jung weiß, später schwach konzentrisch zoniert, Mitte orangegelb bis -braun, zum Rand hin hell orangegelb bis weißlich. **Stln** bis 5 mm lang, am Stiel herablaufend, weißlich oder grau- bis orangebraun. **St** feinfilzig, an der Basis verdickt, 2-5 x 0,5-2 cm, orange- bis dunkelbraun. **F** weiß bis blassorange oder orangebraun. **Sp** hellbraun. In mageren Kiefernwäldern auf sehr nährstoffarmen Flugsanden.

S RL-2 M

Orangegelber Korkstacheling *(Hydnellum aurantiacum)*

Hydnellum caeruleum

BLÄULICHER KORKSTACHELING

Frkp napfförmig, bis 6 cm hoch. **H** Ø 3-7 cm, unregelmäßig rund mit welligem, gekerbtem Rand, flaumig-samtig bis kahl, wellig-runzelig, jung graublau, später in der Mitte bräunlich, Rand weißlich. **Stln** bis 5 mm lang, am Stiel herablaufend, braunbläulich bis grauweiß oder braun. **St** kaum entwickelt, konisch, 2-3 x 2-3 cm, braunrot. **F** rot- oder orangebraun bis grau- oder schwarzblau mit dunkleren Bereichen. **G** nach Gurke. **Sp** hellbraun.
Meist unter Kiefern auf sehr nährstoffarmen, trockenen, bewegten Sandböden.

RL-2 M

Bläulicher Korkstacheling *(Hydnellum caerulum)*

Hydnellum ferrugineum

ROTBRAUNER KORKSTACHELING

Frkp napfförmig, bis 6 cm hoch. **H** Ø 3-10 cm, rundlich, jung kissenförmig, samtig, weiß bis rosa, rote (Guttations-)Tröpfchen abscheidend, später abgeflacht bis trichterförmig, rau, rotbraun, Rand wellig-gekerbt, blass. **Stln** bis 5 mm lang, am Stiel herablaufend, weißlich bis rotbraun. **St** 1-5 x 1-3 cm, rotbraun. **F** blass rotbraun. **Sp** hellbraun. In Nadelwäldern unter Kiefern und Fichten zwischen Heidekraut.
Nahe verwandt sind der Derbe, der Samtige und der Gezonte Korkstacheling *(H. compactum,* (S RL-2), *(H. spongiosipes)* (S RL-3), *(H. concrescens)* (S RL-3).

SS RL-2 M

Rotbrauner Korkstacheling *(Hydnellum ferrugineum)*

Phellodon niger

SCHWARZER DUFTSTACHELING

Frkp napf- bis trichterförmig, bis 6 cm hoch. **H** Ø 3-8 cm, rundlich, samtig, wellig-höckrig, in der Mitte gelegentlich mit aufrecht stehenden Schüppchen, konzentrisch zoniert, blau- oder braunschwarz bis schwarz mit scharfer, hell graublauer bis weißlicher Randzone. **Stln** bis 3 mm lang, weißlich bis blaugrau oder graubraun. **St** filzig, zylindrisch, 2-5 x 1-2 cm, schwarz. **F** zäh, schwarz und braun zoniert. **G** würzig, nach Maggi. **Sp** weißlich.
Unter Laubbäumen (Eiche, Buche), gelegentlich auch

unter Nadelbäumen (Kiefer) auf nährstoffarmem Flugsand und an Wegböschungen mit altem Baumbestand.

SS RL-2 M

Schwarzer Duftstacheling *(Phellodon niger)*

Phellodon confluens

VERWACHSENER DUFTSTACHELING

Frkp napf- bis flach trichterförmig, oft an den Huträndern untereinander verwachsen, bis 5 cm hoch. **H** Ø 3-9 cm, zusammen genommen bis Ø 15 cm, rund bis oval, höckrig-gefurcht, flaumig, weißlich bis grau- oder schwarzbraun, mit weißlicher Randzone. **Stln** bis 3 mm lang, weißlich bis grau mit einem Hauch lila oder rosa. **St** 2-4 x 1-2 cm, filzig, grau- bis dunkelbraun. **F** zoniert, rosabraun bis grau- oder schwarzbraun. **G** würzig, nach Maggi. **Sp** weißlich.

In Wäldern unter Laub- (Eiche, Buche), gelegentlich auch unter Nadelbäumen (Kiefer) auf nährstoffarmen Flugsanden und an Wegrändern mit altem Baumbestand.

SS RL-2 M

Phellodon tomentosus

BECHERFÖRMIGER KORKSTACHELING

Frkp flach trichterförmig, oftmals viele Hüte untereinander verwachsen, bis 4 cm hoch. **H** Ø 2-6 cm, insgesamt bis zu einem Ø von 10-20 cm, unregelmäßig rund, fein radial runzelig, filzig, matt, mit zur Mitte hin dunkler werdenden, konzentrischen Bereichen, haselnuss- bis grau- oder rötlich braun, Rand glatt und weiß. **Stln** bis 3 mm, weiß bis grau. **St** 1-3 cm x 3-8 mm, glatt, hell bis dunkelbraun. **F** zoniert, hellbraun bis rot- oder schwarzbraun. **G** würzig, nach Maggi. **Sp** weiß. Wächst gelegentlich in Hexenringen.

Verwachsener Duftstacheling *(Phellodon confluens)*

In Nadelwäldern, vor allem unter Kiefern, auf trockenen, sehr nährstoffarmen Böden.
Eine weitere seltene Art ist der Schwarzweiße Duftstacheling *(P. melaleucus)* (SS).

SS RL-2 M

Becherförmiger Korkstacheling *(Phellodon tomentosus)*

Sarcodon imbricatus

HABICHTSPILZ

Frkp napf- bis trichterförmig, bis 9 cm hoch. **H** Ø 10-20 cm, rundlich mit großen, aufrechten, konzentrisch angelegten Schuppen, samtig-filzig, blassrosa bis fleischig braun, Schuppen rot- bis dunkelbraun, Rand eingerollt und heller. **Stln** bis 1 mm, weiß bis grau- oder purpurbraun. **St** 4-7 x 2-4 cm, samtig, weiß bis bräunlich. **F** weiß. **G** schwach, angenehm würzig. **Sp** braun.

Habichtspilz *(Sarcodon imbricatus)*

Unter Kiefern in Nadelwäldern auf sehr nährstoff- und humusarmen Flugsanden.

SS RL-3 M EßЬ.

Sarcodon scabrosus

GALLENSTACHELING

Frkp flach, trichterförmig, bis 12 cm hoch. **H** Ø 4-14 cm, unregelmäßig rund mit anliegenden, sich nach und nach aufrichtenden Schuppen, flaumig-filzig, hell kastanienbraun, gelegentlich rosa überhaucht, Schuppen dunkel kastanien- bis schwarzbraun, Rand wellig und blass. **Stln** bis 1 mm, hell graurosa bis purpurbraun mit weißer Spitze. **St** 3-10 x 1-3,5 cm, längs gestreift, mit dunklen Schuppen, blass rosa- bis dunkelbraun mit graugrüner Basis. **F** weißlich bis rosa, an der Stielbasis blaugrün. **G** nach Mehl. **Sp** braun. Unter Eichen und Buchen in Laubwäldern auf nährstoffarmen Sandböden und an mageren Wegrändern mit altem Baumbestand.
Nahe verwandt sind der Violettfleischige und der Zierliche Stacheling *(S. joeides)* (SS RL-2), *(S. lepidus)* (SS RL-R).

S RL-2 M †

Gallenstacheling *(Sarcodon scabrosus)*

Boletopsis grisea

BITTERER RUSSPORLING

Frkp flach trichterförmig, bis 10 cm hoch. **H** Ø 4-10 cm, unregelmäßig rund, glatt, wellig, weißlich bis hell graubraun, Rand scharf, wellig. Unterseite mit unregelmäßig eckigen, wenig tiefen, am Stiel herablaufenden Poren, Ø 0,3-1 mm, weißlich bis rosa. **St** 3-7 x 1-3 cm, glatt bis feinschuppig, weißlich bis hell graubraun. **F** weißlich bis rosa. **Sp** weißlich. Unter

Nadelbäumen (manchmal auch Laubbäumen) auf mageren Sandböden.
Kann leicht verwechselt werden mit dem Schwarzweißen Rußporling *(B. leucomeleana)* (SS RL-2) oder ist sogar nur eine blasse Varietät.

RL-2 M?

Bitterer Rußporling *(Boletopsis grisea)*

Hydnum repandum

SEMMEL-STOPPELPILZ
Frkp napf- bis (flach) trichterförmig, bis 8 cm hoch. **H** Ø 3-15 cm, unregelmäßig rund, gelegentlich leicht gefurcht, schwach filzig, matt, creme- oder aprikosenfarben bis senf- oder ockergelb, Rand eingerollt und gekerbt. **Stln** weich und zerbrechlich, pfriemförmig, am Stiel herablaufend, bis 6 mm lang, cremeweiß bis lachsrosa. **St** 2-6 x 2-3 cm, fein flaumig, weiß, an der Basis gelb. **F** weich, weiß. **G** angenehm. **Sp** weiß.
Mäßig verbreitet in Laubwäldern und Alleen unter Laubbäumen (Buche), selten unter Nadelbäumen, auf mäßig bis schwach sauren, sandigen oder lehmigen Böden.

Semmel-Stoppelpilz *(Hydnum repandum)*

Nahe verwandt und eventuell nur eine Varietät ist der Rotgelbe Stoppelpilz *(H. rufescens)*.

M Eßb.

Auriscalpium vulgare

OHRLÖFFEL-STACHELING
Frkp seitenständiger, ledriger Hut mit Stiel, bis 8 cm hoch. **H** Ø 1-2 cm, ohr- bis nierenförmig, bedeckt mit gelbbraunen bis kastanien- oder schwarzbraunen Haaren, Rand bewimpert. **Stln** 2-3 mm lang, spitz, rosa- bis graubraun. **St** 2-6 cm x 1-3 mm, haarig-filzig, an der verdickten Basis borstig, dunkel- bis schwarzbraun. **Sp** weiß.
Auf im Boden vergrabenen Kiefern- und Fichtenzapfen in Nadel- und Mischwäldern auf schwach sauren bis basischen, sandigen oder lehmigen Böden.

Sa

Ohrlöffel-Stacheling *(Auriscalpium vulgare)*

Stachelbärte *(Hericiaceae)*

Kleine Gruppe von Basidiomyceten mit langen Stacheln auf der Unterseite der konsolenförmigen oder mehrfach verzweigten Hüte.

Creolophus cirrhatus

DORNIGER STACHELBART
Frkp besteht aus unregelmäßig halbkreis- bis muschelförmigen, oft dachziegelartig übereinander stehenden, seitlich aus einem konsolenähnlichen Kern herauswachsenden Hüten. **H** 3-8 cm breit, wellig gebogen, körnig-warzig, weißlich bis creme oder ocker, später orangebraun, oft mit umgebogenem Rand. **Stln** 1-1,5 cm lang, pfriemförmig, cremegelb bis

blass lachsfarben. **F** dick, weich, weiß bis cremefarben. **G** angenehm. **Sp** weiß. An Stammwunden und lebenden oder toten Stämmen und dicken Ästen alter Laubbäume (Buche) in Parks und offenen Wäldern.

S RL-3 Sa (Pa)

Dorniger Stachelbart *(Creolophus cirrhatus)*

Hericium erinaceus

IGEL-STACHELBART

Frkp kissen- bis konsolenförmig, Ø bis 25 cm. **H** knollenförmig, von herunter hängenden Stacheln

Igel-Stachelbart *(Hericium erinaceus)*

umgeben, kurz gestielt oder ungestielt. **Stln** bis 6 cm lang, weiß bis cremefarben oder schmutzig (orange) gelb. **F** weiß. **Sp** weiß.
Auf Stammwunden von Laubbäumen (Buche) in Parks und Alleen.

S RL-2 Pa (Sa) Eßb.

Hericium coralloides

ÄSTIGER STACHELBART

Frkp wächst korallenartig, mehrfach verzweigt aus einem Strunk, Stacheln hängen in ungleichen Gruppen von den Ästen herab, Ø 5-30 cm. Strunk Ø 1-4 cm, rahmweiß bis blassgelb. Ästchen kantig, flach, 5-10 mm dick, rahmweiß bis blassgelb. **Stln** pfriemförmig, 5-10 mm lang, rahmweiß. **Sp** weiß.
Auf großen, schon stark verrotteten Buchenstämmen in Parks und Laubwäldern.

SS RL-2 Sa

Ästiger Stachelbart *(Hericium coralloides)*

Borstenscheibenartige *(Hymenochaetaceae)*

Die Familie ist sehr formenreich: Die Borstenscheiben *(Hymenochaete)* haben krustenartige Fruchtkörper und Scheinhütchen ohne Röhren. Die Dauerporlinge *(Coltricia)* haben gestielte, napfförmige Fruchtkörper mit Röhren auf der Hutunterseite. Die Schiller- und Rostporlinge *(Inonotus)* haben einjährige, kissen-, konsolen- bis hufförmige oder dachziegelartig neben- und übereinander wachsende Fruchtkörper mit Röhren und glänzenden Poren.
Die Feuerschwämme *(Phellinus)* haben harte, mehrjährige knollen- bis konsolen- oder hufförmige Fruchtkörper mit mehreren Röhrenschichten.

Hymenochaete rubiginosa

ROTBRAUNE BORSTENSCHEIBE

Frkp krustenartig, Scheinhütchen dachziegelartig übereinander, 2-6 x 2-4 cm. Oberseite der Scheinhütchen konzentrisch zoniert, samtig bis glatt, dunkel rost- oder dattelbraun bis schwarz. Unterseite glatt, rot- bis orangebraun, mit welligem, scharfem Rand. **Sp** weißlich bis hell gelblich oliv. Mäßig verbreitet auf Laubholz, insbesondere Eichen.

Sa

Hymenochaete tabacina

TABAKBRAUNE BORSTENSCHEIBE

Frkp krustig, gelegentlich mit bis 1 cm abstehenden Scheinhütchen, erstreckt sich über einige Quadratzentimeter bis mehrere Quadratdezimetern Länge. Oberseite der Scheinhütchen zoniert, filzig, orange- bis graubraun. Unterseite konzentrisch gewellt, feinfilzig, matt, tabak- oder rostbraun bis kaffeebraun, mit scharfem, gekerbtem Rand. **Sp** weißlich. Mäßig verbreitet auf Laubholz (Weiden) in feuchten, nährstoffreichen Gebüschen.

Verwandt, aber seltener sind die Zimtrote, die Gefelderte und die Blutrote Borstenscheibe *(H. cinnamomea, H. corrugata* und *H. cruenta),* (RL-2).

Sa

Tabakbraune Borstenscheibe *(Hymenochaete tabacina)*

Rotbraune Borstenscheibe *(Hymenochaete rubiginosa)*

Coltricia perennis

GEBÄNDERTER DAUERPORLING

Frkp napf- bis flach trichterförmig, gestielt, bis 6 cm hoch. **H** Ø 2-8 cm, konzentrisch zoniert, feinsamtig bis glatt, kastanien- oder rostbraun bis ockerfarben oder blassgrau. **R** 2-3 mm lang, herablaufend, braun bis graubeige. **P** 2-4 pro mm, unregelmäßig kantig, zimtfarben, weiß bereift. **St** 2-4 cm x 2-6 mm, flaumig, rostbraun. **Sp** ockerbraun.

Unter Nadel- und Laubbäumen in lichten Kiefernwäldern, Mischwäldern und Heiden auf trockenen, nährstoffarmen Sandböden.

S M

Gebänderter Dauerporling *(Coltricia perennis)*

Coltricia confluens

ZUSAMMENFLIESSENDER DAUERPORLING

Frkp napf- bis flach trichterförmig, gestielt, meist mit zu Scheiben verwachsenden Hüten auf mehreren Stielen, bis 5 cm hoch. **H** Ø 4-6 cm, verwachsen zusammen bis zu Ø 15 cm, nicht oder kaum zoniert, fein flaumig bis glatt, rot- bis rostbraun oder ockerfarben grau. **R** 2-3 mm lang, herablaufend, braun. **P** 2-3 pro mm, unregelmäßig kantig, zimtbraun. **St** 1-3 cm x 2-4 mm, flaumig, rost- bis dunkelbraun. **Sp** ockerbraun.

Auf Blattstreu und Holzschnitzen in Parks und Wäldchen mit jungen Bäumen und Sträuchern.

Der Pilz wurde erst vor wenigen Jahren als eigenständige Art beschrieben; über seine Verbreitung ist noch wenig bekannt.

S Sa

Zusammenfließender Dauerporling *(Coltricia confluens)*

Inonotus hispidus

ZOTTIGER SCHILLERPORLING

Frkp einjährig, huf- bis konsolenförmig, 10-30 x 6-20 cm, 4-10 cm dick. Oberseite struppig, filzig, borstig, ockerbraun bis dunkel- oder schwarzbraun, anfangs mit schwefelgelbem bis gelbbraunem Rand. **R** 1-4 cm lang, rostbraun. **P** 2-3 pro mm, rund bis kantig, weißgelblich bis gräulich ockerbraun, oft mit Guttationströpfchen. **Sp** gelbbraun.

Mäßig verbreitet in Stammwunden lebender Laubbäume (Apfel, Walnuss, Esche, Ulme, Platane u.a.) in Parks, Obstgärten, Alleen und Grünanlagen.

Pa

Zottiger Schillerporling *(Inonotus hispidus)*

Inonotus radiatus

ERLEN-SCHILLERPORLING

Frkp einjährig, flach konsolenförmig, meist dachziegelartig wachsend, 3-10 x 2-6 cm, 1-2 cm dick. Oberseite feinfilzig bis kahl, radial runzelig, gelegentlich konzentrisch zoniert, rostbraun mit gelbweißem

Erlen-Schillerporling *(Inonotus radiatus)*

Randbereich, später dunkel- bis schwarzbraun mit scharfem, hellem Rand. **R** 3-10 mm lang, rostbraun. **P** 3-4 pro mm, rund bis kantig, silbrig weiß bis gelbgrau. **Sp** gelblich. Junge, knollige Fruchtkörper scheiden oft dicke Guttationstropfen ab. Verbreitet auf Stämmen, Stümpfen und Ästen von Laubbäumen (Erle, Birke).

Pa

Erlen-Schillerporling *(Inonotus radiatus)*

Inonotus nodulosus

KNOTIGER SCHILLERPORLING

Frkp einjährig, kissen- bis konsolenförmig, dachziegelartig, mit Vorsprüngen oder Hutkanten auf krustenförmiger porentragender Basis. 2-3 x 1-3 cm. Oberseite unregelmäßig wellig, filzig, orangegelb bis dunkelbraun, Rand blass. **R** 5-6 mm lang, cremefarben bis braun. **P** 3-4 pro mm, rund, cremefarben mit silbrigem Glanz bis ockerbraun. **Sp** blassgelb. Auf fauligen Stammwunden und Schnittflächen an lebenden und toten Buchen, auch an abgefallenen Ästen.

S Pa (Sa)

Knotiger Schillerporling *(Inonotus nodulosus)*

Inonotus rheades

FUCHSROTER SCHILLERPORLING

Frkp einjährig, flach konsolenförmig, zumeist mehrere Hüte neben- und übereinander, 4-15 x 2-9 cm. Oberseite samtig filzig, gelborange oder fuchsorange bis rotbraun, Rand wellig, blass. **R** 5-15 mm lang, rotbraun. **P** 2-3 pro mm, kantig, cremefarben oder hellgelb bis ockerbraun. **Sp** braun.
Auf Zitterpappelstämmen in lichten Wäldern und Alleen.
Nahe verwandt sind der Flache Schillerporling *(I. cuticularis)* und der Tropfende Schillerporling *(I. dryadeus)* (S RL-3) sowie der Vielgestaltige Schillerporling

Fuchsroter Schillerporling *(Inonotus rheades)*

(*I. hastifer*, RL-3, vgl. Foto *Antrodiella hoehnelii*, (SS), S. 177).

S RL-3 Pa

Phellinus igniarius

GEMEINER FEUERSCHWAMM

Frkp mehrjährig, hart, huf- bis konsolenförmig, 10-40 x 5-20 cm, 5-15 cm dick. Oberseite konzentrisch gefurcht-gerippt, glatt, aufbrechend, rostbraun bis grauschwarz oder schwarz, Rand hell, stumpf. In mehreren horizontalen Röhrenschichten. **R** pro Schicht 1-5 mm lang, rostbraun. **P** 5-6 pro mm, rund, rostbraun bis braungrau. **Sp** weiß.
Mäßig verbreitet auf Stämmen oft noch lebender Bäume (Pappel, Birke, Weide, Vogelbeere) in offenen Laubwäldern, Auen und Alleen.

Pa

Phellinus hippophaecola

SANDDORN-FEUERSCHWAMM

Frkp mehrjährig, hart, huf- bis konsolenförmig, 3-6 x 2-4 cm, 2-4 cm dick. Oberseite samtig bis kahl, gelb- bis rostbraun, oft durch Algen grün, Rand scharf, rostbraun. Mit mehreren Röhrenschichten. **R** pro Schicht 2-3 mm lang, zimtbraun. **P** 5-7 pro mm, rund, beige bis rost- oder dunkelbraun. **Sp** weiß. Verbreitet auf Stämmen und Ästen von Sanddorn, vor allem in den Dünen und in Flussauen.

Pa

Sanddorn-Feuerschwamm *(Phellinus hippophaecola)*

Phellinus tuberculosus (P. pomaceus)

PFLAUMEN-FEUERSCHWAMM

Frkp mehrjährig, hart, dick kissen- bis hufförmig, 3-10 cm. Oberseite glatt, matt, grau bis rötlich braun,

Gemeiner Feuerschwamm *(Phellinus igniarius)*

oft durch Algen grün. Mehrschichtige Röhren. **R** pro Schicht 2-3 mm, rostbraun. **P** 4-5 pro mm, rund, beige bis zimt- oder graubraun. **Sp** weiß.
Mäßig verbreitet auf Stämmen und an der Unterseite von Obstbaumästen (Kirsche, Pflaume) in Obstgärten, Grünanlagen und offenen Wäldern.

Pa

Pflaumen-Feuerschwamm *(Phellinus tuberculosus)*

Phellinus robustus

EICHEN-FEUERSCHWAMM

Frkp mehrjährig, hart, knollen- bis huf- oder konsolenförmig, 8-25 x 5-10 cm, 5-20 cm dick. Oberseite

Eichen-Feuerschwamm *(Phellinus robustus)*

glatt, rost- bis grau- oder schwarzbraun, mit stumpfem, gelbbraunem Rand. Mehrere Röhrenschichten. **R** pro Schicht 3-5 mm, gelbbraun. **P** 5-6 pro mm, rund, gelb- bis rostbraun. **Sp** weiß. Auf Stämmen alter Laubbäume, insbesondere Eichen, in Alleen und lichten Wäldern.

S Pa

Phellinus trivialis

GEMEINER FEUERSCHWAMM

Frkp mehrjährig, hart, konsolenförmig, 10-20 x 5-10 cm. Oberseite glatt, konzentrisch zoniert, aufbrechend, graubraun bis schwarz, mit blassem Rand. Mit mehreren, schräg herablaufenden Röhrenschichten. **R** pro Schicht 3-5 mm, dunkel rostbraun. **P** 5-6 pro mm, rund, beige bis zimt- oder rostbraun. **Sp** weiß. Auf Weidenstämmen, manchmal auf der Unterseite schräg stehender Äste („Astkriecher").

SS Pa

Gemeiner Feuerschwamm *(Phellinus trivialis)*

Phellinus conchatus

MUSCHELFÖRMIGER FEUERSCHWAMM

Frkp mehrjährig, hart, dick krustenförmig, meist mit mehreren, dachziegelartig stehenden, konsolenförmigen Hüten von 1-4 x 1-2 cm Größe. Oberseite konzentrisch zoniert und dunkel- bis schwarzbraun. Röhren oft mehrschichtig. **P** 3-6 pro mm, kantig, schräg angeschnitten bis gezähnelt, rost- bis graubraun. **Sp** blassgelb. Auf Stämmen toter und lebender Laubbäume (Weide, Pappel) in Mischwäldern auf kalkhaltigen Böden. Rein krustenförmig wächst der Großporige Feuerschwamm *(P. contiguus)* auf Laub- und Nadelholz, auf Nadelbäumen im Gebirge der Dunkelgezonte Feuererschwamm *(P. nigrolimitatus)* (SS). Der Kiefern-Feuerschwamm *(P. pini)* (SS RL) ist dagegen konsolenförmig.

S Pa (Sa)

Muschelförmiger Feuerschwamm *(Phellinus conchatus)*

Phellinus ferruginosus

ROSTBRAUNER FEUERSCHWAMM

Frkp ein- bis mehrjährig, hart, krustenförmig, einige Quadratzentimeter bis zu mehrere Quadratdezimeter große Strünke bildend, 1-10 mm dick, mit filzigem Randbereich. Mehrschichtige Röhren. **R** pro Schicht 1-4 mm lang, rotbraun. **P** 5-6 pro mm, rund, gelb- bis rotbraun oder graubraun. **Sp** weiß.
Verbreitet auf Stämmen und Ästen von Laubbäumen (Eiche, Buche, Weide, Weißdorn) auf nährstoffreichen Böden.

Sa ♀

Rostbrauner Feuerschwamm *(Phellinus ferruginosus)*

Phellinus ferreus

SCHMALSPORIGER FEUERSCHWAMM

Frkp mehrjährig, hart, krustenartig, einige Quadratzentimeter bis zu mehrere Quadratdezimeter lange Strünke bildend, 5-15 mm dick, mit hell gelbbraunem, filzigem Randbereich. Mehrschichtige Röhren. **R** pro Schicht 1-3 mm lang, senfgelb. **P** 3-5 pro mm, rund bis kantig, gelbbraun bis dunkelbraun. **Sp** weiß.
Mäßig verbreitet auf Ästen und Stämmen von Laubbäumen (Eiche) in Laubwäldern auf nährstoffarmen Böden. Nur unter dem Mikroskop sicher von *Phellinus ferruginosus* zu unterscheiden. Äußerst kleine Poren kennzeichnen den Polsterförmigen Feuerschwamm *(P. punctatus)* (SS).

Sa ♀

Schmalsporiger Feuerschwamm *(Phellinus ferreus)*

Phylloporia ribis f. *evonymi* *(Phellinus ribis)*

PFAFFENHÜTCHEN-FEUERSCHWAMM

Frkp ein- bis mehrjährig, korkig, muschel- bis fächerförmig, 3-15 x 2-10 cm, 1-2 cm dick. Oberseite konzentrisch zoniert, feinfilzig, rot- bis schwarzbraun, oft durch Algen grün. **R** pro Schicht 1-3 mm lang, rostbraun. **P** 6-8 pro mm, rund, zimt- bis rötlich braun. **Sp** hellgelb.
Am Fuß lebender Sträucher (Pfaffenhütchen).

Die Hauptform, der Stachelbeer-Feuerschwamm *(P. ribis* f. *ribis)*, wächst auf Beerensträuchern in Gärten.

S Pa

Porlinge *(Polyporaceae)*

Große, arten- und formenreiche Gruppe ein- oder mehrjähriger Holzbewohner mit muschel-, fächer-, spatel- oder zungenförmigen oder trichter-, sattel-, huf- oder konsolenförmigen, gelegentlich dachziegelartig angeordneten Fruchtkörpern mit porigem oder lamelligem Hymenium.

Bjerkandera adusta

ANGEBRANNTER RAUCHPORLING

Frkp einjährig, flächig ausgebreitet mit zumeist dachziegelartig wachsenden, ledrigen Hütchen. **H** 2-6 x 1-3 cm, 3-6 mm dick. Oberseite meistens konzentrisch zoniert, wildlederartig-filzig, ocker- oder braungrau bis schwarz, mit scharfem weißem, später schwarzem Rand. **R** 1-2 mm lang, grau. **P** 4-6 pro mm, rund, hell- bis dunkelgrau, auf Druck schwarz verfärbend, zum Rand hin heller. **F** dünn, zäh, weißlich. **G** säuerlich. **Sp** weiß bis hellgelb. Verbreitet auf Stümpfen sowie stehenden und liegenden Stämmen von Laubbäumen, gelegentlich auch an Nadelholz.

Sa

Angebrannter Rauchporling *(Bjerkandera adusta)*

Stachelbeer-Feuerschwamm *(Phylloporia ribis)*

Bjerkandera fumosa

GRAUGELBER RAUCHPORLING

Frkp einjährig, einzeln bis dachziegelartig wachsende, konsolenförmige Hüte. **H** 10-15 x 4-8 cm, 2-3 cm dick. Oberseite samtig, matt, zumeist nicht zoniert, ocker bis kaffeebraun, mit scharfem, welligem, blassem Rand. **R** 2-4 mm lang, bräunlich. **P** 2-4 pro mm, rund bis kantig, weißlich bis cremefarben, bei Verletzung bräunlich verfärbend. **F** dick, schwammig, ockerbraun. **G** angenehm süßlich. **Sp** weiß.
Verbreitet auf Stümpfen und Stämmen von Laubbäumen.

Sa

Oligoporus caesius (Tyromyces caesius)

BLAUER SAFTPORLING

Frkp einjährig, halbrund, fächer- bis konsolenförmig. **H** 2-6 x 1-4 cm, 1-2 cm dick. Oberseite haarig, weiß, später blaugrau bis bräunlich, mit scharfem weißem Rand. **R** 1-5 mm lang, weiß. **P** 4-5 pro mm, rund bis kantig, weiß bis grau. **F** faserig, weiß. **Sp** weiß. Verbreitet auf Nadelholzstämmen, -stümpfen und -ästen.
Insbesondere auf Laubholz wächst der meist kleinere Fastblaue Saftporling *(O. subcaesius)*.

Sa

Blauer Saftporling *(Oligoporus caesius)*

Graugelber Rauchporling *(Bjerkandera fumosa)*

Oligoporus stipticus *(Tyromyces stipticus)*

BITTERER SAFTPORLING

Frkp einjährig, kissen-, konsolen- bis nierenförmig. **H** 3-12 x 2-5 cm, 1-4 cm dick. Oben feinfilzig, weiß bis ockercremefarben, Rand scharf. **R** 3-10 mm lang, weiß. **P** 3-4 pro mm, rund bis lang gestreckt, weißlich. **F** bröckelig, weiß. **G** süßlich-streng. **Gsm** bitter. **Sp** weiß.
Verbreitet auf Stümpfen, Stämmen und Ästen von Nadelbäumen, seltener auch an Laubholz.

Sa

Bitterer Saftporling *(Oligoporus stipticus)*

Oligoporus tephroleucus *(Tyromyces tephroleucus)*

GRAUWEISSER SAFTPORLING

Frkp einjährig, knollen- bis konsolenförmig. **H** 4-10 x 2-5 cm, 2-4 cm dick. Oberseite feinfilzig bis glatt, weißlich bis graugelb oder graubraun, mit scharfem Rand. **R** 6-10 mm lang, weißlich. **P** 4-5 pro mm, rund bis kantig, weiß. **F** bröckelig, weiß. **G** süßlich scharf. **Gsm** mild. **Sp** weiß. Weit verbreitet auf Stämmen, Stümpfen und Ästen von Laubbäumen (Birke, Buche, Pappel).
Nahe verwandt ist der Kurzröhrige Saftporling *(Tyromyces chioneus)*.

Sa

Grauweißer Saftporling *(Oligoporus tephroleucus)*

Oligoporus ptychogaster *(Tyromyces ptychogaster)*

WEISSER POLSTERPILZ

Frkp einjährig, halbkugel- bis kissenförmig, Ø 3-6 cm, oder mit bis zu 2 cm dicken Hüten von 1-4 x 1 cm Größe. Ober- oder Unterseite haarig-filzig, weiß bis blassbraun, bei Verletzung braun verfärbend. Die imperfekte Form *Ptychogaster fuliginoides* gelegentlich mit gelblichen Guttationströpfchen, fällt als pudrige braune Kugel auseinander. **(Chlamydo)Sporen** gelb- bis dunkelbraun. Das perfekte Stadium mit 2-5 mm langen Röhren. **P** 2-4 pro mm, kantig, weiß bis creme. **F** konzentrisch zoniert, faserig, weißlich bis gelbbraun. **Sp** weiß.
Das Foto zeigt sowohl das imperfekte Stadium als auch die Hauptfruchtform. Die imperfekte Form ist nur mäßig verbreitet auf Nadelbaumästen, -stämmen und -stümpfen.

S Sa

Weißer Polsterpilz *(Oligoporus ptychogaster)*

Oligoporus fragilis *(Tyromyces fragilis)*

FLECKENDER SAFTPORLING

Frkp einjährig, mit mehreren konsolen- bis fächerförmigen Hütchen. **H** 2-6 x 2-3 cm, 5-10 mm dick. Ober-

seite nicht bis schwach zoniert, feinfilzig, ockergelb bis orangebraun, Rand weiß. **R** 2-5 mm lang, weiß. **P** 2-4 pro mm, eckig bis labyrintisch, weiß. **F** faserig, elastisch, weiß. **Sp** weiß.
Auf Stämmen und Ästen von Nadelbäumen.

S Sa

Fleckender Saftporling *(Oligoporus fragilis)*

Antrodiella hoehnelii (Trametes hoehnelii)

SPITZWARZIGE TRAMETE

Frkp einjährig, halbrund konsolenförmig. **H** 2-4 x 1-3 cm, bis 1 cm dick. Oberseite wellig, samtig matt,

Spitzwarzige Tramete *(Antrodiella hoehnelii)*

weiß oder cremefarben bis gelblich, mit stumpfem gelbem Rand. **R** 2-4 mm lang, creme. **P** 3-5 pro mm, unregelmäßig rund, weiß bis ockergelblich. **F** elastisch, zäh, cremefarben. **Sp** weiß. Oft auf oder neben alten, geschwärzten Fruchtkörpern von Schillerporlingen *(Inonotus nodulosus* und *I. hastifer,* rechts im Bild), auf Stämmen und Ästen von Laubbäumen, vor allem Buchen.

S Sa (Pa?)

Antrodiella semisupina (Antrodia semisupina)

KNORPELIGE TRAMETE

Frkp einjährig, fächer- bis muschelförmig. **H** 0,5-2 x 0,5-1,5 cm, 1-3 mm dick. Oberseite gelegentlich konzentrisch schwarz zoniert, glatt, durchscheinend blasscreme bis gelblich, mit dünnem, welligem Rand. **R** bis 1 mm lang, weiß. **P** 5-7 pro mm, rund bis kantig, cremefarben. **F** dünn, sehr zäh, weißlich bis creme. **Sp** weiß.
Weit verbreitet auf Laubholzästen und -stämmen (Weide, Birke).

Sa

Knorpelige Tramete *(Antrodiella semisupina)*

Donkioporia expansa

AUSGEBREITETE TRAMETE

Frkp mehrjährig, flach kissenförmig, einige Quadratzentimeter bis 1 m lange Strünke bildend, 1-2,5 cm dick, mit samtigem, hellem Wachstumsrand. **R** pro Schicht 2-7 mm lang, tabakbraun. **P** 4-5 pro mm, rund, weißlich bis hell- oder dunkelbraun mit silbrigem

Schimmer. **Sp** weiß. In Gebäuden auf (bearbeitetem) Eichenholz.

SS Sa ♀

Ausgebreitete Tramete *(Donkioporia expansa)*

Datronia mollis

GROSSPORIGE DATRONIE

Frkp einjährig, krustenförmig, einige Quadratzentimeter bis Dezimeter große Flächen mit reihig angeordneten, abstehenden Hütchen. **H** bis 2 cm abstehend. Oberseite wellig zoniert, feinfilzig bis kahl, braun bis schwarz mit welligem weißem Rand. **R** in der Länge unregelmäßig, graubraun bis ockerbraun. **P** unregelmäßig, 1-2 pro mm, bis 1 mm breit und bis zu 5 mm lang, oft gespalten-gezähnelt bis labyrinthisch, grauocker bis hellbraun. **F** ledrig-zäh bis hart bröckelig, creme bis ocker mit schwarzen Trennlinien. **Sp** weiß. Weit verbreitet an Seiten und Unterkanten von Laubholzästen und -stämmen.
Rechts im Bild junger Fruchtkörper des Fleischroten Zystidenrindenpilzes *(Peniophora incarnata)*.

Sa

Großporige Datronie *(Datronia mollis)*

Dichomitus campestris

SCHWÄRZENDE TRAMETE, HASELPORLING

Frkp ein- bis mehrjährig, krusten- bis kissenförmig, 4-15 x 2-10 cm, 5-15 mm dick, mit schwärzendem Rand. **R** pro Schicht 1-3 mm lang, hell ocker. **P** 1-2 pro mm, unregelmäßig vielkantig, creme bis blass holzfarben oder orangebraun. **F** korkig, hell holzfarben bis ockerartig. **Sp** weiß.
Auf toten und lebenden Ästen von Laubbäumen (Eiche, Buche, Erle, Hasel).

S Pa

Schwärzende Tramete, Haselporling *(Dichomitus campestris)*

Lenzites betulinus

LAUBHOLZBLÄTTLING

Frkp einjährig, fächer- bis rosettenförmig, meist seitlich, gelegentlich mehr oder weniger mittig angeheftet,

oft übereinander wachsend. **H** 3-10 x 2-5 cm, 1-2 cm dick. Oberseite konzentrisch zoniert, feinfilzig, beige bis grauocker oder hellbraun, oft durch Algen grün, scharfrandig. **P** 12-15 pro cm, bis 10 mm breit, lamellig, oft gegabelt, creme bis ocker oder graubraun. **F** korkartig, zäh, weißlich. **Sp** weiß.
Weit verbreitet auf Stümpfen, Stämmen und Ästen von Laubbäumen (Birke, Eiche Buche), parasitierend auf dem Mycel von Trameten *(Trametes).*

Sa (Pa)

Laubholzblättling *(Lenzites betulinus)*

Pycnoporus cinnabarinus

ZINNOBERSCHWAMM
Frkp einjährig, halbrund konsolen- bis fächerförmig. **H** 2-10 x 2-6 cm, 1-2 cm dick. Oberseite konzentrisch gewellt, warzig, angedrückt filzig bis glatt, orange bis orangerot, mit scharfem Rand. **R** 4-6 mm lang, orangerot. **P** 2-3 pro mm, rund oder kantig bis lang gestreckt, orangerot. **F** korkartig, zäh, orangerot. **Sp** weiß. Auf Ästen und Stämmen von Laubbäumen (Birke, Vogelbeere, Kirsche u.a.).

Zinnoberschwamm *(Pycnoporus cinnabarinus)*

S Sa

Trametes versicolor

SCHMETTERLINGSTRAMETE
Frkp einjährig, fächer- bis rosettenförmig, zumeist in großen Gruppen in Reihen oder dachziegelartig wachsend. **H** 2-7 x 1-5 cm, 1-5 mm dick. Oberseite konzentrisch zoniert, wellig, samtig, mit schwarzen, bläulichen, braunen, rötlichen und gelblichen Bereichen, oft schimmernd, mit scharfem, gekerbtem weißlichem Rand. **R** 0,5-4 mm lang, weißlich. **P** 2-4 pro mm, rund bis kantig, weiß oder creme bis gelblich ocker. **F** dünn, ledrig, zäh, weißlich. **Sp** weiß. Verbreitet auf Stümpfen, Stämmen und Ästen von Laubbäumen, gelegentlich auf Nadelholz (Fichte).
Auf dem Foto ist in der rechten oberen Ecke Weißfäule zu erkennen.
Ähnlich ist die Vielfarbige Tramete *(T. multicolor).*

Sa ⚲

Schmetterlingstramete *(Trametes versicolor)*

Trametes hirsuta

STRIEGELIGE TRAMETE
Frkp einjährig, fächer- bis rosettenförmig. **H** 3-10 x 2-6, 5-10 mm dick. Oberseite konzentrisch zoniert, borstig bis haarig-filzig, mit weißlichen, cremefarbenen, ockergelben und gelbbraunen Bereichen, oft grün durch Algen, mit scharfem, gekerbt-gewimpertem Rand. **R** 1-4 mm lang, weißlich bis creme. **P** 2-4 pro mm, weißlich oder creme bis bräunlich, grau. **F** kork-

Striegelige Tramete *(Trametes hirsuta)*

artig, elastisch zäh, weiß bis creme. **Sp** weiß. Verbreitet auf Stümpfen, Stämmen und Ästen von Laubbäumen (Birke, Erle, Buche) und Zaunpfosten. Ähnlich ist die Samtige Tramete *(T. pubescens)* (S).

Sa (Pa)

Trametes gibbosa

BUCKELTRAMETE

Frkp einjährig, konsolen- bis halbrund schüsselförmig. **H** 10-20 x 5-15 cm, 1-4 cm dick. Oberseite wellig, gelegentlich zoniert, an der Ansatzstelle mit dickem Buckel, samtig-filzig bis kahl, weißlich bis beige oder gelblich braun, oft durch Algen grün, mit scharfem, gekerbtem weißlichem bis braunem Rand. **R** 5-10 mm lang, weiß bis cremefarben. **P** 1-2 pro mm, bis 4 mm lang, lang gestreckt bis lamellenartig am Rand, weißlich oder cremefarben bis grauocker. **F** zäh, elastisch, weiß bis cremefarben. **Sp** weiß.
Verbreitet auf Stümpfen und Stämmen von Laubbäumen (Buche, Pappel, Ahorn, Esche). Parasitiert auf dem Mycel des Angebrannten Rauchporlings *(Bjerkandera adusta)*.

Sa (Pa)

Trametes suaveolens

WOHLRIECHENDE TRAMETE

Frkp einjährig, dick kissen- bis konsolenförmig. **H** 2-12 x 2-8 cm, 2-4 cm dick. Oberseite samtig-filzig, weißlich creme bis ockerbräunlich, mit stumpfem Rand. **R** 5-10 mm lang, weiß. **P** 1-3 pro mm, rund oder kantig bis lang gestreckt, weiß bis cremefarben. **F** korkartig, zäh, weiß. **G** nach Anis, getrocknet nach Jod. **Sp** weiß.
Auf Stämmen, Stümpfen und Ästen (Weide, Pappel) in Weidengebüschen und Auwäldern.

Pa

Buckeltramete *(Trametes gibbosa)*

Wohlriechende Tramete *(Trametes suaveolens)*

Coriolopsis trogii (Trametes trogii)

BLASSE BORSTENTRAMETE

Frkp einjährig, halbrund-konsolenförmig, oft in Reihen wachsend. **H** 4-10 x 2-6 cm, 1-3 cm dick. Oberseite derb borstelig-haarig, grauocker bis bräunlich, mit scharfem Rand. **R** 4-8 mm lang, oft am Substrat herablaufend, weißlich bis cremefarben. **P** 1-2 pro mm, rund bis kantig, gezähnelt, gefranst, creme oder ockerartig, gelegentlich rosa überhaucht. **F** korkartig, zäh, weißlich creme. **Sp** weiß. Auf Pappelstämmen und -ästen, seltener an anderen Laubbäumen.

Ähnlich ist die Braune Borstentramete *(T. gallica)* (S RL-3).

S RL-2 Pa

Trichaptum abietinum

VIOLETTER LEDERPORLING

Frkp einjährig, ledrig-krustenförmig, mit in Reihen stehenden, fächerförmigen Hüten. **H** bis 2,5 cm abstehend. Oberseite konzentrisch zoniert, haarig-filzig bis

Violetter Lederporling *(Trichaptum abietinum)*

Blasse Borstentramete *(Coriolopsis trogii)*

kahl, grauweißlich bis bräunlich, oft durch Algen grün, breit angehaftet, mit scharfem, gekerbtem, hellem Rand. **P** 3-4 pro mm, netzförmig bis labyrinthartig, gezähnelt, violett bis braunviolett oder gelbbraun. **Sp** weiß.
Verbreitet auf Stämmen, Stümpfen und Ästen von Nadelbäumen.

Sa ♀

Skeletocutis amorpha

ORANGEPORIGER KNORPELPORLING

Frkp einjährig, ledrig krustenförmig, mit abstehenden, muschelförmigen Hüten. **H** 1 x 2,5 cm. Oberseite schwach zoniert, feinfilzig, weißlich mit scharfem Rand. **R** bis 1 mm lang, gelblich. **P** 3-4 pro mm, rund bis kantig, weißlich bis gelbrosa oder orangerosa bis lachsfarben. **F** faserig bis gelatinös. **Sp** weiß. Auf Stümpfen, Stämmen und Ästen von Nadelbäumen, vor allem Kiefern.

S Sa ♀

Orangeporiger Knorpelporling *(Skeletocutis amorpha)*

Ceriporia reticulata

NETZIGER WACHSPORLING

Frkp einjährig, wachsartig krustenförmig, Ø bis mehrere Quadratzentimeter, bis 1 mm dick, mit weißem, faserig auslaufendem Rand. **P** rund bis vieleckig, netzartig, weißlich oder cremefarben bis blassgrau. **Sp** weiß. An der Unterseite von stark zersetzten Laubholzästen in feuchten Wäldern.
In Europa kommen 5 Arten der Gattungen *Ceriporia* und *Ceriporiopsis* vor.

S Sa ♀

Netziger Wachsporling *(Ceriporia reticulata)*

Physisporinus sanguinolentus (Rigidoporus sanguinolentus)

ROTFLECKENDER PORENSCHWAMM

Frkp einjährig, wachsartig krustenförmig, einige Quadratzentimeter bis Dezimeter lange Wülste bildend, 2-4 mm dick, mit scharf abgegrenztem Rand. **R** 1-2 mm lang, wässrig weiß. **P** 3-5 pro mm, rund bis kantig, weiß bis cremeweiß, bei Berührung rot bis schwarzbraun verfärbend. **G** schwach. **Sp** weiß.
Verbreitet auf Stümpfen und auf der Unterseite am Boden liegender Laubholzäste.

Sa ♀

Rotfleckender Porenschwamm *(Physisporinus sanguinolentus)*

Physisporinus vitreus (Rigidoporus vitreus)

GLASIGWEISSER PORENSCHWAMM

Frkp einjährig, wachsartig krustenförmig, einige Quadratzentimeter bis Dezimeter lange Strünke bildend, 3-8 mm dick, mit scharf abgegrenztem Rand, gelegentlich mit braunen Rhizomorphen.
R 2-4 mm lang, wässrig weiß. **P** 3-6 pro mm, rund, glasig cremeweiß bis ockerartig, bei Berührung schwach bräunlich verfärbend. **G** unangenehm. **Sp** weiß. Mäßig verbreitet auf Strünken von Laubbäumen (Buche, Birke), von wo aus er sich häufig über den Waldboden ausbreitet.

Sa ♀

Glasigweißer Porenschwamm *(Physisporinus vitreus)*

Schizopora paradoxa

VERÄNDERLICHER SPALTPORLING

Frkp einjährig, ledrig krustenförmig, bis 5 dm lange Strünke bildend, bis 5 mm dick, mit blassem, bewimpertem oder scharf abgegrenztem, gelegentlich eingerolltem Rand. **R** 1-4 mm lang, cremeweiß bis blassgelb. **P** 1-3 pro mm, sehr variabel, kantig bis labyrinthartig, schräg gezahnt, an senkrechtem Substrat befestigt, weiß oder creme bis blassgelb. **Sp** weiß. Verbreitet auf Ästen, Stämmen und Stümpfen von Laubbäumen (Eiche, Buche, Birke, Erle), auch auf Nadelholz.

Sa ♀

Schizopora flavipora (S. phellinoides)

GELBPORIGER SPALTPORLING

Frkp einjährig, ledrig krusten- bis flach kissenförmig, bis einige Dezimeter lange Strünke bildend, 2-6 mm dick, mit blassem Rand. **R** 2-6 mm lang, creme bis gelblich orange. **P** 4-7 pro mm, rund bis kantig, cremefarben oder gelblich orange bis fleischfarben oder ockerbräunlich. **Sp** weiß.
Weit verbreitet auf Laubbaumästen (Eiche, Birke), gelegentlich auf Nadelholz.

Sa ♀

Gelbporiger Spaltporling *(Schizopora flavipora)*

Daedalea quercina

EICHENWIRRLING

Frkp ein- bis mehrjährig, huf- bis konsolenförmig, 10-30 x 10-20 cm, 3-7 cm dick. Oberseite uneben, wellig, schwach konzentrisch zoniert, filzig, hell- bis grau-

Veränderlicher Spaltporling *(Schizopora paradoxa)*

braun, mit scharfem Rand. **R** unregelmäßig lamellenartig, 1-3 mm breit, 1-2 mm dick, hellbraun. **P** labyrinthartig, mit 1-2 mm auseinander stehenden Wänden, beige, gelegentlich rosa überhaucht. **F** korkartig, zäh, hell- bis kaffeebraun. **G** angenehm. **Sp** weiß.
Verbreitet auf Stümpfen, Stämmen oder abgestorbenen Teilen von Eichen, auch auf Holzbalken (vgl. Foto Unterseite, Kapitel 1, S. 20).

Sa (Pa)

Eichenwirrling *(Daedalea quercina)*

Daedaleopsis confragosa

RÖTENDE TRAMETE

Frkp einjährig, fächer- bis halbkreisförmig, 4-15 x 3-10 cm, 2-4 cm dick. Oberseite konzentrisch zoniert, kahl, matt, ockerfarben bis braun, zur Mitte hin braunrot, mit scharfem weißgelblichem bis braunem Rand. **R** 5-10 mm lang, grau- bis braunocker. **P** unregelmäßig, bis 1 mm breit, rund oder eckig bis lamellenartig lang gestreckt, weißlich oder (hell)grau bis graubraun, bei Verletzen braunrosa verfärbend. **F** korkartig, zäh, grau- bis braunocker. **G** geruchlos. **Sp** weiß.
Verbreitet auf Stämmen, Ästen und Stümpfen von Laubbäumen (Weide, Erle, Birke).
Nahe verwandt ist die kleinere Dreifarbige Tramete *(D. tricolor)* (SS) mit dunkelrotem Hut und rein lamelligem Hymenium; sie wächst vor allem an Haselholz.

Pa (Sa)

Rötende Tramete *(Daedaleopsis confragosa)*

Fomes fomentarius

ECHTER ZUNDERSCHWAMM

Frkp mehrjährig, huf- bis konsolenförmig, 10-30 x 5-20 cm, 10-35 cm dick, mit stumpfer, flaumiger Zuwachskante. Oberseite konzentrisch zoniert, kahl, mit 1-2 mm dicker, dunkelbrauner Kruste, ocker- oder rotbraun bis hell- oder dunkelgrau. **R** pro Schicht 2-8 mm, hellbraun. **P** 3-4 pro mm, rund, creme bis hellocker oder bräunlich. **F** korkartig bis faserig, zäh, hellbraun. **G** angenehm. **Sp** weiß.
Weit verbreitet auf Stämmen von Birken und Buchen, gelegentlich auf Eichen und Linden (vgl. Foto Geotropismus und Foto Weißfäule an Birken, Kapitel 1, S. 8, und S. 20).

Pa (Sa)

Echter Zunderschwamm *(Fomes fomentarius)*

Fomitopsis pinicola

ROTRANDIGER BAUMSCHWAMM

Frkp mehrjährig, konsolen- bis hufförmig, 5-20 x 5-10 cm, 3-15 cm dick, mit weißem, rundlichem Wachstumsrand. Oberseite konzentrisch zoniert, glatt, hart durch harzigen Überzug, orangerot bis gelb- oder graurosa, wird in der Mitte grau bis grauschwarz. **R** 1-2 mm, creme bis ockergelb. **P** 3-4 pro mm, rund,

creme oder gelblich bis bräunlich, oft mit gelblichen Guttationströpfchen. **F** hart, zäh, creme bis ockerfarben. **G** säuerlich reizend. **Sp** weiß.
Auf oft noch lebenden Nadelbaumstämmen (Fichte), gelegentlich auf Laubbäumen (Buche, Birke, Eiche, Erle, Ahorn). Der Lärchen-Baumschwamm (*Fomitopsis* oder *Laricifomes officinalis*) (SS, RL-1) wächst an alten Lärchen im Hochgebirge.

S Pa (Sa)

Rotrandiger Baumschwamm *(Fomitopsis pinicola)*

Zaunblättling *(Gloeophyllum sepiarium)*

Gloeophyllum sepiarium

ZAUNBLÄTTLING

Frkp ein- bis mehrjährig, konsolen- oder fächer- bis muschelförmig, oft untereinander verwachsen oder in Rosetten, Reihen oder dachziegelartig stehenden Hüten, 6-20 x 2-8 cm, 6-10 mm dick. Oberseite konzentrisch zoniert, borstig-haarig bis kahl, tabak- oder gelbbraun bis rot- oder dunkelbraun, mit weißem oder gelbbraunem Randbereich. **P** lamellenartig, 5-20 pro cm, 4-10 mm breit, oft weit am Substrat herablaufend, cremefarben ocker bis graubraun. **F** dünn, zäh, tabakbraun. **Sp** weiß.
Weit verbreitet in Wäldern auf Stämmen und Stümpfen von Nadelbäumen und auf Zaunpfosten und bearbeitetem Holz.

Sa

Gloeophyllum abietinum

TANNEN-BLÄTTLING

Frkp ein- oder mehrjährig, konsolen- oder fächer- bis muschelförmig, gelegentlich mit verwachsenen oder in Rosetten, Reihen oder dachziegelartig stehenden Hüten, 4-8 x 2-5 cm, 5-10 mm dick. Oberseite konzentrisch zoniert, borstig-filzig bis kahl, tabak- oder rotbraun bis braunscharz, mit weißlichem bis gelbbraunem Randbereich. **P** lamellig, 8-13 pro cm, 4-10 mm

breit, oft am Substrat herablaufend, cremefarben bis graubraun. **F** dünn, zäh, tabakbraun. **Sp** weiß.
Auf Stämmen und bearbeitetem Nadelholz.
Verwand sind der duftende Fenchelporling *(G. odoratum)* (S) an alten Fichtenstümpfen und der Balken-Blättling *(G. trabeum)* (S).

S Sa

Tannen-Blättling *(Gloeophyllum abietinum)*

Abortiporus biennis (Heteroporus biennis)

RÖTENDER SAFTWIRRLING

Frkp einjährig, fächer- bis rosettenförmig in gestielten Büscheln, 8-20 cm im Durchschnitt, mit dünnem, welligem Rand. **H** 3-9 cm lang, 5-30 mm dick. Oberseite fein samtig-filzig, weißlich oder ockerfarben bis rotbräunlich. **R** 2-5 mm lang, weiß. **P** 1-3 pro mm, unregelmäßig netz- bis labyrinthartig, weißlich, Druckstellen rosabräunlich fleckend. **St** meistens tief im Boden steckend, 4-7 x 2-3 cm, mit Erde bedeckt. **F** weich bis hart, weiß. Gelegentlich zusammen mit der Nebenfruchtform *Ceriomyces terrestris* in Form weißer Knollen mit roten Guttationströpfchen. Weit verbreitet auf Stümpfen oder – scheinbar auf dem Boden – auf Baumwurzeln und vergrabenem Holz (lebender) Laubbäume (Pappel, Buche, Eiche).
Sommer–Herbst.

Pa (Sa)

Rötender Saftwirrling *(Abortiporus biennis)*

Grifola frondosa

KLAPPERSCHWAMM

Frkp einjährig; zahlreiche fächer- bis breit zungen- oder spatelförmige, lederartige Hüte aus einem zentralen, mehrfach verzweigten Stiel wachsend, Ø 20-50 cm. **H** 4-10 cm breit, 5-10 mm dick, seitlich gestielt. Oberseite faserig-runzelig, creme oder ocker- bis graubraun. **R** 2-5 mm lang, weißlich. **P** 2 pro mm, rund bis vieleckig, weißlich bis cremefarben. **F** faserig, weiß. **G** angenehm frisch. **Sp** weiß. Am Fuß und auf den Wurzeln oder Stümpfen alter Eichen.
Sommer–Herbst.
Der ähnliche Eichhase oder Ästige Porling *(Polyporus umbellatus)* hat zentrale Hüte.

S RL-3 Pa Ung.

Klapperschwamm *(Grifola frondosa)*

Hapalopilus rutilans (H. nidulans)

ZIMTFARBENER WEICHPORLING

Frkp einjährig, kissen- bis halbrund konsolen- oder nierenförmig. **H** 3-12 x 2-8 cm, mit scharfem, umgebogenem Rand. Oberseite samtig-filzig, zimt- bis

ockerbraun. **R** 4-10 mm lang, graubraun. **P** 2-4 pro mm, rund bis vieleckig, graubraun bis zimtfarben. **F** faserig bis korkig, zäh, blass zimtbraun. **G** süßlich. **Sp** weiß.
Weit verbreitet auf Ästen und Stämmen von Laubbäumen (Birke, Eiche, Vogelbeere).

Sa †

Zimtfarbener Weichporling *(Hapalopilus rutilans)*

Heterobasidion annosum

WURZELSCHWAMM
Frkp mehrjährig, dick krustenartig mit abstehenden, halbrunden, flach konsolenförmigen Hüten. **H** 5-15 x 3-10 cm, bis 3 cm dick. Oberseite konzentrisch gefurcht-zoniert, mit ziemlich glatter, harter Kruste, hell- oder rotbraun bis dunkelbraun oder schwarz, mit scharfer, weißer bis rotbrauner Zuwachskante. **R** pro

Wurzelschwamm *(Heterobasidion annosum)*

Schicht 3-6 mm lang, creme bis blassocker. **P** 3-5 pro mm, rund bis kantig, weißlich bis ockerfarben. **F** holzähnlich, weißlich bis creme. **G** stark süßlich. **Sp** weiß.
Verbreitet auf Stümpfen, Stämmen und am Fuß lebender Nadelbäume, gelegentlich auch Laubbäume.

Pa (Sa)

Ischnoderma benzoinum

SCHWARZGEBÄNDERTER HARZPORLING
Frkp einjährig, flach konsolen- bis fächerförmig. **H** 4-20 x 3-15 cm. Oberseite konzentrisch gewellt, radial gegabelt, rau bis filzig, später kahl, dunkel rotbraun bis schwarz, mit scharfem, gewelltem, weißlichem bis gelbbraunem Rand. **R** 5-8 mm lang, hellocker. **P** 4-6 pro mm, rund, weiß bis ockerartig, bei Berührung braun fleckend. **F** saftig, hell ockerfarben. **Sp** weiß. Weit verbreitet auf Stümpfen und Stämmen von Nadelbäumen.

Sa

Schwarzgebänderter Harzporling *(Ischnoderma benzoinum)*

Laetiporus sulphureus

SCHWEFELPORLING
Frkp einjährig, halbrund konsolen- bis fächerförmig, oft dachziegelartig übereinander. **H** 10-30 cm breit, 1-5 mm dick. Oberseite unregelmäßig gewellt, samtig, schwefelgelb bis orange, zum nach unten gebogenen Rand hin zoniert. **R** 3-5 mm lang, schwefelgelb. **P** 3-5 pro mm, rund bis lang gestreckt, schwefelgelb, gelegentlich mit Guttationströpfchen. **F** saftig, schwefelgelb, alt bröckelig wie Ziegenkäse, weißlich grau. **Sp** weiß. Verbreitet auf Stämmen und Stümpfen leben-

der Laubbäume (Eiche, Weide, Robinie, Kirsche) in der offenen Landschaft; im Gebirge auch am Nadelholz.
Frühjahr–Herbst.

Pa Eßb.

Schwefelporling *(Laetiporus sulphureus)*

Ceriomyces aurantiacus

SCHWEFELPORLING, NEBENFRUCHTFORM

Vom Schwefelporling gibt es auch eine anamorphe oder imperfekte Form. **Frkp** einjährig, knollen- oder flach kissenförmig, 5-15 x 3-7 cm, 2-5 cm dick, weich, samtig, schwefelgelb bis gelbbraun, oft mit großen, blassen Guttationströpfchen, in eine zimtbraune Masse zerfallend. **(Chlamydo)Sporen** zimtbraun.
Meist in Hohlräumen an Eichenstämmen.

SS Pa?

Meripilus giganteus

RIESENPORLING

Frkp einjährig, in einem aus vielen, neben- und übereinander stehenden, fächer- bis halbkreisförmigen Hüten bestehenden Büschel, Ø 20-80 cm. **H** 10-30 cm breit, 1-3 cm dick. Oberseite wellig, konzentrisch zoniert, filzig, gelb bis dunkel rotbraun, aus einer Knolle entspringend, mit scharfem, welligem, gekerbtem, weißlichem bis schwarzem Rand. **R** bis 10 mm lang, weißlich bis cremefarben. **P** 3-5 pro mm, weiß bis creme, bei Berührung braunschwarz verfärbend. **F** faserig, weich, weißlich bis cremefarben. **G** säuerlich. **Sp** weiß. Verbreitet am Fuß und – scheinbar am Boden – auf den Wurzeln alter, noch lebender Laubbäume (Buche, Eiche, Linde).
Sommer–Herbst.

Pa

Riesenporling *(Meripilus giganteus)*

Phaeolus schweinitzii

KIEFERN-BRAUNPORLING

Frkp einjährig, fächer- bis flach trichterförmig, zentral oder exzentrisch gestielt, gelegentlich unterirdisch

Schwefelporling, Nebenfruchtform *(Ceriomyces aurantiacus)*

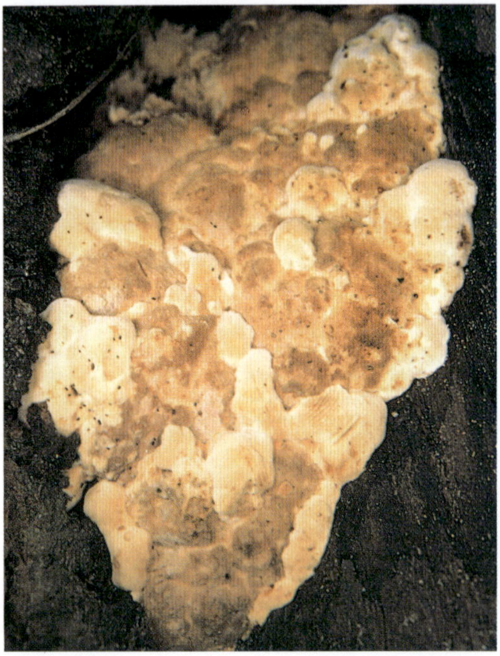

wachsend. **H** Ø 8-30 cm, 1-4 mm dick. Oberseite konzentrisch zoniert, filzig, orange bis dunkel- oder rotbraun oder schwarz, mit schwefel- bis grüngelbem, Randbereich. **R** 5-10 mm lang, braun. **P** labyrinthisch, grüngelb. **St** 3-8 x 2-5 cm, braun. **F** saftig, braun. **G** säuerlich. **Sp** weiß.
Weit verbreitet am Fuß oder auf den Wurzeln lebender Nadelbäume, auch auf Stümpfen.
Sommer–Herbst.

Pa

Kiefern-Braunporling *(Phaeolus schweinitzii)*

Piptoporus betulinus

BIRKENPORLING

Frkp einjährig, flach kissen- bis konsolen- oder fächerförmig, seitlich angeheftet. **H** 5-30 x 5-20 cm, 2-5 cm dick. Oberseite glatt, cremeweiß bis ocker- oder graubraun, mit eingerolltem Rand. **R** 4-8 mm lang, cremeweiß. **P** 3-4 pro mm, rund bis kantig, weiß bis cremeweiß. **F** korkartig, weich, weiß. **G** angenehm.

Birkenporling *(Piptoporus betulinus)*

Verbreitet auf Stämmen und dicken Ästen lebender und toter Birken (vgl. Foto Braunfäule an Birken, Kapitel 1, S. 25).
Sommer–Herbst.

Pa (Sa)

Polyporus squamosus

SCHUPPIGER PORLING

Frkp einjährig, trichterförmig bis rund oder oval fächerförmig mit seitlichem bis zentralem Stiel *(f. rostkovii)*. **H** Ø 5-60 cm, 1-5 cm dick. Oberseite mit konzentrischen Ringen faseriger, dunkelbrauner Schuppen, creme bis ockergelb, mit scharfem Rand. **R** 3-10 mm lang, am Stiel herablaufend, gelb. **P** 0,5-1 pro mm, unregelmäßig eckig bis oval, weißlich bis creme-ockerfarben. **St** 3-10 x 2-6 cm, creme-ockerfarben mit braunschwarzer Basis. **F** ledrig, weiß bis creme. **G** mehlig. **Sp** weiß.
Verbreitet auf Stümpfen, Stämmen und Stammwunden lebender und toter Laubbäume (Esche, Ulme, Buche, Weide, Ahorn, Pappel). Oft zwei „Schübe“ pro Jahr.
Frühjahr–Herbst.
Nur ganz jung essbar!!

Pa (Sa) Eßb. ♀

Schuppiger Porling *(Polyporus squamosus)*

Polyporus brumalis

WINTERPORLING

Frkp einjährig, flach trichterförmig mit zentralem Stiel. **H** Ø 2-7 cm. Oberseite schwach zoniert, feinfilzig, mit scharfem, gekerbtem Rand. **R** 2-4 mm lang, leicht am Stiel herablaufend, cremeweiß bis ockerfarben. **P** 2-3 pro mm, rund oder kantig bis lang gestreckt, cremeweiß bis ockerfarben. **St** 1-7 cm x 2-8 mm, feinfilzig-schuppig, braun bis graubraun. **F** lederartig, zäh, weißlich. **Sp** weiß. Verbreitet auf toten Ästen, Stämmen und Stümpfen von Laubbäumen (Birke, Erle, Eiche, Buche). Winter (vgl. Foto Poren Kapitel 1, S. 19).

Sa ♀

Winterporling *(Polyporus brumalis)*

Polyporus ciliatus f. *ciliatus*

SOMMER-STIELPORLING

Frkp einjährig, (flach) trichterförmig mit zentralem Stiel. **H** Ø 1-4 cm. Oberseite gelegentlich konzentrisch zoniert, samtig bis feinschuppig, oliv- oder graubraun bis gelbbraun, mit scharfem, stark gewimpertem Rand. **R** 1-2 mm lang, weiß. **P** 5-6 pro mm, rund, weiß. **St** 2-3 cm x 1-3 mm, filzig, matt, braun bis braun und gelbbraun gesprenkelt-zoniert. **Sp** weiß.
An auf dem Boden liegenden Laubholzästen (Erle). Sommer.

S Sa ♀

Sommer-Stielporling *(Polyporus ciliatus* f. *ciliatus)*

Polyporus ciliatus f. *lepideus*

MAI-STIELPORLING

Frkp einjährig, (flach) trichterförmig mit zentralem Stiel. **H** Ø 4-8 cm. Oberseite gelegentlich konzentrisch zoniert, samtig bis feinschuppig, oliv- oder graubraun

Mai-Stielporling *(Polyporus ciliatus* f. *lepideus)*

bis gelblich oder gelbbraun, mit scharfem, schwach bis nicht bewimpertem, eingerolltem Rand. **R** 1-3 mm lang, ein Stück am Stiel herablaufend, weiß. **P** 5-6 pro mm, rund, weiß. **St** 2-5 cm x 5-12 mm, filzig, matt, braun und gelbbraun gesprenkelt-zoniert, mit blasser, verdickter Basis. **Sp** weiß.
Verbreitet auf Ästen, Stämmen und Stümpfen von Laubbäumen (Erle, Weide, Birke, Buche, Eiche). Frühjahr.

Sa ♀

Mai-Stielporling *(Polyporus ciliatus* f. *lepideus)*

Polyporus badius

SCHWARZROTER STIELPORLING

Frkp einjährig, (flach) trichter- bis fächerförmig mit zentralem oder exzentrischem Stiel. **H** Ø 2-25 cm. Oberseite glatt, glänzend, dunkel rotbraun mit hell rotbraunem bis gelblichem Randbereich und welligem, scharfem Rand. **R** 0,5-2 mm lang, am Stiel herablaufend, ockerfarben. **P** 6-8 pro mm, rund bis kantig, weiß oder creme bis hellbraun. **St** 1-5 x 0,5-2 cm, samtig, braunschwarz. **Sp** weiß.

Schwarzroter Stielporling *(Polyporus badius)*

Verbreitet auf toten Ästen, Stämmen und Stümpfen von Laubbäumen (Pappel, Weide, Esche, Buche). Frühjahr–Herbst.

Sa ♀

Polyporus tuberaster

SKLEROTIENPORLING

Frkp einjährig, (flach) trichterförmig mit zentralem Stiel. **H** Ø 3-10 cm, 10-15 mm dick. Oberseite mit mehr oder weniger konzentrisch stehenden, angedrückten, spitzen, an den Enden haarigen, dunkel gelbbraunen Schuppen, gelb- bis orangebraun auf creme- bis ockerfarbenem Grund, mit welligem, scharfem, gefranstem Rand. **R** 1-4 mm lang, weit am Stiel herablaufend, weißlich bis cremefarben. **P** 0,5-2 pro mm, rund bis lang gestreckt, gezähnelt, creme bis gelblich. **St** 1-6 cm x 5-15 mm, blassgelb, mit weißer, flaumiger Basis. Der Stiel kann das Substrat durchwurzeln und in einem tief im Boden sitzenden, knolligen Sklerotium enden. **F** weich, elastisch, weiß. **G** pilzig. **Sp** weiß. Mäßig verbreitet auf Ästen, Stämmen und Stümpfen diverser Laubbäume (Ahorn, Weide, Erle, Buche) auf nährstoffreichen Böden.
Frühjahr–Sommer.

Sa ♀

Sklerotienporling *(Polyporus tuberaster)*

Polyporus varius

LÖWENGELBER PORLING

Frkp einjährig, schief trichter- bis nieren- oder fächerförmig, exzentrisch bis zentral gestielt. **H** Ø 1-8 cm. Oberseite glatt, matt, ockergelb bis blass- oder orangebraun, mit scharfem, welligem, gekerbtem Rand. **R** 0,5-2 mm lang, am Stiel herablaufend, creme- bis ockerfarben. **P** 4-6 pro mm, rund bis kantig, weißlich oder cremefarben bis ocker- oder graubraun. **St** 1-5 cm x 3-10 mm, glatt, matt, cremefarben bis braun, Basis oder untere Hälfte scharf schwarz abgegrenzt. **F** korkartig, zäh, weiß. **G** angenehm. **Sp** weiß.
Verbreitet auf Ästen, Stümpfen und Stämmen von Laubbäumen (Buche, Weide, Pappel, Esche).
Sommer–Herbst.

Sa ♀

Löwengelber Porling *(Polyporus varius)*

Ganoderma lipsiense (G. applanatum)

FLACHER LACKPORLING

Frkp mehjährig, dick bis abgeflacht konsolenförmig. **H** 10-70 x 5-30 cm, 2-10 cm dick. Oberseite konzentrisch gefurcht, höckrig, glatt, mit eindrückbarer Kruste, hellbraun oder zimt- oder graubraun bis schwarz, oft mit Sporen rostbraun bestäubt, mit welligem, stumpfem weißem Rand. **R** pro Schicht 5-20 mm lang, rotbraun. **P** 5-6 pro mm, rund, weiß bis creme, an Druckstellen dauerhaft braun verfärbend, gelegentlich mit Zitzengallen. **F** korkartig, rot- bis dunkelbraun. **G** säuerlich. **Sp** (hell)braun.
Verbreitet auf Stämmen und Stümpfen von Laubbäumen, gelegentlich auch an Nadelbäumen. (vgl. Fotos Poren S. 19, und Zitzengallen, Kapitel 1, S. 24, und Foto S. 6).

Pa (Sa)

Flacher Lackporling *(Ganoderma lipsiense)*

Ganoderma australe (G. adspersum)

WULSTIGER LACKPORLING

Frkp mehrjährig, konsolenförmig. **H** 10-30 x 10-25 cm, 4-10 cm dick. Oberseite unregelmäßig wellig, mit harter, nicht eindrückbarer Kruste, matt, gelbbraun bis dunkel- oder schwarzbraun, oft rostbraun mit Spo-

Wulstiger Lackporling *(Ganoderma australe)*

ren bepudert, mit stumpfer, cremfarbener bis gelblicher Zuwachskante. **R** pro Schicht 10-15 mm lang, rotbraun. **P** 4-5 pro mm, rund, weiß bis creme, bei Verletzung bleibend braun verfärbend, ohne Gallen. **F** korkartig, zäh, dunkel rotbraun. **G** schwach. **Sp** braun.
An Stämmen von lebenden Laubbäumen und Laubbaumstümpfen (Weide, Buche, Eiche, Ahorn, Rosskastanie, Trompetenbaum).

RL-3 Pa (Sa)

Ganoderma lucidum

GLÄNZENDER LACKPORLING

Frkp einjährig, fächer- bis nierenförmig, exzentrisch gestielt. **H** Ø 10-25 cm, 2-3 cm dick. Oberseite konzentrisch gefurcht-zoniert, glatt, mit eindrückbarer Kruste, lackartig glänzend, ockerfarben oder orangebräunlich rot bis purpur- oder schwarzbraun, mit weißlichem oder gelblichem bis braunrotem Randbereich. **R** 5-20 mm lang, cremefarben bis gelblich. **P** 4-5 pro mm, rund, weißlich oder cremefarben bis gelbbraun. **St** 10-25 x 1-3 cm, glatt, glänzend, dunkel braunrot. **F** korkartig, zäh, cremefarben. **Sp** weiß.
Am Fuß oder in Stammhöhlen, auf Stümpfen und Wurzeln von Laubbäumen (Buche, Eiche).

S Pa (Sa)

Glänzender Lackporling *(Ganoderma lucidum)*

Ganoderma pfeifferi

KUPFERROTER LACKPORLING

Frkp mehrjährig, konsolenförmig. **H** 15-25 x 10-15 cm, 8-15 dick. Oberseite glatt, glänzend, mit eindrückbarer Kruste, kupferrot- bis violett- oder purpurbraun, unter der Kruste mit gelber, wässriger Harzschicht, die man mit einem brennenden Streichholz anzünden kann, mit stumpfer, gelborangener Zuwachskante. **R** pro Schicht 10-15 mm lang, rotbraun. **P** 4-

Kupferroter Lackporling *(Ganoderma pfeifferi)*

5 pro mm, rund, weißlich bis gelblich. **F** korkartig, zäh, rotbraun. **G** angenehm. **Sp** braun.
Auf Stämmen und Stümpfen alter Laubbäume in Parks und ländlichen Anwesen auf Lehm.
Der Harzige Lackporling *(G. resinaceum)* (RL-2) wächst vor allem an alten Eichen.

S RL-2 Pa

Fistulina hepatica

LEBER-REISCHLING, OCHSENZUNGE
Frkp einjährig, konsolen- bis zungenförmig, seitlich angeheftet. **H** 7-20 x 10-20 cm, 2-5 cm dick. Unterseite rau, lachs- oder orangerot bis weinrot oder rostbraun, oft schleimig-klebrig, gelegentlich Feuchtigkeitstropfen am Rand, Rand scharf. **R** 5-10 mm lang, weißlich, cremefarben. **P** 2-3 pro mm, rund, weißlich bis gelblich, oft mit Guttationströpfchen. **F** saftig, weich, weißgelb bis orange- oder weinrot. **G** angenehm. **Gsm** säuerlich. **Sp** weiß.
Verbreitet am Fuß oder an Stammwunden alter Eichen und Edelkastanien sowie an deren Stümpfen.

Pa Eßb.

Leber-Reischling, Ochsenzunge *(Fistulina hepatica)*

Keulen- und Korallenpilze *(Clavariaceae, Ramariaceae)*

Gruppe von Basidiomyceten mit einjährigen, mehr oder weniger gestielten, keulenförmigen oder mehrfach verzweigten, korallenartigen Fruchtkörpern. Sporen weiß, gelblich, ockerbraun.

Typhula erythropus

ROTFÜSSIGES FADENKEULCHEN
Frkp gestielt keulenförmig, 1-3 cm hoch. Oberes Viertel bis zur Hälfte zylindrisch, 0,5-1 mm dick, mit runder Spitze, glatt, weiß. **St** fädig, 0,1-0,3 mm dick, fein haarig, rotbraun, an der Basis mit einem ovalen rotbraunen Sklerotium.
Verbreitet auf Blattstielen und Zweigen von Laubbäumen und gelegentlich auf Gras-, Farn- und Brennnesselstängeln.

Sa ♀

Rotfüßiges Fadenkeulchen *(Typhula erythropus)*

Typhula phacorrhiza

LINSEN-FADENKEULCHEN
Frkp fädig, 2-8 cm x 0,5-1 mm. Obere zwei Drittel mit stumpfer, blasser oder spitzer, dunkler Spitze, glatt, cremfarben bis honiggelb. **St** glatt, gelb, an der schwach filzigen Basis mit linsenförmigem, 2-4 mm langem, blassbraunem Sklerotium.
Verbreitet auf abgefallenen Blättern und Humus von Laubäumen. In großen Gruppen.

Linsen-Fadenkeulchen *(Typhula phacorrhiza)*

Verwandt ist die Binsen-Röhrenkeule *(Macrotyphula juncea = Clavariadelphus junceus)* ohne Sklerotien. In Europa sind ca. 30 Arten der Gattung *Typhula* beheimatet.

Sa

Macrotyphula fistulosa (Clavariadelphus fistulosus)

RÖHRIGE KEULE

Frkp schlank keulenförmig, 3-20 x 0,5-1 cm, hohl. Obere zwei Drittel mit stumpfer Spitze, matt, ockergelb bis rötlich ockerbraun. **St** matt, ockergelb bis rötlich ockerbraun, mit verschmälerter, filzig-wolliger Basis.

Weit verbreitet auf toten Stämmen, Ästen und Zweigen von Laubbäumen (Erle, Birke). Die kleine, gedrungene, gelegentlich verzweigte Varietät *contorta* wächst auf kleinen Zweigen.

Sa

Röhrige Keule *(Macrotyphula fistulosa)*

Clavaria argillacea

HEIDE-KEULE

Frkp keulenförmig, 3-8 cm x 2-8 mm. Oberer Teil mit stumpfer Spitze, matt, blass schmutzig gelb bis grüngelb. **St** glatt, hellgelb. Mäßig verbreitet auf nährstoffarmen, sauren Sandböden, entlang Heidewegen, in Sandverwehungen und Dünen.

RL-3 Sa?

Heide-Keule *(Clavaria argillacea)*

Clavaria falcata (C. acuta)

WEISSE KEULE

Frkp schlank keulenförmig, 1-8 cm x 1-3 mm. Oberer Teil matt, weiß. **St** glatt, weiß. Am Boden in magerem Weide- und Grünland, Wegrändern und offenen Wäldern.

Auch ein weißes, blassgrau gestieltes Fadenkeulchen *(Typhula)* ist auf dem Bild zu erkennen.

S RL-3 Sa?

Weiße Keule *(Clavaria falcata)*

Clavaria daulnoyae

GRAUE KEULE

Frkp keulenförmig, 3-5 cm x 3-4 mm. Oberer Teil etwas abgeplattet, mit abgerundeter Spitze, matt, weiß oder grau bis schmutzig graugelb. **St** glatt, weißlich grau bis schmutzig graugelb. Auf mineral- oder nährstoffreichen Böden an unbewachsenen Stellen in Wiesen und offenen Wäldern.
Dieser von dem französischen Mykologen L. Quélet beschriebene Pilz ist sehr selten.

S Sa?

Graue Keule *(Clavaria daulnoyae)*

Clavulinopsis corniculata

GEWEIHFÖRMIGE WIESENKORALLE

Frkp aus einem Stamm einfach oder mehrfach verzweigt mit geweihartig gegabelten Enden, 2-5 cm hoch. Verästelungen 2-4 mm dick, Enden gegabelt, U-förmig, mit stumpfer Spitze, glatt, dottergelb bis ockergelb, an der Spitze blasser. **St** glatt, dottergelb. **F** zerbrechlich, gelblich. Mäßig verbreitet am Boden zwischen Gras und Moos in unbearbeitetem, magerem Weide- und Grünland, an Wegrändern, auf Deichen und an Waldrändern.

RL-2 Sa

Clavulinopsis helveola

GOLDGELBE WIESENKORALLE

Frkp schlank keulenförmig, oft gebogen / gedreht, 1-6 cm x 2-4 mm. Oberer Teil mit scharfer Spitze, glatt, dottergelb. **St** glatt, dottergelb mit blassgelber Basis. **F** fest, faserig, blassgelb.
Mäßig verbreitet am Boden zwischen Gras und Moos an offenen Waldrändern, auf grasigen Randstreifen, Deichen, Weide- und Grünland.

RL-3 Sa

Geweihförmige Wiesenkoralle *(Clavulinopsis corniculata)*

Goldgelbe Wiesenkoralle *(Clavulinopsis helveola)*

Clavariadelphus pistillaris

HERKULES-KEULE

Frkp schlank bis breit keulenförmig, 10-20 x 2-6 cm, mit abgerundeter Spitze. Außenseite längs gerunzelt, matt, hellgelb bis orangebraun oder braungelb, gelegentlich zimtbraun mit einem leichten Hauch lila, an der verschmälerten Basis dunkler. **F** pilzig, weich, weiß, beim Durchschneiden violettbraun verfärbend. **G** schwach, angenehm.
Auf Streu oder Holzspänen in Laubwäldern und Parks auf kalkhaltigen Böden.

SS RL-3 Sa Eßb.

Herkules-Keule *(Clavariadelphus pistillaris)*

Clavulina coralloides (C. cristata)

KAMMFÖRMIGE KORALLE

Frkp aus einem oder mehreren Stämmen mehrfach verzweigt wachsend, korallenförmig, mit ein- oder mehrfach verästelten Spitzen, 2-8 cm hoch. Verästelungen 5-10 mm dick, Spitze verzweigt, Spitzen scharf oder gezähnelt, glatt, weiß bis creme oder blass ocker. **F** zerbrechlich, weiß. **G** geruchlos. Verbreitet auf humosem Boden in Laubwäldern und Gebüschen, oft längs der Wege und an Grabenrändern. Oft in Gruppen.

Sa (M?) Ung.

Kammförmige Koralle *(Clavulina coralloides)*

Clavulina cinerea

GRAUE KORALLE

Frkp mehrfach verzweigt aus einem kurzen Stamm wachsend, korallenförmig, 3-10 cm hoch. Veräste-

Graue Koralle *(Clavulina cinerea)*

lungen 4-8 mm breit, rund bis abgeflacht, gegabelt verzweigt, mit runder bis gezähnelter Spitze von 1-2 mm Breite, ockerfarben lila überhaucht bis grau lila. **St** weißlich bis graulila. **F** zäh, weiß. **G** muffig. Weit verbreitet zwischen Humus am Boden der Laub- und Nadelwälder.

Sa (M?) Ung.

Clavulina rugosa

RUNZELIGE KORALLE

Frkp wenig verästelt, geweihförmig, 5-6 x 0,5-1 cm. Verästelungen schlank keulenförmig oder abgeflacht, gedreht, wenig oder nur an der Spitze verzweigt, Spitzen rund bis abgeflacht, runzelig, schmutzigweiß bis ocker. **F** elastisch, weiß. **G** geruchlos.
Mäßig verbreitet auf humosen Böden in Laubwäldern und Alleen (Eichen).

Sa (M?) Ung.

Runzelige Koralle *(Clavulina rugosa)*

Ramaria abietina (R. ochraceovirens)

GRÜNENDE KORALLE

Frkp vielfach korallenartig verzweigt, korallenartig, mit einfach oder mehrfach verzweigten Astenden, 3-6 cm hoch. Verästelungen 2-5 mm dick, rund bis flach, ocker- bis olivfarben gelb, bei Berührung und im Alter vor allem an den Spitzen grünblau verfärbend. **St** 3-14 mm dick, olivgelb, mit weißen Mycelsträngen. **F** zäh, weiß. Weit verbreitet auf Nadelstreu (Fichten), gelegentlich auch auf Laub (Weißdorn, Kriechweide).

Sa

Ramaria flava

SCHWEFELGELBE KORALLE

Frkp mehrfach verzweigt, korallenartig, 6-15 cm hoch, 10-15 cm breit. Verästelungen 1-3 cm dick, mehrfach U- oder V-förmig verästelt, zumeist in ein doppeltes, spitzes Ende auslaufend, schwefel- bis hell dottergelb. **St** 5-7 cm dick, schwefelgelb, mit weißer Basis. **F** weich, weißlich.
Am Boden in Laub- und Nadelwäldern, vor allem in den Mittelgebirgen und in den Alpen.

RL-3 M? Eßb.

Schwefelgelbe Koralle *(Ramaria flava)*

Ramaria formosa

DREIFARBIGE KORALLE

Frkp mehrfach verzweigt, korallenförmig, 10-15 cm hoch, 10-20 cm breit. Verästelungen 1-2 cm dick, mehrfach U-förmig verästelt, meist in doppelter oder dreifacher Spitze endend, lachsgelb bis lachsorange mit gelben Enden. **St** 4-5 cm dick, lachsfarben bis

Grünende Koralle *(Ramaria abietina)*

lachsgelb, mit weißlicher, verschmälerter Basis. **F** weich, weiß. Weit verbreitet in Laubwäldern und Alleen (Buche, Eiche) auf nährstoffarmen, kalkreichen Böden.

SS M? ☠

Dreifarbige Koralle *(Ramaria formosa)*

Ramaria stricta

STEIFE KORALLE

Frkp mehrfach verästelt, korallenförmig, 4-10 cm hoch, 3-8 cm breit. Verästelungen 1-5 mm dick, aufrecht parallel stehend, verzweigt, mit mehrfach gegabelten, dorn- oder zahnartigen Spitzen, gelbocker fleischfarben überhaucht bis hell zimtbraun, mit gelblichen Spitzen. **St** 1-4 cm x 5-15 mm, ocker- bis fleischfarben, gelegentlich weinrot überhaucht, mit zugespitzter Basis und weißen Rhizomorphen. **F** zäh,

Steife Koralle *(Ramaria stricta)*

weiß bis blassgelb. Weit verbreitet auf Pflanzenresten und Zweigen, Holzspänen und Stümpfen von Laubbäumen (vgl. auch Foto *Lepiota aspera,* S. 161).
Die genaue Bestimmung der *Ramaria*-Arten erfordert eingehende mikroskopische Untersuchungen.

Sa

Pterula multifida

WEISSLICHE BORSTENKORALLE

Frkp mehrfach, haarig-borstig verzweigt, 3-8 cm hoch. Verästelungen 1 mm dick, mehrfach gegabelt-verzweigt, mit spitzen Enden, ocker- bis lilabraun, mit weißlichen Spitzen. **St** kurz, ocker bis lilabraun. **F** elastisch, weißlich.
Auf Nadelstreu, gelegentlich auch auf Humus von Laubbäumen (Weide, Pappel). Oft in Gruppen.
Nahe verwandt ist die Kleine Borstenkoralle *(P. gracilis)* auf abgestorbenen Pflanzenstängeln.

S Sa

Weißliche Borstenkoralle *(Pterula multifida)*

Sparassis crispa

KRAUSE GLUCKE

Frkp kugel- bis kissenförmig, blumenkohlartig oder einem Badeschwamm ähnelnd, 10-50 x 10-30 cm, 10-15 cm hoch. Verästelungen gelappt, blatt- bis breit spatelförmig, gekräuselt, glatt, creme- oder blassockerfarben bis dunkel gelbbraun, mit bräunendem Rand. **St** kurz, gelbbraun. **F** zäh, blassgelb. **G** angenehm süßlich. **Sp** weiß bis blassgelb.
Weit verbreitet auf Wurzeln von Nadelbäumen (überwiegend Kiefern), oft auch am Grund alter Stämme.

Nahe verwandt, aber seltener ist die Breitblättrige Glucke *(S. spathulata)* (SS, RL-2) auf Wurzeln von Laub- und Nadelbäumen.

Pa Eßb.

Krause Glucke *(Sparassis crispa)*

Pfifferlinge und Leistenpilze *(Cantharellaceae)*

Gruppe von Basidiomyceten mit Hut und Stiel und einem Hymenium in Falten-, Rippen- oder Leistenform.

Cantharellus cibarius

PFIFFERLING

Frkp flach trichterförmig. **H** Ø 3-10 cm, flach, mit eingerolltem, welligem Rand, blass bis tief dottergelb. Unterseite mit unregelmäßig gegabelten, am Stiel herablaufenden, adrigen Leisten, dottergelb. **St** 3-8 cm x 5-15 mm, sich zur Basis hin verschmälernd, dottergelb. **F** faserig, gelblich. **G** schwach, angenehm. **Gsm** wässrig-pfefferig. **Sp** ockerfarben. Weit verbreitet unter Nadel- und Laubbäumen (Kiefer, Fichte, Eiche, Birke, Buche), oft auf nährstoffarmen, sauren Sandböden.

RL-3 M Eßb.

Cantharellus tubaeformis

TROMPETEN-PFIFFERLING

Frkp trompeten- bis trichterförmig. **H** Ø 2-6 cm, vertieft, glatt bis schuppig, mit unregelmäßig welligem Rand, gelbbraun bis dunkel schmutzig braun. Unterseite mit schmalen, unregelmäßig verzweigten, am Stiel herablaufenden, lamellenartigen Leisten, gelblich bis graubraun. **St** 2-10 cm x 5-10 mm, hohl, gefurcht oder abgeplattet, schmutziggelb oder olivgelb. **F** zäh, gelblich. **G** schwach. **Gsm** mild. **Sp** gelblich.
In Laubwäldern unter Buchen und Eichen, aber auch in feuchten Bergnadelwäldern, oft in großen Scharen.

M Eßb.

Pfifferling *(Cantharellus cibarius)*

Trompeten-Pfifferling *(Cantharellus tubaeformis)*

Cantharellus aurora (C. lutescens)

STARKRIECHENDER PFIFFERLING

Frkp trompeten- bis trichterförmig. **H** Ø 2-6 cm, vertieft, matt, mit unregelmäßig welligem Rand, gelb- bis orangebraun. Unterseite mit unregelmäßig verästelten, am Stiel herablaufenden Runzeln, hell bis dunkel orangerosa gelb. **St** 2-7 cm x 5-10 mm, hohl, gefurcht, hell bis dunkel gold- oder orangegelb. **F** faserig, gelblich. **G** angenehm. **Gsm** mild. **Sp** gelblich.
In Laub- und Nadelwäldern, vor allem im Gebirge

M Eßb.

Starkriechender Pfifferling *(Cantharellus aurora)*

Craterellus cornucopioides

HERBSTTROMPETE, TOTENTROMPETE

Frkp trompeten- bis tief trichterförmig. **H** Ø 2-8 cm, vertieft, radial gestreift-gefurcht, mit kräuselig-welligem Rand, graubraun bis schwarz. Unterseite mit unregelmäßig verästelten, dicht stehenden Leisten, bereift, matt, grau bis graubraun oder grauschwarz. **St** 3-10 cm lang, hohl, graubraun bis scharz. **F** faserig, grau. **G** angenehm. **Gsm** mild. **Sp** weiß.
Unter Buchen und Stieleichen auf Sand- und Lehmböden. Oft in Büscheln oder Gruppen.

SS RL-3 M Eßb.

Herbsttrompete, Totentrompete *(Craterellus cornucopioides)*

Pseudocraterellus undulatus (P. sinuosus)

VOLLSTIELIGER LEISTLING, KRAUSE KRATERELLE

Frkp trompeten- bis trichterförmig. **H** Ø 1-5 cm, vertieft, mit gekerbtem, welligem, hellem Rand, lehmig graubraun oder nuss- bis sepiabraun. Unterseite unregelmäßig geadert-gerippt, grau bis graubeige. **St** 3-6 cm x 3-8 mm, hohl, gefurcht, sandgelb bis braunbeige, unten verschmälert. **F** weich, faserig, graubraun. **G** fruchtig. **Sp** weiß.
Unter Laubbäumen (Eichen, Buchen) in Wäldern und Alleen auf Lehm und nährstoffarmen Sand- oder Lehmböden. Oft in Büscheln oder Gruppen.

SS RL-3 M Eßb.

Vollstieliger Leistling *(Pseudocraterellus undulatus)*

Sehr uneinheitliche Gruppe von Basidiomyceten, in deren Fruchtkörpern die Sporen unter Ausschluss des Tageslichtes auf einem internen Hymenium gebildet werden.

Hymenogastrales

Kleine Gruppe von völlig unterirdisch oder oberflächlich im Boden vergraben wachsenden Bauchpilzen.

Rhizopogon luteolus

GELBLICHE WURZELTRÜFFEL
Frkp unregelmäßig kugel- bis knollenförmig, Ø 2-8 cm, durchbricht teilweise die Bodenoberfläche. Außenseite von vereinzelten, verzweigten Mycelsträngen umwoben, schmutzig weiß bis schmutzig gelb oder bräunlich. **F** mit unregelmäßigen, dicht gedrängten Hohlräumen, weiß, olivgrün verfärbend. **G** unangenehm nach Knoblauch.
Mäßig verbreitet in Kiefernwäldern auf trockenen, sauren Sandböden.

M

Teuerlinge und Nestlinge *(Nidulariales)*

Gruppe der Bauchpilze, die linsen- bis kugelförmige Sporenpakete (Peridiolen) abschießen oder durch auftreffende Regentropfen wegschleudern lassen.

Crucibulum crucibuliforme (C. laeve)

TIEGEL-TEUERLING
Frkp geschlossen kugel- bis kreiselförmig, Ø 4-8 mm, 3-7 mm hoch. Außenseite filzig, weißlich bis schmutzig gelb, mit einer sich vom Rand lösenden, filzigen ockergelben Haut, die den Becher von oben abdeckt. Becher mit schmutzig weißen, linsenförmigen Peridiolen von 1-2 mm Breite, die an Mycelfäden an der

Tiegel-Teuerling *(Crucibulum crucibuliforme)*

Gelbliche Wurzeltrüffel *(Rhizopogon luteolus)*

Innenseite festsitzen, Innenseite silbrig weiß. Verbreitet auf Ästen, Zweigen und Spänen von Laub- und Nadelbäumen und auf Pflanzenstängeln. In Grüppchen.

Sa ♀

Cyathus olla

TOPF-TEUERLING

Frkp geschlossen ei- bis kreiselförmig, Ø 8-12 mm, 8-15 mm hoch. Außen filzig, gelblich grau, mit flaumiger, weißlicher, unregelmäßig aufreißender Haut. Becher mit beigefarbenen, 2-3 mm großen „Eierchen", die durch Fädchen an der Innenseite festsitzen, Innen glatt, silbergrau. Verbreitet am Boden oder auf grober Streu, an Stämmen, Stümpfen und Ästen von Laubbäumen und Sträuchern und an Pflanzenstängeln. Meist in Grüppchen.
Nahe verwandt ist der seltene Dung-Teuerling *(C. stercoreus)* (SS).

Sa ♀

Topf-Teuerling *(Cyathus olla)*

Cyathus striatus

STRIEGELIGER TEUERLING

Frkp geschlossen kreisel- bis becherförmig, Ø 6-8 mm, 7-10 mm hoch. Außenseite borstig-haarig, braun; junge Fruchtkörper mit weißlichem, später unregelmäßig aufreißendem Häutchen verschlossen. Becher mit grauweißen, 1-2 mm großen Peridiolen, mit Fädchen befestigt, Innenseite gestreift-gefurcht, glänzend, hell bis dunkel braungrau.
Verbreitet auf Spänen, Stümpfen, grober Streu, Ästen und Zweigen von Laub- und Nadelholz.

Sa ♀

Nidularia deformis (N. farcta)

VOLLGESTOPFTER NESTLING

Frkp kugel- bis eiförmig, Ø 2-10 mm. Außenseite pudrig bis glatt, blass gelbbraun oder fleischfarben braun bis zimtbraun. Beim Aufreißen werden die gelbbraunen, linsenförmigen Peridiolen von 0,5-1 mm Größe sichtbar.
Auf feuchten, am Boden liegenden Zweigen und Ästen von Laub- und Nadelbäumen und auf Tannennadeln, gelegentlich an Feuerstellen.

S Sa ♀

Vollgestopfter Nestling *(Nidularia deformis)*

Sphaerobolus stellatus

KUGELSCHNELLER

Frkp geschlossen kugelig, Ø 1-2 mm. Außen weißlich bis ockergelblich, sternförmig in 5-9 gold- oder orangegelbe Lappen aufbrechend, danach kommt ein braunschwarzes, 1 mm großes Bällchen zum Vorschein. Nach dem Abschießen des Bällchens wird die

Striegeliger Teuerling *(Cyathus striatus)*

umgestülpte mittige Membran zu einer glasig weißen Kugel.
Verbreitet auf feuchtem, modrigem Laub- und Nadelholz, gelegentlich auf Mist und Pflanzenresten.

Sa ♀

Kugelschneller *(Sphaerobolus stellatus)*

Erdsterne *(Geastraceae)*

Gruppe von Bauchpilzen, deren sternförmig aufbrechende Fruchtkörper eine zentrale Innenkugel *(Endoperidie)* besitzen, aus der bei Reife durch Regentropfen oder auf Berührung aus einer zentralen oder mehreren verstreut liegenden Öffnungen Wolken trockener brauner Sporen austreten.

Geastrum triplex

HALSKRAUSEN-ERDSTERN

Frkp jung geschlossen zwiebelförmig, Ø 3-12 cm, zerbricht in 4-8 spitze, fleischige, sternförmig angeordnete Lappen; pergamentartige Kugel mit zentraler Öffnung meist von abstehendem Kragen umgeben, der sich von der Innenseite der Lappen löst, später Ø 5-15 cm. Lappenunterseite glatt, rissig, braun bis gelbbraun. Innenseite und Kragen matt, beige bis gelbbraun. Kugel Ø 15-35 cm, ungestielt, mit hellem Hof rund um die bewimperte Öffnung, hell graubraun.
Regional häufig am Boden in Laub- und Nadelwäldern, Alleen, Parks, Dünen, Friedhöfen und Schuttplätzen.

Sa

Geastrum coronatum

DUNKLER ERDSTERN

Frkp geschlossen kugelförmig, mit 7-12 spitzen Lappen, Ø 4-10 cm. Lappenunterseite grau mit festklebender Erde. Innenseite hellbeige oder bräunlich bis grau-

Halskrausen-Erdstern *(Geastrum triplex)*

weiß oder hell graubraun. Kugel Ø 15-30 mm, mit scharfem Übergang gestielt, Öffnung bewimpert, mehlig, hellgrau oder cremefarben bis bräunlich oder dunkelgrau. Auf nährstoff- und kalkreichen Sandböden in Laubwäldern (Esche, Ulme) und Dünen.

S Sa

Dunkler Erdstern *(Geastrum coronatum)*

Geastrum lageniforme

FLASCHEN-ERDSTERN

Frkp jung geschlossen zwiebel- bis flaschenförmig, später mit 6-10 schlanken, in eine lange Spitze auslaufenden Lappen, Ø 3-6 cm. Lappenunterseite glatt, fleckig gelbbraun bis hell schmutzig braun. Innenseite weißlich oder beige bis bräunlich. Kugel Ø 10-16 mm, ungestielt, mit eingetieftem Hof um die kegelförmige, bewimperte Öffnung, sehr feinfilzig, hell brauncreme. In alten Laubwäldern auf humusreichen, sandigen oder lehmigen Böden; gern bei Robinien.

SS RL-1 Sa

Flaschen-Erdstern *(Geastrum lageniforme)*

Geastrum schmidelii (G. nanum)

ZWERG-ERDSTERN

Frkp geschlossen kugelförmig, mit 6-9 Lappen, Ø 2-4 cm. Lappenunterseite blassbraun, mit eingewachse-

Zwerg-Erdstern *(Geastrum schmidelii)*

ner Erde. Innenseite hell cremerosa überhaucht bis blassbraun. Kugel Ø 6-11 mm, mit scharfem Übergang kurz gestielt. Peristom hoch kegelförmig, stark gefältelt-gefurcht, mehlig bis glatt, hellgrau bis hell(grau)-braun oder schmutzig braun.
Auf humusarmen, kalkhaltigen Sandböden in Laubwäldern, Heiden und Dünen.

S RL-2 Sa

Geastrum pectinatum

KAMM-ERDSTERN

Frkp geschlossen kegel- bis zwiebelförmig, mit 6-10 Lappen, Ø 3-11 cm. Lappenunterseite creme bis bräunlich, mit eingewachsener Erde. Innenseite cremefarben bis beigebraun. Kugel Ø 14-20 mm, lang gestreckt, mit stark gefältelt-gefurchter Öffnung (Peristom), mehlig, graubraun bis braunschwarz.
Auf feuchten Sand-, Ton- und Lehmböden mit dicker Streu- oder Humusschicht unter Nadelbäumen in Nadel- und Mischwäldern.

S Sa

Kamm-Erdstern *(Geastrum pectinatum)*

Geastrum quadrifidum

KLEINER NEST-ERDSTERN

Frkp geschlossen kugelförmig, mit 4 an den Spitzen festgewachsenen, aufgerichteten Lappen, Ø 2-4 cm. Unterseite weißlich bis hellbraun. Innenseite weißlich oder cremefarben bis braun. Kugel Ø 5-15 mm, gestielt mit scharfem Übergang, mit gehöftem, kegeligem, an der Mündung leicht bewimpertem Peristom, mehlig, beigegrau bis dunkelgrau oder blassbraun.
Auf trockenen bis mäßig feuchten Böden in Nadelwäldern mit dicker Streuauflage.

Sa

Kleiner Nest-Erdstern *(Geastrum quadrifidum)*

Geastrum fimbriatum (G. sessile)

GEWIMPERTER ERDSTERN

Frkp geschlossen kugel- bis zwiebelförmig, mit 6-10 nach unten eingerollten Lappen, Ø 2-4 cm. Unterseite bräunlich cremig mit eingewachsener Erde. Innen weiß oder hell cremefarben bis hellbraun. Kugel Ø 6-18 mm, ungestielt, mit kegelförmiger, bewimperter Öffnung, glatt, weiß bis hell braungrau oder graubraun.
Weit verbreitet auf sandigen, lehmigen oder tonigem Boden in Nadelwäldern (Fichte, Kiefer), gelegentlich in Laubwäldern, Gebüschen, Parks und Alleen.

Sa

Gewimperter Erdstern *(Geastrum fimbriatum)*

Geastrum rufescens (G. vulgatum)

RÖTENDER ERDSTERN

Frkp geschlossen kugelförmig, mit 5-9 Lappen, Ø 5-12 cm. Unterseite braun und mit eingewachsener Erde. Innenseite cremefarben oder rosa bis wein- oder braunrot. Kugel Ø 20-40 mm, kurz oder ungestielt, mit bewimperter Öffnung, filzig bis glatt, hellbraun, gelegentlich rosa überhaucht.
Auf ziemlich nährstoffreichen, humosen Sanden in Laubwäldern, Parks und Alleen (Eiche, Ulme); auch unter Nadelbäumen.

S Sa

Rötender Erdstern *(Geastrum rufescens)*

Geastrum campestre

FELD-ERDSTERN

Frkp geschlossen kugelförmig, mit 7-10 gelegentlich umgebogenen Lappen, Ø 15-35 mm. Unterseite blassbraun mit eingewachsener Erde. Innenseite hell creme bis dunkelbraun. Kugel Ø 9-16 mm, kurz gestielt, mit Ringzone um die flach kegelförmige, scharf gefältelt-gefurchte Öffnung, warzig rau, grau oder graubraun bis dunkel- oder schwarzbraun.
Auf kalk- und humusarmen (Dünen)Sanden in moosreichen Wiesen, Weißdornwäldchen, auf offenen Stellen und entlang Wegen in Laub- und Nadelwäldern. In der Bundesrepublik kommen ca. 20 Erdsternarten der Gattung *Geastrum* vor.

SS Sa

Feld-Erdstern *(Geastrum campestre)*

Myriostoma coliforme

SIEB-ERDSTERN

Frkp geschlossen kugel- bis kreiselförmig, mit 6-12 Lappen, Ø 4-12 cm. Außenseite glatt, gelblich bis braun. Innenseite weißlich oder gelblich bis bräunlich oder braunschwarz. Kugel Ø 25-50 mm, mit 3-15 Stielchen und 3-25 vorgeformten, kreisrunden Öffnungen, körnig, hellgrau bis bräunlich, oft mit silbrigem Glanz.
Auf trockenen, kalkreichen Sandböden mit dünner Streuauflage, besonders an sonnigen Stellen im Dünengestrüpp.

SS RL-R Sa

Sieb-Erdstern *(Myriostoma coliforme)*

Sieb-Erdstern *(Myriostoma coliforme)*

Boviste und Stäublinge
(Sclerodermataceae, Lycoperdaceae)

Gruppe von Bauchpilzen, deren Fruchtkörper an der Oberseite aufreißen, sodass eine große, tief napfförmige, spritzbecherartige Öffnung entsteht oder an deren Oberseite sich ein kleiner zentraler Porus entwickelt, durch den die oliv- bis dunkelbraunen Sporen durch Regentropfen oder bei Berührung in Wolken nach außen geblasen werden.

Disciseda bovista

GROSSER SCHEIBENBOVIST
Frkp geschlossen kugelförmig, Ø 1-3 cm, entwickelt sich halb unterirdisch. Bei Reife reißt die ledrige Hülle an der Basis auf, woraufhin die Kugel auf der sich schüsselförmig ausbreitenden, am Rand umrollenden Hülle nach oben kommt und der Fruchtkörper sich umdreht. Schüsselinnenseite grau- bis rot- oder dunkelbraun. Kugel mit unregelmäßiger, kleiner, zentraler Öffnung, matt, gelb- oder graubraun bis hellgrau. Auf trockenem, humusarmem Dünensand oder an sandigen oder mit Moos oder Gras bewachsenen, sonnigen, geschützten Stellen.
Nahe verwandt der nur unter dem Mikroskop zu unterscheidende Kleine Scheibenbovist *(D. candida = calva)* (SS RL-2).

SS RL-2 Sa

Großer Scheibenbovist *(Disciseda bovista)*

Scleroderma citrinum

DICKSCHALIGER KARTOFFELBOVIST
Frkp unregelmäßig kugel- bis knollenförmig, Ø 4-10 cm. Außenseite rau schuppig, schmutzig gelb oder grüngelb bis ockerbraun. **F** purpurschwarz, weiß geadert. Verbreitet unter Laubbäumen (Eiche, Birke), gelegentlich unter Nadelbäumen, auf humusreichen Sandböden in Wäldern, Parks, Alleen, Heiden und Mooren.

M †

Dickschaliger Kartoffelbovist *(Scleroderma citrinum)*

Scleroderma areolatum

GEFELDERTER KARTOFFELBOVIST
Frkp unregelmäßig kugel- bis knollenförmig, Ø 1-4 cm, kurz gestielt. Außenseite mit flachen, dunklen, von einem helleren Ring umgebenen Schuppen bedeckt, sodass ein leopardenfellartiges Muster entsteht, gelbbraun. **St** 1-2 cm lang, mit Mycelsträngen wurzelnd, gefurcht, kahl, gelblich. **F** tief purpurbraun. Verbreitet in Laub- und Mischwäldern, Gebüschen, Parks und Alleen.

M †

Gefelderter Kartoffelbovist *(Scleroderma areolatum)*

Scleroderma verrucosum

DÜNNSCHALIGER KARTOFFELBOVIST

Frkp unregelmäßig kugelig bis knollig, Ø 3-7 cm, lang gestielt. Außen zunächst glatt, später mit kleinen, bräunlichen Schuppen bedeckt, gelblich bis braun. **St** 2-4 cm lang, mit gelblichen Mycelsträngen wurzelnd, gefurcht, kahl, cremeweiß bis gelblich. **F** olivbraun. Verbreitet unter Laubbäumen auf nährstoff- und humusreichen Böden in Wäldern, Parks, Alleen, Heiden und Gebüschen. Nahe verwandt sind der Rotbräunliche Kartoffelbovist *(S. bovista)* und der Zwiebel-Hartbovist *(S. cepa)* (S RL-R).

M †

Dünnschaliger Kartoffelbovist *(Scleroderma verrucosum)*

Bovista plumbea

BLEIGRAUER ZWERGBOVIST

Frkp kugelförmig, Ø 2-3 cm, mit weißem Mycelstrang. Außenseite matt, weiß, löst sich in Schuppen oder Scheibchen, sodass die grüngraue bis bleigraue innerste Schicht sichtbar wird. Mit zentralem Porus. **F** grau- bis olivbraun.
Verbreitet auf trockenen bis feuchten Sandböden in Grünland, oft in gemähten Wiesen, auf Wegrändern und Deichen, in Wäldern auf Lichtungen und am Wegesrand sowie in Dünen.

Sa

Bleigrauer Zwergbovist *(Bovista plumbea)*

Bovista nigrescens

SCHWÄRZENDER BOVIST

Frkp unregelmäßig kugelförmig, Ø 3-6 cm, mit weißem Mycelstrang. Außenseite matt, weiß bis gelblich, löst sich in Scheibchen ab, sodass die dunkel purpurbraune bis schwarze innerste Schicht sichtbar wird. Mit großer, unregelmäßig aufreißender Öffnung. **F** dunkel purpurbraun.
Verbreitet auf (lehmigem) Sand und Ton, in mäßig gedüngten, beweideten Wiesen, auf Waldlichtungen, in Heiden und auf Grünstreifen.
Von der Gattung *Bovista* gibt es 13 europäische Arten.

Sa

Schwärzender Bovist *(Bovista nigrescens)*

Calvatia excipuliformis

BEUTEL-STÄUBLING

Frkp breit kugel- bis kissenförmig, breit und lang gestielt, Ø 5-12 cm, bis 15 cm hoch. Oberer Teil mit schnell verschwindenden Stacheln, weißlich blassgrau bis bräunlich, innerste Schicht papierartig, gelblich. **St** 7-10 cm hoch, bis 5 cm dick, mit verschwindenden Stacheln, körnig, weißlich blassgrau bis hellbraun, mit eingedrücktem, gefälteltem, verschmälertem Fuß. **F** purpurbraun, im Stiel schwammig, braun.

Verbreitet zwischen grober Streu und vor allem auf Sandböden in Wäldern, Gebüschen, Parks und trockenen, ungedüngten Wiesen.

Sa Eßb.

Beutel-Stäubling *(Calvatia excipuliformis)*

Calvatia utriformis

(HASEN-STÄUBLING), GETÄFELTER STÄUBLING

Frkp gedrungen birnenförmig bis breit kissenförmig mit schmaler Basis, breit und kurz gestielt, Ø 5-15 cm, bis 15 cm hoch. Oberer Teil mit flachen, pyramidenartigen, schuppigen Warzen, die ein Muster aus Sechsecken bilden, weiß oder creme bis blass graubraun, innerste Schicht pergamentartig, graubraun. **St** 5-8 cm hoch, cremeweiß bis graubraun, Basis zugespitzt und gefältelt. **F** olivbraun.
Verbreitet auf überwiegend sandigen Böden in nur wenig gedüngten, trockenen Wiesen, an bemoosten Stellen in den Dünen, in Laub- und Mischwäldern sowie in Parks.

RL-3 Sa Eßb.

Hasen-Stäubling, Getäfelter Stäubling (Calvatia utriformis)

Langermannia gigantea

RIESEN-STÄUBLING, RIESENBOVIST

Frkp unregelmäßig bis regelmäßig kugelig, Ø 10-80 cm. Außenseite lederartig, runzelig oder glatt, matt, weiß, an der Basis mit Mycelsträngen. **F** weiß, bei Reife schwefelgelb bis olivbraun. Verbreitet auf nährstoffreichen (sandigen) Ton- und Torfböden in stark gedüngtem Weideland, Obstgärten, Grünstreifen und Parks, auch in Laubwäldern und Gebüschen, oft an gestörten Stellen oder in ausgetrocknetem Schlamm.

Sa Eßb.

Riesen-Stäubling, Riesenbovist *(Langermannia gigantea)*

Lycoperdon perlatum

FLASCHEN-STÄUBLING

Frkp birnen- bis kugelförmig, Ø 2-6 cm, 3-8 cm hoch, gestielt. Oberer Teil mit vergänglichen Stacheln und kegeligen Warzen, die ein unregelmäßiges, netzartiges Muster hinterlassen, weißlich bis gelblich oder gräulich braun, mit zentraler Öffnung. **St** 2-5 cm hoch, bis

3 cm dick, warzig bis glatt, weißlich bis gelblich graubraun. **F** weiß bis olivbraun. Verbreitet auf humusreichen, zumeist sandigen Böden in Wäldern, Gebüschen und Parks.

Sa Eßb.

Flaschen-Stäubling *(Lycoperdon perlatum)*

Lycoperdon pyriforme

BIRNEN-STÄUBLING

Frkp birnenförmig, Ø 2-4 cm, 1-6 cm hoch, gestielt. Oberer Teil körnig, weißlich oder beige fleischfarben bis kastanienbraun, mit zentralem Porus. **St** 1-3 cm lang, mit feinen, dunklen Schüppchen, weißlich oder beige bis braun, mit weißlichen Rhizomorphen. **F** weiß bis olivbraun, im Stiel weiß. Verbreitet auf nährstoffreichem Boden an modrigen Stümpfen und Laubholz. In Gruppen.

Sa Eßb.

Birnen-Stäubling *(Lycoperdon pyriforme)*

Lycoperdon foetidum

STINKENDER STÄUBLING

Frkp kegel- bis kreiselförmig, Ø 2-5 cm, zugespitzt kurz gestielt. Außenseite mit vergänglichen, hell- bis dunkelbraunen, pyramidenförmigen, spitzen Stacheln, ein regelmäßig netzartiges Muster hinterlassend, cremefarben bis hell- oder schwarzbraun, mit zentralem Porus. **F** olivbraun. Verbreitet auf leicht sauren, humusreichen Böden in Laub- und Mischwäldern (Eiche), Gebüschen, Parks, mageren Wiesen und Dünensenken.

Sa

Stinkender Stäubling *(Lycoperdon foetidum)*

Lycoperdon echinatum

IGEL-STÄUBLING

Frkp kegel- bis birnenförmig, Ø 2-6 cm, kurz gestielt. Außenseite mit vergänglichen, 3-6 mm langen,

Igel-Stäubling *(Lycoperdon echinatum)*

spitzen, dicht gedrängt stehenden, hell- bis graubraunen Stacheln, die ein regelmäßiges, netzartiges Muster hinterlassen, hell- bis dunkelbraun, mit zentralem Porus. **F** olivgelb bis braun.
Auf nährstoff-, humus- und kalkreichen Böden in Laubwäldern (Buche).

S Sa

Lycoperdon mammiforme (L. mammaeforme)

FLOCKEN-STÄUBLING
Frkp breit birnenförmig, Ø 3-6 cm, 4-8 cm hoch, kurz und breit gestielt. Außenseite mit vergänglichen, wolligen, weißen bis cremefarbenen Flocken, die an der Stiel(basis) ringförmig zurückbleiben, weiß bis leicht rosa ockerbraun, mit zentralem Porus. **F** weiß bis gelbbraun. Auf nährstoffreichem Auenlehm oder kalkhaltigen Böden in Alleen und Laubwäldern (Buche, Hainbuche).
In der Bundesrepublik kommen ca. 16 Arten der Gattung *Lycoperdon* vor.

SS RL-3 Sa

Flocken-Stäubling *(Lycoperdon mammiforme)*

Vascellum pratense

WIESEN-STAUBBECHER, ABGEFLACHTER STÄUBLING
Frkp kegel- bis abgeflacht birnen- oder kreiselförmig, Ø 2-5 cm, kurz gestielt. Außenseite körnig-stachelig rau, am Übergang zum Stiel gefältelt, weiß oder gelblich bis olivbraun, mit weiter, zentraler Öffnung. **St** mit zugespitzter Basis, weiß oder gelblich bis braun. **F** weiß bis olivbraun. Verbreitet in Grünstreifen, wenig gedüngten Wiesen, moosreichen Rasenflächen, an kurz grasigen Stellen in Wäldern, Gebüschen, Parks, Heiden und Grünstreifen.

Sa

Wiesen-Staubbecher, Abgeflachter Stäubling *(Vascellum pratense)*

Stielboviste *(Tulostomatales)*

Kleine Gruppe von Bauchpilzen, deren kugelförmige Fruchtkörper einen zentralen Porus haben, auf einem langen, oft tief im Boden steckenden Stiel sitzen und rotbraune Sporen bilden.

Tulostoma melanocyclum

SCHWARZGEHÖFTER STIELBOVIST
Frkp kugel- bis apfelförmig, Ø 10-20 mm, lang gestielt. Außenseite glatt, pergamentartig, hellbraun

Schwarzgehöfter Stielbovist *(Tulostoma melanocyclum)*

oder rotbraun bis cremig gelb, mit einer von einer braunen, ringförmigen Zone umgebenen, zentralen Öffnung, Ø 1 mm. **St** 2-8 cm x 2-4 mm, zäh, gelbbraun mit rotbraunen Schüppchen, größtenteils im Boden verbleibend.
Auf trockenen, kalkreichen, humusarmen Sanddünen, zwischen Moos und in nicht gedüngten, trockenen Wiesen im Bereich der Dünen.

S RL-2 Sa

Tulostoma brumale

ZITZEN-STIELBOVIST
Frkp kugel- bis apfelförmig, Ø 6-15 mm, lang gestreckt. Außenseite glatt, pergamentartig, creme oder hell ockerbraun bis weißlich, mit einer von einer gelben bis braunen, ringförmigen Zone umgebenen, zentralen Öffnung, Ø 1,5 mm. **St** 2-5 cm x 1-3 mm, zäh, glatt, ockerfarben, zur Basis hin braun, mit basaler Knolle, oft tief in den Boden eingesenkt.
Auf trockenen, kalkreichen Sand- und Lehmböden, in den Dünen zwischen Moosen, auf kalkreichen Wiesen, an sonnenexponierten Straßen- und Wegböschungen.
Der Gewimperte Stielbovist *(T. fimbriatum)* (S RL-3).

S RL-3 Sa

Zitzen-Stielbovist *(Tulostoma brumale)*

Rutenpilze *(Phallales)*

Formenreiche Gruppe von Bauchpilzen, auf deren Fruchtkörpern die Sporen in einer schleimigen Substanz abgeschieden werden, um dann mit ihrem Verwesungsgeruch Insekten anzulocken, durch die sie schließlich verbreitet werden.

Clathrus archeri

TINTENFISCHPILZ
Frkp entwickelt sich aus einem unterirdisch heranwachsenden, weißlichen, ledrigen Hexenei, Ø 2-4 cm. Die an einem zentralen, 2-5 cm langen Stiel sitzenden 4-6 Arme sind anfangs an den Spitzen verwachsen, breiten sich tintenfischartig aus. Arme 4-7 cm lang, zerbrechlich, tiefrot, an der netzartig gefurchten Oberseite mit olivgrünem, stinkendem Schleim. Auf nährstoffreichem oder lehmigem Sand, oft an vermoderndem Holz in Laub- und Nadelwäldern sowie auf Wiesen.
Sommer–Herbst.
Nahe verwandt ist der Gitterling *(Clathrus ruber)* (SS) (vgl. Foto Mykophilatelie, S. 10).

SS Sa

Tintenfischpilz *(Clathrus archeri)*

Mutinus caninus

GEWÖHNLICHE HUNDSRUTE
Frkp entwickelt sich aus einem weißlichen, lederartigen Hexenei, Ø 2-4 cm, mit einem Diskus die Hülle durchbrechend. Hexenei mit langem weißem Mycelstrang. **Receptaculum** reif 8-12 cm hoch. Oberer Teil konisch eichelförmig, mit dunkel olivgrünem, leicht stinkendem Schleim, darunter flach wabenförmig, orangerot, an der Spitze mit ringförmigem Diskus; schwammig, hohl, weißlich bis blass gelbbraun oder blass orange. Verbreitet auf Sägespänen, Humus, auf oder an stark vermoderndem Laubholz in Wäldern,

Alleen und Parks.
Sommer–Herbst.
Verwandt, aber seltener sind der Vornehme Rutenpilz *(M. elegans)* (SS) und die Himbeerrote Hundsrute *(M. ravenelii)* (S).

Sa

Phallus impudicus

STINKMORCHEL

Frkp anfangs kugelig, grauweiß, lederartig, manchmal teilweise unterirdisch; Basis mit weißem Mycelstrang; Ø 3-8 cm. Aus diesem „Hexenei" entwickelt sich bei der Reife ein poröses, hohles **„Receptaculum"** (10-25 x 2-4 cm), dessen wabige, konisch-glockige Kappe mit dunkel-olivgrünem, stinkendem Schleim bedeckt ist und an der Spitze einen ringförmigen Diskus trägt.
Verbreitet auf humusreichen, sandigen oder lehmigen Böden oder auf oder an stark vermoderndem Holz in Wäldern, Gebüschen, Parks und Gärten.
Sommer–Herbst.

Sa M? Eßb.

Stinkmorchel *(Phallus impudicus)*

Gewöhnliche Hundsrute *(Mutinus caninus)*

Phallus hadriani

DÜNEN-STINKMORCHEL

Frkp anfangs ein sich unterirdisch entwickelndes, weißliches, rosa bis rotviolett anlaufendes Hexenei, Ø 3-6 cm, mit weißem Mycelstrang. **Receptaculum** 10-15 x 2-3 cm. Oberer Teil konisch-glockig, mit dunkel olivgrünem, süßlich riechendem Schleim, darunter mit großen, tiefen Waben, weiß, an der Spitze mit ringförmigem Diskus; schwammig, hohl, weiß.
Unter Strandhafer *(Ammophila arenaria)* auf trockenem, humusarmem, kalkhaltigem Sand in den äußeren Küstendünen und vereinzelt auch auf Binnendünen.
Sommer–Herbst.
Verwandt ist die seltene Schleierdame *(Phallus duplicatus = Dictyophora duplicata)* (SS) (vgl. Foto Mykophilatelie, S. 10)

S RL-3 Pa?

Dünen-Stinkmorchel *(Phallus hadriani)*

Gruppe von Basidiomyceten mit Hut und meist zentralem, bisweilen aber auch fehlendem Stiel und radial angeordneten Lamellen auf der Hutunterseite (Blätterpilze) oder aber mit zentralem Stiel und einem Hut mit kleinen Röhrchen auf der Unterseite (Röhrenpilze).

Schleimschirmlinge *(Limacella)*

Eine kleine Gruppe von Blätterpilzen mit schleimig-klebrigem Hut und frei stehenden Lamellen. Am Stiel Ring oder Ringzone. **Sp** weiß. In Deutschland kommen ca. 6 Arten der Gattung *Limacella* vor.

Limacella guttata

GETROPFTER SCHLEIMSCHIRMLING
H anfangs eiförmig, später gewölbt bis flach, Ø 6-12 cm, schleimig-klebrig, trocken samtig matt, isabellfarben bis fleischfarben oder braunrot. **L** schmal, weiß, bei Feuchtigkeit häufig tropfend. **St** 10-15 x 1-2 cm, weißlich, mit fleischigem weißem Ring und Tröpfchen, die graubraune Flecken hinterlassen. **F** weiß. **G** mehlig. In Laub- und Nadelwäldern (Fichten) auf Lehm, Ton sowie nährstoff- und humusreichen Sanden.

S Sa (M?) Eßb.

Getropfter Schleimschirmling *(Limacella guttata)*

Limacella glioderma

ROTBRAUNER SCHLEIMSCHIRMLING
H anfangs glockig, später gewölbt bis abgeflacht, Ø 3-6 cm, glänzend, schleimig-klebrig, trocken matt, rot- bis orangebraun. **L** breit, weißlich bis hellgelb oder cremefarben. **St** 4-6 cm x 7-12 mm, glatt, weiß bis leicht rosa, unterhalb des weißen, vergänglichen Rings wollig-flockig. **F** weißlich. **G** mehlig.
In Laubwäldern auf kalkhaltigen Böden.

SS RL-3 Sa

Rotbrauner Schleimschirmling *(Limacella glioderma)*

Limacella ochraceolutea

GELBER SCHLEIMSCHIRMLING
H anfangs halbkugelförmig, später konisch bis abgeflacht, Ø 3-6 cm, glänzend, stark schleimig-klebrig, trockenklebrig, hell- bis ockergelb mit orangegelber Mitte. **L** breit, weiß bis cremefarben. **St** 3-6 cm x 6-10 mm, glatt, gelblich, unterhalb des schleimigen Ringbereichs ockergelb bis gelbbraun, schleimig, trocken mit braunen Fasern. **F** weißlich. **G** mehlig.
In Laubwäldern auf kalkhaltigen Böden.

SS RL-3 Sa

Gelber Schleimschirmling *(Limacella ochraceolutea)*

Knollenblätterpilze und Wulstlinge *(Amanita)*

Gruppe von Lamellenpilzen mit einer Allgemeinhülle *(Velum universale)*, die meistens als Flocken oder Schüppchen auf dem Hut und/oder als becherförmige Hülle *(Volva)* an der Stielbasis verbleibt. Meistens ist auch noch eine Teilhülle *(Velum partiale)* vorhanden, die am Stiel als Ring zurückbleibt. Vom Stiel freie weiße Lamellen. **Sp** weiß. Mykorrhiza bildend.
In Europa kommen ca. 50-60 Arten den Gattung *Amanita* vor.

Amanita muscaria

FLIEGENPILZ
H erst kugelig, dann ausgebreitet, Ø 8-20 cm, glatt, hellrot, orangegelb verblassend, mit vergänglichen,

Fliegenpilz *(Amanita muscaria)*

weißen Flöckchen. **L** weiß. **St** 8-18 x 1-2 cm, weiß, an der Basis flockig mit weißem bis gelblichem Ring. **F** weiß. **G** schwach. Weit verbreitet in Wäldern und an Wegen unter Laub- (Birke, Eiche, Buche, Linde) und Nadelbäumen (Kiefer, Fichte) auf Sand- und Moorböden.

M †

Amanita phalloides

GRÜNER KNOLLENBLÄTTERPILZ
H anfangs rundlich, später ausgebreitet bis flach, Ø 4-12 cm, glatt, fein radialfaserig, weiß (var. *alba*) bis grün oder gelblich mit olivgrünen Zonen. **L** dicht gedrängt, weiß. **St** 7-10 x 1-2 cm, glatt, unterhalb des hängenden, häutigen weißen Rings glatt oder häutig-flockig, weiß, an der knollig verdickten Stielbasis auffällige weiße bis cremefarbene, stellenweise auch grünliche Volva. **F** weiß. **G** muffig-süßlich.
In Laubwäldern und an Wegen, insbesondere bei Eichen auf nährstoffreichem Boden.

M ☠

Grüner Knollenblätterpilz *(Amanita phalloides)*

Amanita citrina var. *citrina*

GELBER KNOLLENBLÄTTERPILZ
H kugelförmig, später gewölbt bis flach, Ø 4-10 cm, glatt, elfenbeinfarben bis blass zitronengelb im Zentrum, oft mit weißen bis gelblich braunen Velumfetzen. **L** weiß. **St** 6-8 cm x 8-12 mm, über dem häutigen weißen Ring gestreift, elfenbeinfarben und oben gelb, mit breitem, in einer Volva steckendem Knollenfuß. **F** weiß. **G** nach rohen Kartoffeln. Verbreitet in Laub- und Mischwäldern (Eichen und Buchen), auf sauren Böden.

M Ung.

Gelber Knollenblätterpilz *(Amanita citrina* var. *citrina)*

Amanita citrina var. *alba*

GELBER KNOLLENBLÄTTERPILZ, WEISSE FORM

H kugelig, dann gewölbt bis flach, Ø 4-10 cm, glatt, weiß, oft bedeckt mit weißen bis gelben Fetzen. **L** weiß. **St** 6-8 cm x 8-12 mm, glatt, weiß, unter dem häutigen weißen Ring oft etwas flockig; Basis knollig verdickt, von Volva umgeben. **F** weiß. **G** schwach nach rohen Kartoffeln. In Laub- und Mischwäldern, besonders in der Nähe von Eichen und Buchen, auf Sandböden.

S M Ung.

Gelber Knollenblätterpilz, weiße Form *(Amanita citrina* var. *alba)*

Amanita pantherina

PANTHERPILZ

H kugelig, dann gewölbt bis ausgebreitet, Ø 6-10 cm, glatt, ocker bis dunkelbraun, mit weißen, warzigen Schüppchen. **L** dicht gedrängt, weiß. **St** 9-13 cm x 10-15 mm, glatt, weiß, mit ungerieftem, hängendem weißem Ring, an der Basis eine oder mehrere ringförmige Zonen oberhalb der weißen, knollig verdickten Volva. **F** weiß. **G** schwach, angenehm.
Relativ verbreitet bis selten bei Eichen, Buchen und Birken, manchmal unter Nadelbäumen, in Laub- und Mischwäldern, an Wegen.

M †

Pantherpilz *(Amanita pantherina)*

Amanita rubescens

PERLPILZ

H kugelig, dann gewölbt bis flach, Ø 5-15 cm, glatt, rosabraun bis fleischfarben, mit weißen bis rosaroten Fetzen. **L** weiß, bei Beschädigung weinrot. **St** 7-12 x 1-2 cm, glatt, weiß, unter dem häutigen, hängenden,

Perlpilz *(Amanita rubescens)*

gestreiften weißen Ring (wenn gelber Ring: var. *annulosulphurea*), schuppig-filzig, weiß bis rotbraun, mit knollig verdickter Basis und Velumresten. **F** weiß, sich rosarot verfärbend. **G** schwach. Verbreitet in Laub- und Nadelwäldern und an Wegen auf nährstoffarmen Böden.

M Eßb.

Amanita gemmata

NARZISSENGELBER WULSTLING

H halbkugelförmig, dann gewölbt bis flach, Ø 5-7 cm, glatt, blass ocker- bis zitronengelb mit weißen Flocken und hellerem, gerieftem Rand. **L** weiß. **St** 7-10 cm x 8-12 mm, glatt, weiß mit hellgelber Spitze, mit vergänglichem weißem Ring und von einer häutigen Volva umgebenen Knolle. **F** weiß. **G** schwach.
Relativ verbreitet in Laub- und Nadelwäldern und an Wegen, nahe Buchen, Eichen und Kiefern, auf sauren Böden. Frühsommer–Herbst.

M †

Narzissengelber Wulstling *(Amanita gemmata)*

Amanita porphyria

PORPHYRBRAUNER WULSTLING

H stumpf kegelförmig, dann gewölbt bis flach, Ø 5-9 cm, glatt, seidig glänzend, grau- bis rotbraun. **L** weiß. **St** 10-13 cm x 8-15 mm, gefasert, weißlich mit grauvioletter Basis, mit zartem, faserigem grauviolettem Ring und einer von einer Volva umgebenen, dicken Knolle. **F** weiß. **G** muffig. In Laub- und Nadelwäldern (Kiefern) und an Wegen auf armen Sandböden.

M Ung.

Amanita ceciliae (A. inaurata)

RIESENSTREIFLING

H kegelförmig, dann breit glockig bis ausgebreitet, Ø 7-12 cm, glatt, ockerbraun bis dunkelgraubraun, mit gerieftem Rand und großen schmutziggrauen Fetzen.

Porphyrbrauner Wulstling *(Amanita porphyria)*

L weiß. St 10-13 cm x 15-30 mm, blass gelbbraun, horizontal mit flockigen weißlichen Bereichen, an der knollig verdickten Basis 2-3 ringförmige Zonen. F weiß. G schwach. Unter Laubbäumen, vor allem Eichen, in Laubwäldern und an Wegen auf Lehmböden.

SS RL-3 M

Riesenstreifling *(Amanita ceciliae)*

Amanita lividopallescens

OCKERGRAUER STREIFLING

H kegelförmig, dann glockig, Ø 8-12 cm, glatt, hell- oder dunkelgrau oder lachsfarben ockergelb bis graubraun, manchmal mit schmutzig weißen Flecken, schwach geriefter Rand. **L** weiß bis cremefarben. **St** 7-12 x 1-3 cm, weiß, mit weiß- oder gelblichen Flockengürteln; Basis mit häutiger, weißer Volva. **F** weiß. **G** schwach, unangenehm.
Unter alten Laubbäumen (Eichen) am Wegesrand auf Lehmböden.

SS M

Ockergrauer Streifling *(Amanita lividopallescens)*

Amanita fulva

ROTBRAUNER STREIFLING

H eiförmig, dann flach mit Buckel, Ø 4-9 cm, glatt, orange- bis rotbraun mit gerieftem, blassem Rand. **L** weiß. **St** 7-10 cm x 10-15 mm, glatt, weiß bis cremefarben mit orangebraunen Schattierungen, an der Basis große, sackartige, weiße bis blass orangebraune Volva. **F** weiß. **G** schwach.
Verbreitet unter Laubbäumen (Birke, Eiche, Buche), seltener unter Nadelbäumen; gern in Mooren.
Sommer–Herbst.
Recht häufig in Laub- und Nadelwäldern ist auch der Graue Streifling *(A. vaginata)*.

M Eßb.

Rotbrauner Streifling *(Amanita fulva)*

Schirmlinge *(Lepiota)* und Riesenschirmlinge *(Macrolepiota)*

Eine große Gruppe von Blätterpilzen mit robusten *(Macrolepiota)* oder kleineren Fruchtkörpern *(Lepio-*

ta), weißen bis cremefarbenen oder blassgelben freien Lamellen, mit manchmal verschiebbarem, häutigem, gelegentlich doppeltem Ring oder einer Ringzone. **Sp** weiß bis blassrosa.
In Deutschland kommen 60-80 Arten der Gattungen *Macrolepiota* und *Lepiota* vor.

Macrolepiota procera

PARASOL, RIESENSCHIRMLING

H jung kugelförmig (wie ein Trommelschlegel), dann flach und in der Mitte gebuckelt, Ø 10-25 cm, hell gelb- bis graubraun, zum Rand hin in große dunkelbraune Schuppen aufspringend. **L** weiß. **St** 15-30 x 1-3 cm, cremefarben mit filzigen, graubraunen, horizontalen Zonen, mit großem, doppeltem, verschiebbarem, oberseits weißem und unten braunem Ring und knollig verdickter Basis. **F** weiß. **G** schwach.
Weit verbreitet auf nicht oder nur wenig gedüngten Wiesen und Grünstreifen, sowie in Laub- und Mischwäldern auf nährstoffarmen Böden.

Sa Eßb.

Parasol, Riesenschirmling *(Macrolepiota procera)*

Macrolepiota rachodes (M. rhacodes)

SAFRANSCHIRMLING, RÖTENDER SCHIRMPILZ

H eiförmig, dann gewölbt bis fast flach mit erhöhter Mitte, Ø 5-15 cm, blassbraun, in der Mitte glatt, zum Rand hin mit sich kräuselnden, häutigen, überhängenden braunen Schuppen auf hellem Untergrund. **L** weiß, bei Verletzung rot anlaufend. **St** 10-15 x 1-2 cm, glatt, mit faseriger Basis, schmutzig weiß bis braunrosa mit häutigem, doppeltem, längs des Stiels verschiebbarem Ring und asymmetrischer, knollig-verdickter, an Druckstellen rotbraun fleckender Basis. **F** weiß, auf Druck safrangelb bis orangerot verfärbend. **G** stark, angenehm.
Verbreitet in Wäldern, Parks, Grünanlagen und Gärten sowie an Wegen auf nährstoffreichen Böden.

Sa Eßb.

Safranschirmling, Rötender Schirmpilz *(Macrolepiota rachodes)*

Macrolepiota excoriata

ACKERSCHIRMLING

H eiförmig, dann gewölbt mit erhöhter Mitte, Ø 6-10 cm, glatt, weiß bis creme, oft in der Mitte braun, mit anliegenden, am Rand überstehenden ockergelben bis blassbraunen Schuppen. **L** weiß bis cremefarben. **St** 4-6 cm x 8-10 mm, glatt, hell cremefarben mit schmalem Ring und knolliger, braun fleckender Basis. **F** weiß. **G** schwach.

Ackerschirmling *(Macrolepiota excoriata)*

Mäßig verbreitet auf ungedüngtem Grasland und Wegstreifen.

RL-3 Sa Eßb.

Macrolepiota mastoidea (M. gracilenta)

SCHLANKER RIESENSCHIRMLING

H kugelförmig, dann gewölbt mit Papille, Ø 8-11 cm, mit glattem beigebraunem Zentrum, weiß bis cremefarben mit zarten blass ockerfarbenen bis hellbraunen, körnigen Schüppchen und einem durch herunterhängende Schuppen wie gezähnelt wirkenden Hutrand. **L** weiß bis creme. **St** 8-11 cm x 8-14 mm, creme bis hellbraun mit weißlichen, körnigen Schüppchen und dickem weißem Ring; die weißfilzige Basis ist etwas angeschwollen. **F** weiß bis braunrosa. **G** schwach.
Auf begrasten Dünen, Wegstreifen und in Mischwäldern auf trockenen, nährstoffarmen Böden.

S Sa Eßb.

Schlanker Riesenschirmling *(Macrolepiota mastoidea)*

Lepiota aspera

SPITZSCHUPPIGER SCHIRMLING

H kegelförmig bis glockig, dann ausgebreitet, Ø 6-12 cm, hell- bis dunkelbraun mit dunkelbraunen, abstehenden, spitzen Schuppen auf weißem bis cremefarbenem Grund, Rand fransig. **L** gegabelt, weiß. **St** 8-10 x 1-2 cm, oberes Ende weiß, unterhalb des häutigen weißen Rings cremefarben bis blassbraun, mit braunen, abstehenden Schüppchen und verdickter Basis. **F** weiß. **G** unangenehm säuerlich-streng.
Mäßig verbreitet auf Humus und Streu in Laub- und Nadelwäldern, Parks und Gärten auf nährstoffreichem Boden (siehe auch Foto *Velum partiale* Kapitel 1, S. 20).
Links im Hintergrund die Steife Koralle *(Ramaria stricta)*.

Sa †

Spitzschuppiger Schirmling *(Lepiota aspera)*

Lepiota echinacea

IGEL-SCHIRMLING

H kugelförmig, dann ausgebreitet und stumpf gebuckelt, Ø 2-5 cm, cremig braun mit dunkelbraunen, kegelförmigen oder geraden, aufrechten Schüppchen. **L** weiß bis creme. **St** 3-6 cm x 3-6 mm, glatt, creme, unterhalb der wolligen Ringzone hellbraun mit brau-

Igel-Schirmling *(Lepiota echinacea)*

nen, flockigen Schüppchen, Basis verdickt und weißfilzig. **F** weißlich. **G** unangenehm stechend.
Auf humosem Untergrund in Laubwäldern, in Schlägen junger Bäume auf kreidehaltigen Böschungen und auf Abraumhalden, auf nährstoffreichen, lehmigen oder tonigen Böden.

S RL-3 Sa

Lepiota alba

WEISSER SCHIRMPILZ
H glockig, dann ausgebreitet und stumpf gebuckelt, Ø 3-5 cm, filzig, weiß bis cremefarben mit gelbbrauner Mitte, am Rand flockig. **L** weiß bis cremefarben. **St** 4-6 cm x 4-7 mm, glatt, weiß, unterhalb des vergänglichen, flockigen Rings blass gelbbraun mit weißen Flocken. **F** weiß. **G** unangenehm stechend.
Mäßig verbreitet in kurzgrasiger Dünenvegetation und auf Kalktrockenrasen auf kalkhaltigen Sandböden.

Sa Ung.

Weißer Schirmpilz *(Lepiota alba)*

Lepiota cristata

STINKSCHIRMLING
H glockig, dann ausgebreitet mit kleinem Buckel, Ø 2-5 cm, Mitte glatt, rotbraun, mit rotbraunen Schüppchen auf weißem bis cremefarbenen Untergrund, Rand flockig. **L** weiß. **St** 2-4 cm x 3-4 mm, weiß mit einem Hauch altrosa, zarter gelblich weißer Ring. **F** weiß. **G** unangenehm scharf.
Verbreitet auf humosen, nährstoffreichen Böden in Laub- und Nadelwäldern, an Wegen von städtischen Parks. Sommer–Herbst.

Sa Ung.

Stinkschirmling *(Lepiota cristata)*

Lepiota clypeolaria

WOLLIGGESTIEFELTER SCHIRMPILZ
H glockig, dann kegelförmig ausgebreitet mit kleinem Buckel, Ø 4-8 cm, Mitte glatt und ockerbraun, mit ringförmig angeordneten, aufrechten blass ockerbraunen Schüppchen auf cremefarbenem Untergrund, Hutrand rissig und flockig. **L** weiß. **St** 5-10 cm x 4-8 mm, wattig-wollig, weiß bis strohweiß. **F** weiß. **G** würzig.
Auf kalkreichen, lehmigen bis tonigen Böden unter Laubbäumen (Buche, Hainbuche, Eiche); meist im Falllaub.

S Sa Ung.

Wolliggestiefelter Schirmpilz *(Lepiota clypeolaria)*

Lepiota castanea

KASTANIENBRAUNER SCHIRMPILZ
H kegelförmig, dann ausgebreitet mit kleinem Buckel, Ø 2-4 cm, ockergelb oder orangeocker bis rotbraun mit

rot- bis schwarzbraunen, anliegenden Schüppchen und hellerem Rand. **L** creme bis ockergelb. **St** 3-5 cm x 2-4 mm, cremeocker mit einem Hauch orange, unterhalb der vergänglichen, wolligen Ringzone mit rot- bis dunkelbraunen, wolligen Schüppchen. **F** creme. **G** unangenehm.
Mäßig verbreitet auf humosen Böden in Laub- und Nadelwäldern und im Jungwuchs (Weide, Birke), oft an Wegrändern im Falllaub.

Sa ☠

Kastanienbrauner Schirmpilz *(Lepiota castanea)*

Lepiota felina

SCHWARZSCHUPPIGER SCHIRMPILZ
H glockig, dann ausgebreitet mit kleinem Buckel, Ø 2-3 cm mit dunkelbraunen bis schwarzen Schüppchen auf weißem bis cremefarbenem Untergrund. **L** weiß. **St** 3-5 cm x 2-3 mm, faserig, weißlich gelb mit häutigem Ring. **F** weiß.

Schwarzschuppiger Schirmpilz *(Lepiota felina)*

Auf den mit Streu bedeckten Böden der Laub- und Nadelwälder auf Kalkböden, auch im Jungwuchs (Weiden, Birken) auf Abraumhalden und an Wegrändern.

S Sa

Lepiota boudieri (L. fulvella)

FUCHSBRÄUNLICHER SCHIRMLING
H halbkugelförmig, dann ausgebreitet mit kleinem Buckel, Ø 2-5 cm, glatt bis faserig, kräftig ocker- bis orangebraun gefärbt. **L** weiß bis gelblich. **St** 3-6 cm x 3-6 mm, weißlich, unterhalb der Ringzone orangebraun, wollig-filzig. **F** weiß bis braun. **G** stark nach Pilz. Auf humosen, nährstoffreichen Böden in Laub- und Nadelwäldern.

S Sa

Fuchsbräunlicher Schirmling *(Lepiota boudieri)*

Egerlingsschirmpilze *(Leucoagaricus)*

Mittelgroße Gruppe von Blätterpilzen, die an verletzten Stellen oft braune oder rötliche Verfärbung zeigen, mit glatten bis körnigen oder fein- bis grobflockigem Hut und weißen, cremefarbenen oder blassgelben, freien Lamellen. **Sp** weiß bis blassgelb. In Europa kommen 35-40 Arten der Gattung *Leucoagaricus* vor.

Leucoagaricus leucothites (L. pudicus)

ROSABLÄTTRIGER EGERLINGSSCHIRMPILZ
H kugelig, dann gewölbt bis flach, Ø 5-8 cm, glatt, weiß bis fleischfarben oder cremig ocker. **L** weiß bis fleischfarben. **St** 6-8 x 1-2 cm, weiß, mit dünnem, abstehenden weißem Ring. **F** weiß, braun verfärbend.

G schwach. Weit verbreitet auf humosem Untergrund, am Rand von Laub- und Nadelwäldern, auf Wegstreifen, in Parks und auf grasigen, nährstoffreichen Lichtungen.

Sa Eßb.

Rosablättriger Egerlingsschirmpilz *(Leucoagaricus leucothites)*

Mehlschirmlinge *(Cystolepiota)*

Gruppe kleiner, schirmpilzähnlicher Blätterpilze mit mehlig bestäubtem oder wollig-flockigem Hut und freien oder fast freistehenden Lamellen. **Sp** weiß bis cremegelb. In Europa kommen 10-15 Arten der Gattung *Cystolepiota* vor.

Cystolepiota bucknallii

VIOLETTER MEHLSCHIRMLING

H glockig, dann ausgebreitet, Ø 1-4 cm, matt, feinkörnig-mehlig, hellviolett, später creme bis hellocker. **L** ziemlich weit auseinander, cremeweiß bis gelblich. **St** 4-8 cm x 2-4 mm, bepudert, lilaviolett, Stielspitze weiß bis cremefarben. **F** weißlich bis cremegelb. **G** sehr unangenehm, leicht nach Gas.
Auf stark mit Humus angereicherten, manchmal etwas schlammigen Böden in Hangwäldern auf kreidigen bis kalkhaltigen Böden und auf Auenlehm.

S Sa

Violetter Mehlschirmling *(Cystolepiota bucknallii)*

Cystolepiota hetieri

ROTFLECKENDER MEHLSCHIRMLING

H kugelig, später halbkugelförmig bis ausgebreitet, Ø 3-5 cm, mehlig-feinfilzig, cremeweiß oder ocker bis hellrosa, braunrosa fleckend, mit flockigem Rand. **L** weiß, orangerot verfärbend. **St** 3-6 cm x 3-5 mm, cremeweiß bis blassrosa mit flockiger Ringzone. **F** weiß mit einem Stich braunrosa. **G** angenehm.
Auf mit Humus oder stark mit morschem Holz vermengten, nährstoffreichen Böden auf kalkreichen Lehmen oder Sand und Auenlehm.

S RL-3 Sa

Rotfleckender Mehlschirmling *(Cystolepiota hetieri)*

Cystolepiota seminuda (C. sistrata)

ZIERLICHER MEHLSCHIRMLING

H halbkugelförmig, dann ausgebreitet und gebuckelt, Ø 8-12 mm, mehlig, weiß mit beigefarbener Mitte, Rand flockig gezähnelt. **L** weißlich. **St** 2-3 cm x 1 mm, weiß, an der Basis graulila. **F** zart, weißlich. **G** schwach. Verbreitet auf sehr humus- und nährstoffreichen, lockeren Böden in Laub- und Nadelwäldern, oft unter Brennnesseln.

Sa ♀

Zierlicher Mehlschirmling *(Cystolepiota seminuda)*

Zwergschirmlinge *(Melanophyllum)*

Gattung kleiner, schirmpilzähnlicher Blätterpilze mit roten oder grünen Lamellen. **Sp** gelb.

Melanophyllum haematospermum (M. echinatum)

BLUTBLÄTTRIGER ZWERGSCHIRMLING

H konisch, dann ausgebreitet, Ø 2-5 cm, warzig bis körnig-mehlig, matt, schmutzig grau- bis hellbraun, am Hutrand mit häutigen Velumresten. **L** karmin- bis braunrot. **St** 3-5 cm x 3-5 mm, hohl, zerbrechlich, oben weinrot, unterhalb der Ringzone weinrot, schmutzig graubeige bestäubt, mit verdickter bis knolliger Basis. **F** weiß, bei Verletzung rot verfärbend. **G** unauffällig.
Mäßig verbreitet auf humusreichen Böden in Parks, Gärten und Laubwäldern.
Verwandt ist der Grünblättrige Zwergschirmling *(M. eyrei)* (SS RL-R).

Sa Ung.

Körnchenschirmlinge *(Cystoderma)*

Kleine Gruppe von Blätterpilzen mit flockig-körnigen Hüten und weiß bis cremefarbenen, breit angehefteten

Blutblättriger Zwergschirmling *(Melanophyllum haematospermum)*

oder mit Zahn am Stiel herablaufenden Lamellen. **Sp** weiß. In den Niederlanden kommen 6 Arten der Gattung *Cystoderma* vor.

Cystoderma amianthinum

AMIANT-KÖRNCHENSCHIRMLING

H glockig, dann ausgebreitet und gebuckelt, Ø 2-5 cm, bepudert, matt, ockergelb bis gelborange, am Rand flockig. **L** dicht gedrängt, weiß bis cremig gelb. **St** 3-5 cm x 5-8 mm, ocker- bis cremegelb, orangebraun bepudert bis flockig unterhalb des zarten Rings. **F** gelblich orange. **G** schwach, muffig.
Verbreitet auf humosen, mäßig nährstoffreichen Sanden, in Nadel- und Laubstreu oder zwischen Moosen in Laub- und Nadelwäldern, auch auf kargen Wiesen und Grünstreifen.
Es gibt auch eine rein weiße Form, var. *album* (S)

Sa Ung.

Amiant-Körnchenschirmling *(Cystoderma amianthinum)*

Cystoderma carcharias

STARKRIECHENDER KÖRNCHEN-SCHIRMLING

H glockig, dann ausgebreitet und gebuckelt, Ø 2-6 cm, körnig-mehlig, schmutzig weiß oder beige bis fleischfarben oder hellgrau mit Rosastich, Rand flockig. **L** weiß bis creme. **St** 3-6 cm x 3-7 mm, glatt, weiß, unterhalb des abstehenden, häutigen Rings körnig-flockige Bereiche, weißlich bis creme, gelegentlich mit verdicktem Fuß. **F** weißlich. **G** unangenehm. Auf humosen Böden und Streu in Misch- und Nadelwäldern, Heiden und mageren Wegrändern und Wiesen auf sandigen und lehmigen Böden.

S Sa Ung.

Hallimasche *(Armillaria)*

Eine Gruppe von oft in Büscheln wachsenden Blätterpilzen mit schuppig-flockigen Hüten, angehefteten bis etwas am Stiel herablaufenden Lamellen und einem Ring oder einer Ringzone. **Sp** cremeweiß.
Es existieren mehrere sehr nahstehende Arten, deren Unterscheidung nicht einfach ist.

Armillaria mellea *(Armillariella mellea)*

HALLIMASCH

H gewölbt, später unregelmäßig flach, Ø 4-15 cm, matt, vor allem in der Mitte mit dunkleren Schuppen, honiggelb oder gelbbraun bis olivbraun mit weißem Rand. **L** weißlich, rotbraun fleckend. **St** 6-16 cm x 5-15 mm, weiß bis fleischfarben mit dickem, häutigem weißem Ring, dessen Unterseite mit gelber Randzone, Basis verschmälert oder verdickt, oft mit Rhizomorphen. **F** weiß bis fleischfarben. **G** muffig.

Hallimasch *(Armillaria mellea)*

Starkriechender Körnchen-Schirmling *(Cystoderma carcharias)*

Verbreitet auf Wurzeln, Baumstümpfen und am Fuß von Laubbäumen auf reichen Böden. In Büscheln (siehe Foto Rhizomorphen Kapitel 1, S. 24).

Pa Ung.

Armillaria lutea *(Armillariella bulbosa)*

GELBFLOCKIGER HALLIMASCH

H stumpf kegelförmig, dann ausgebreitet, Ø 5-18 cm, gelblich braun bis olivgrün mit braunen Schüppchen. **L** weiß. **St** 8-15 x 2-3 cm, weißlich wollig, ockergelbbraun mit gelben Velumresten am vergänglichen, weißlichen Ring und am Stiel; Basis knollig verdickt, olivgrün verfärbend. **F** weiß. **G** schwach, muffig. Verbreitet an Stümpfen, Stämmen und am Stammgrund überwiegend von Laubbäumen auf nährstoffreicheren Böden. Einzeln oder in Gruppen.

Sa

Gelbflockiger Hallimasch *(Armillaria lutea)*

Armillaria ostoyae *(Armillariella obscura)*

DUNKLER HALLIMASCH

H stumpf kegelförmig, dann ausgebreitet, Ø 4-20 cm, hell fleischfarben bis rotbraun mit dunkelbraunen, häutigen Schuppen und Velumresten am helleren, durchscheinenden, gerieften Rand. **L** weiß oder grauweiß bis creme. **St** 6-15 x 1-3 cm, weiß-flockig, unterhalb des häutigen, weißen, gezähnelten, an der Unterseite mit dunkelbraunen bis schwarzen Flocken versehenen Rings weißfaserig, gelb- bis schwarzbraun, oft mit Rhizomorphen. Verbreitet an Stämmen, Wurzeln und Stümpfen von Laub- und Nadelbäumen auf sauren Böden. In Büscheln.

Pa Eßb.

Schleim-, Samt- und Breitblattrüblinge *(Oudemansiella, Xerula, Megacollybia)*

Blätterpilzgattungen mit schleimigen, glänzenden oder samtigen Hüten, breiten, bauchigen, freien weißen bis weißlichen Lamellen und langen, schlanken, oft dunklen, manchmal wurzelnden Stielen. **Sp** weiß.
In Deutschland kommen 4-6 Arten der Gattungen *Oudemansiella* und *Xerula* und eine Art der Gattung *Megacollybia* vor.

Oudemansiella mucida

BUCHEN-SCHLEIMRÜBLING

H jung halbkugelig, dann ausgebreitet, Ø 3-12 cm, erst hellgrau, später elfenbeinfarben, in der Mitte gelbgrau, halb durchscheinend, schleimig. **L** weiß. **St** 5-14 cm x 4-12 mm, gestreift oder geschuppt mit häutigem weißem Ring. **F** weiß. **G** schwach säuerlich.

Buchen-Schleimrübling *(Oudemansiella mucida)*

Dunkler Hallimasch *(Armillaria ostoyae)*

Verbreitet auf den Ästen und Stämmen alter Bäume, selten auf Eichen.

Sa (Pa) Ung.

Xerula radicata (Oudemansiella radicata)

WURZEL-SCHLEIMRÜBLING

H glockig, später flach gewölbt mit breitem Buckel, Ø 3-8 cm, glänzend, radial gefurcht, blass ocker bis haselnussbraun. **L** weiß. **St** 8-20 cm x 5-10 mm, gelbbraun, am oberen Ende weiß gerieft, graubraune, bis 10 cm tief wurzelnde Stielbasis. **F** weiß. **G** schwach fruchtig.
Verbreitet an Fuß und Wurzeln von Buchen, zumeist in einigem Abstand zum Baum.
Verwandt sind der Kleine Wurzelrübling *(X. kuehneri)* (SS) und der Braunhaarige Samtrübling *(X. pudens = longipes)* (S RL-3).

Sa (Pa) Ung.

Wurzel-Schleimrübling *(Xerula radicata)*

Megacollybia platyphylla (Oudemansiella platyphylla)

BREITBLATT-RÜBLING

H halbkugelförmig, später flach ausgebreitet, Ø 4-12 cm, glatt, radial faserig gestreift, schuppig, hell- bis dunkelgraubraun mit ockerfarbenen oder blass olivgrünen Schattierungen, mit rissigem, eingekerbtem Rand. **L** weit auseinander stehend, cremeweiß. **St** 3-5 cm x 10-14 mm, zäh, gestreift, weiß bereift, hellgraubraun mit weißen Mycelsträngen. **F** weiß. **G** schwach, muffig.
Verbreitet auf Holzresten, vergrabenem Holz von Laubbäumen und Reisig. Frühsommer–Herbst.

Sa Ung.

Breitblatt-Rübling *(Megacollybia platyphylla)*

Ritterlinge *(Tricholoma)*

Gruppe von Blätterpilzen mit großen, fleischigen Fruchtkörpern, ausgebuchteten, angehefteten Lamellen und zumeist ringlosem Stiel. **Sp** weiß. Mykorrhizabildner. In Europa kommen ca. 90 Arten der Gattung *Tricholoma* vor.

Tricholoma album

STROHBLASSER RITTERLING

H glockig gewölbt, später unregelmäßig gewellt, Ø 7-9 cm, matt, weiß mit strohgelber Mitte, im Feuchten

Strohblasser Ritterling *(Tricholoma album)*

gelb fleckend. **L** weiß mit Rosastich. **St** 6-8 cm x 10-15 mm, Stiel oben weiß gestreift, weiß mit Rosastich. **F** cremeweiß. **G** unangenehm, erdig.
Unter Laubbäumen (Birke, Eiche) in Laub- und Mischwäldern und an Wegen auf sandigen oder lehmigen Böden.

S M Ung.

Tricholoma argyraceum var. *scalpturatum*

SILBERGRAUER ERDRITTERLING
H halbkugelförmig, dann unregelmäßig ausgebreitet, Ø 4-7 cm, dunkelgrau bis braungrau mit feinen Schüppchen auf hellerem Grund, Randzone blass. **L** weiß, gelb fleckend. **St** 4-8 cm x 6-12 mm, weiß mit einem Stich Graubraun. **F** weiß. **G** mehlig.
Weit verbreitet an Wegen und in Wäldern unter Laubbäumen (Eiche, Buche, Pappel) und Nadelbäumen.

M Eßb.

Silbergrauer Erdritterling *(Tricholoma argyraceum* var. *scalpturatum)*

Tricholoma cingulatum

BERINGTER ERDRITTERLING
H gewölbt, dann ausgebreitet gebuckelt, Ø 3-6 cm, graubraun mit feinen, filzigen hellgraubraunen Schüppchen. **L** weißlich. **St** 5-8 cm x 8-12 mm, weißlich, unter dem wolligen weißen Ring geschuppt. **F** weiß. **G** mehlig. Mäßig verbreitet unter (Kriech-) Weiden, in Weidengebüschen und Weidenwäldchen in den Dünen, auf Auenlehm und auf nährstoffreichen, humosen Böden.

RL-3 M Ung.

Tricholoma equestre (T. flavovirens)

GRÜNLING, EDELRITTERLING
H kegelförmig, dann flach, Ø 5-8 cm, hellgelb mit hell olivbrauner, schuppiger Mitte. **L** schwefel- oder zitronengelb. **St** 5-10 cm x 8-12 mm, blassgelb mit bräunlichen Flöckchen. **F** gelblich. **G** schwach.
Unter Kiefern in Nadelwäldern auf trockenen, nährstoff- und humusarmen Sanden.

S RL-3 M †

Grünling, Edelritterling *(Tricholoma equestre)*

Tricholoma fulvum

GELBBLÄTTRIGER RITTERLING
H unregelmäßig gewellt bis ausgebreitet gebuckelt, Ø 4-8 cm, gelb- bis rotbraun mit gelbbraunem Rand. **L** gelblich, braun fleckend. **St** 3-7 cm x 8-15 mm, faserig, gelb- bis rotbraun. **F** weißlich bis gelb. **G** mehlig.

Beringter Erdritterling *(Tricholoma cingulatum)*

Gelbblättriger Ritterling *(Tricholoma fulvum)*

Weit verbreitet unter Birken in Laub- und Mischwäldern, oft an Wegrändern.

M Ung.

Tricholoma focale

ORANGEBRAUNER HALSBANDRITTERLING

H ausgebreitet bis flach gebuckelt, Ø 10-12 cm, kupferstichig braun mit einem Hauch Oliv oder Ziegelrot, Rand eingerollt. **L** creme mit rotbraunen Schneiden und Druckflecken. **St** 10-12 x 2-3 cm, bereift, oberes Stielende cremeweiß, unterhalb des häutigen, wolligen, abstehenden Rings kupferrötlich, braun, schuppig, zoniert auf cremeweißem Grund mit spitzer, gebogener Stielbasis. **F** weiß. **G** mehlig.

Unter Kiefern in jungen oder älteren Nadelwäldern auf nährstoff- und humusarmen Sandböden.

SS RL-2 M

Orangebrauner Halsbandritterling *(Tricholoma focale)*

Tricholoma myomyces

MAUSGRAUER ERDRITTERLING

H gewellt mit flachem, breitem Buckel, Ø 4-7 cm, flaumig bis filzig, hell- bis dunkelgrau. **L** weißlich bis grau. **St** 3-8 cm x 10-15 mm, seidig glänzend, weiß

Mausgrauer Erdritterling *(Tricholoma myomyces)*

mit Cortinaresten am Stiel. **F** weißlich grau. **G** schwach, mehlig. Unter Kiefern in Nadelwäldern und an Wegrändern auf kalkhaltigen Böden.

M Eßb.

Tricholoma sulphureum

SCHWEFELRITTERLING
H gewölbt bis flach, Ø 3-8 cm, schwefelgelb, rotbraun oder oliv überhaucht. **L** schwefelgelb. **St** 2-7 cm x 10-17 mm, schwefelgelb mit weißflaumigem Fuß. **F** schwefelgelb. **G** unangenehm nach Gas oder Kohlenteer.
Mäßig verbreitet unter Laubbäumen (Eiche, Buche) in Laubwäldern und an Wegen auf nährstoffreichen Lehm- und Sandböden.

M †

Schwefelritterling *(Tricholoma sulphureum)*

Tricholoma ustale

BRANDIGER RITTERLING
H gewölbt, später ausgebreitet, Ø 4-8 cm, klebrig-feucht, kastanienbraun mit cremeweißem Rand. **L** cremeweiß, rostfarben fleckend. **St** 4-9 cm x 10-15 mm, faserig, rotbraun mit hellerer Stielspitze. **F** cremeweiß, braun verfärbend. **G** schwach, mehlig. Verbreitet unter Buchen an Wegen und in Laubwäldern auf sandigen und lehmigen Böden.
Verwandt ist der Bittere Eichenritterling *(T. ustaloides)* (S RL-3).

M †

Schönköpfe *(Calocybe)*

Gruppe von saprophytischen, ritterlingsartigen Blätterpilzen mit ausgebuchtet-angehefteten oder mit Zahn am Stiel herablaufenden Lamellen. **Sp** weiß bis creme. In Europa gibt es ungefähr ein Dutzend *Calocybe*-Arten.

Calocybe gambosa

MAI-SCHÖNKOPF, MAIRITTERLING
H kugelig, später gewölbt und ausgebreitet, Ø 5-15 cm, weiß bis beige, mit eingerolltem Rand. **L** dicht gedrängt, weißlich. **St** 3-7 cm x 10-25 mm, weiß. **F** weich, weiß. **G** mehlig. Am Boden längs des Waldrands und in Gebüschen auf kalkhaltigen, humosen Böden. Frühjahr.

Sa Eßb.

Mairitterling, Mai-Schönkopf *(Calocybe gambosa)*

Brandiger Ritterling *(Tricholoma ustale)*

Calocybe carnea

FLEISCHROSA SCHÖNKOPF

H gewölbt bis flach, Ø 2-4 cm, fein filzig, matt, fleischfarben rosa, in der Mitte braunrosa mit eingerolltem Rand. **L** weiß. **St** 2-4 cm x 3-7 mm, weißlich bis fleischfarben rosa. **F** weiß. **G** schwach. Auf Wiesen und grasigen Grünstreifen, in Gärten, Parks und offenen Laubwäldern auf humosen, nährstoffreichen Böden.

Sa Ung.

Fleischrosa Schönkopf *(Calocybe carnea)*

Calocybe ionides

VEILCHENBLAUER SCHÖNKOPF

H gewölbt bis flach gebuckelt, Ø 2-5 cm , feinfilzig, matt, lila bis violettbraun mit hellerer Randzone. **L** weiß bis cremefarben. **St** 3-5 cm x 3-7 mm, dunkelviolett bis lilabraun. **F** weißlich bis blasslila. **G** mehlig.
Auf Streu oder am Boden von Laub- und Nadelwäldern auf kalkhaltigen Böden.

S RL-3 Sa Ung.

Veilchenblauer Schönkopf *(Calocybe ionides)*

Raslinge *(Lyophyllum)*

Gruppe von ritterlingartigen, zumeist büschelig wachsenden Blätterpilzen mit großen, zähen, faserigen Fruchtkörpern und mit meist breiten, am Stiel angehefteten Lamellen. **Sp** weiß bis blass cremefarben.
In Europa kommen ca. 30 Arten der Gattungen *Lyophyllum* und *Hypsizygus* vor.

Lyophyllum decastes

OCKERBRAUNER BÜSCHELRASLING

H gewölbt bis unregelmäßig flach gebuckelt, Ø 6-15 cm, glatt, fettig glänzend, grau- bis haselnussbraun. **L** weißlich. **St** 5-18 x 1-2 cm, oft gedreht, gestreift, Stielspitze bereift, weißlich bis grauweißlich. **F** zäh, weiß. **G** keiner. Verbreitet, zumeist auf vergrabenen Ästen oder Stümpfen und Wurzeln von Laubbäumen in Wäldern, Parks und an Wegen auf nährstoffreichen Böden. Meist in Büscheln.

Sa Eßb.

Ockerbrauner Büschelrasling *(Lyophyllum decastes)*

Lyophyllum fumosum

FROST-RASLING

H gewölbt bis unregelmäßig flach, Ø 3-13 cm, glatt, matt, hell- bis dunkelgelblich oder haselnussbraun. **L** hell cremefarben bis blassbraun. **St** 3-10 x 6-15 mm, gerieft, Stielspitze bestäubt, weißlich oder cremefarben bis hellbraun, büschelig aus einem gemeinsamen Strunk herauswachsend. **F** weißlich bis bräunlich. **G** säuerlich.
Mäßig verbreitet auf vergrabenen Ästen oder Stümpfen und Wurzeln von Laubbäumen in Wäldern, Parks

Frost-Rasling *(Lyophyllum fumosum)*

und an Wegen auf nährstoffreichen Böden. Zumeist in dicken Büscheln. Herbst–Spätherbst.

Sa Eßb.

Lyophyllum connatum

WEISSER BÜSCHELRASLING

H gewölbt bis flach, Ø 3-7 cm, matt, bereift, weiß bis schmutzig weiß. **L** weiß bis cremegelb. **St** 3-6 cm x 8-15 mm, weiß. **F** weiß. **G** angenehm, nussartig. Mäßig verbreitet auf humosen, nährstoffreichen Böden in Laubwäldern, im Unterholz und auf Grünstreifen. In Büscheln.

Sa †

Weißer Büschelrasling *(Lyophyllum connatum)*

Hypsizygus ulmarius (Lyophyllum ulmarius)

LAUBHOLZ-RASLING

H halbkugelförmig, später gewölbt, Ø 8-15 cm, glatt, matt, creme bis braun mit Graustich, Rand umgebogen. **L** weiß bis cremegelb. **St** 8-15 x 1-3 cm, gestreift-gerieft, blass cremefarben. **F** zäh, weiß. **G** säuerlich. Meist in höheren Stammregionen lebender oder frisch abgestorbener Ulmen oder auf Stümpfen in Parks und

Laubholz-Rasling *(Hypsizygus ulmarius)*

an Wegen.
Meistens in Büscheln.

S RL-3 Pa (Sa) Ung.

Holzritterlinge *(Tricholomopsis)*

Gattung mit großen, auf Nadelgehölzen wachsenden, lebhaft gefärbten, ritterlingartigen Blätterpilzen mit ausgebuchtet-angehefteten, goldgelben Lamellen. **Sp** weiß bis cremeweiß.
In Europa kommen fünf Arten der Gattung *Tricholomopsis* vor.

Tricholomopsis rutilans

RÖTLICHER HOLZRITTERLING
H gewölbt bis ausgebreitet mit breitem Buckel, Ø 4-12 cm, mit orangeroten bis weinroten bis violetten, wolligen Fasern auf gelbem Grund, Rand faserig. **L** goldgelb. **St** 3-12 x 1-3 cm, gelb mit flaumigen orange- oder weinroten bis violetten Schüppchen. **F** blassgelb bis creme. **G** schwach nussartig. Verbreitet auf Stämmen von Nadelgehölzen und Stümpfen in Nadel- und Mischwäldern auf sandigen Böden. Nah verwandt ist der Olivgelbe Holzritterling *(T. decora)*, der vorrangig in Bergnadelwäldern vorkommt.

Sa Ung.

Rötlicher Holzritterling *(Tricholomopsis rutilans)*

Rötlicher Holzritterling *(Tricholomopsis rutilans)*

Weichritterlinge *(Melanoleuca)*

Gruppe von saprotrophen, ritterlingsartigen Blätterpilzen in düsteren Farben und mit breiten oder ausgebuchtet-angehefteten Lamellen. **Sp** weißlich bis creme.

Melanoleuca polioleuca (M. melaleuca)

SCHWARZWEISSER WEICHRITTERLING
H gewölbt, später flach, oft flach gebuckelt, Ø 3-8 cm (f. *polioleuca*), glatt, dunkelbraun bis braunschwarz, **L** dicht gedrängt, weißlich bis cremefarben. **St** 4-9 cm

x 8-15 mm, längs gestreift mit dunkelbraunen Fasern und mit knolliger Basis. **F** weiß bis ockerbraun. **G** schwach.
Verbreitet auf Laub- und Mischwaldböden, in Parks, an Wegen, auf Grünstreifen, Wiesen und in Nutzgärten auf nährstoffreichen Sanden.
Sommer–Herbst.

Sa Eßb.

Schwarzweißer Weichritterling *(Melanoleuca polioleuca)*

Melanoleuca brevipes

KURZSTIELIGER WEICHRITTERLING
H flach ausgebreitet, Ø 8-11 cm, glatt, matt, grau- oder beigebraun bis ockerbraun. **L** cremeweiß bis blassbeige und lila überhaucht. **St** 3-5 cm x 10-15 mm, gelblich faserig, cremefarben beige mit verdicktem Fuß. **F** weiß bis cremefarben. **G** schwach, pilzartig. Mäßig verbreitet auf nährstoffreichen Böden in Laub- (Pappel) und Nadelwäldern (Fichte), bei Holzstößen, auf Wegen, Grünstreifen, in Muschelspülsäumen, Auwäldern und auf Abraumhalden. Oft schon im Frühjahr.

Sa Eßb.

Kurzstieliger Weichritterling *(Melanoleuca brevipes)*

Melanoleuca cinereifolia

GRAUBLÄTTRIGER WEICHRITTERLING
H ausgebreitet, später breit gebuckelt, Ø 8-12 cm, matt, graubraun. **L** grau. **St** 8-10 cm x 1-2 cm, hellgrau, oft bis zur Hälfte im Dünensand. **F** weißlich cremefarben. **G** schwach.
Auf humusarmen Sanden der äußersten Stranddünen oder kalkhaltigem Sand in Sanddorngebüschen. Das Foto zeigt ein abnormes Exemplar mit kleinen, voll entwickelten Fruchtkörper auf dem Hut!

S RL-3 Sa

Graublättriger Weichritterling *(Melanoleuca cinereifolia)*

Trichterlinge *(Clitocybe)*

Gruppe von Blätterpilzen mit trichterförmigen bis flachen und weit am Stiel herablaufenden Lamellen. **Sp** weiß bis cremefarben. Ca. 60 Trichterlingsarten sind aus Deutschland bekannt.

Clitocybe ditopa

KLEINSPORIGER MEHLTRICHTERLING
H gewölbt bis flach trichterförmig, Ø 2-5 cm, glatt, feucht graubraun, trocken graubeige mit durchscheinend gerieftem Rand. **L** breit angeheftet bis herablaufend, graubraun. **St** 2-5 cm x 3-6 mm, weißfaserig,

graubraun, an der Basis weißflockig. **F** wässrig graubraun. **G** mehlig-ranzig.
Ziemlich weit verbreitet unter Nadel- und Laubbäumen (Fichte, Douglasie, Birke, Eiche, Erle) auf humusreichen Böden.

Sa Ung.

Kleinsporiger Mehltrichterling *(Clitocybe ditopa)*

Clitocybe vibecina

STAUBFÜSSIGER TRICHTERLING
H flach trichterförmig, Ø 2-5 cm, kahl, feucht durchscheinend gestreift, grau- bis beigebraun, trocken weißlich beige mit gestreiftem Rand. **L** stark herablaufend, graubraun bis beige. **St** 3-6 cm x 3-8 mm, graubraun, weißfaserig. **F** wässrig graubraun. **G** schwach, mehlig.
Verbreitet zwischen Blättern und Nadeln in Wäldern auf nährstoffarmem Sand oder Lehm.

Sa Ung.

Staubfüßiger Trichterling *(Clitocybe vibecina)*

Clitocybe diatetra

FLEISCHFALBER TRICHTERLING
H gewölbt-genabelt bis trichterförmig, Ø 4-5 cm, glatt, feucht durchscheinend karamelfarben, trocken blassrosa. **L** breit, weißlich bis creme-beige. **St** 3-4 cm x 3-4 mm, cremefarben bis blassbraun. **F** cremebeige. **G** pilzartig. Ziemlich verbreitet auf Blättern und Nadeln in Wäldern auf mäßig nährstoffreichem Sand oder Lehm.

Sa

Fleischfalber Trichterling *(Clitocybe diatetra)*

Clitocybe phyllophila

BLEIWEISSER TRICHTERLING
H gewölbt-genabelt bis abgeflacht, Ø 2-8 cm, glatt, seidenmatt glänzend, weiß. **L** leicht herablaufend weiß bis cremefarben. **St** 3-10 cm x 5-10 mm, biegsam, weiß mit weißem Mycelfilz an der verdickten Basis.

Bleiweißer Trichterling *(Clitocybe phyllophila)*

F weiß. **G** stark pilzig. Verbreitet zwischen Blättern und Nadeln auf mäßig nährstoffreichem Sand oder Lehm.

Sa †

Clitocybe clavipes

KEULENFÜSSIGER TRICHTERLING

H eingetieft oder flach trichterförmig, stumpf gebuckelt, Ø 3-8 cm, glatt, grau- bis ockerbraun, Rand heller. **L** breit, sichelförmig herablaufend, weiß bis hellgelb. **St** 3-10 cm x 5-16 mm, faserig, bräunlich gestreift auf gelbweißem Grund mit weißfilziger, stark knollig verdickter Basis. **F** weißlich. **G** angenehm, würzig.
Verbreitet zwischen Blättern und Nadeln auf mäßig nährstoffreichem Sand oder Lehm.

Sa Ung.

Keulenfüßiger Trichterling *(Clitocybe clavipes)*

Clitocybe odora

GRÜNER ANISTRICHTERLING

H unregelmäßig abgeflacht, Ø 3-7 cm, matt, grünblau (var. *odora*) bis grauocker mit blaugrünem Stich. **L** dick, breit angeheftet bis leicht herablaufend, cremefarben bis graugrün. **St** 3-4 cm x 3-6 mm, glatt, weißlich bis blaugrünlich mit weißfilziger Stielbasis. **F** weiß bis blassgrün. **G** kräftig, nach Anis.
Weit verbreitet zwischen Blättern, auf Sand- und Lehmböden.

Sa Eßb.

Clitocybe geotropa

MÖNCHSKOPF

H flach mit eingetiefter Mitte und Buckel, Ø 10-25 cm, filzig, weißlich bis hellcremefarben, Rand eingerollt. **L** breit, weit herablaufend, cremebeige. **St** 6-15 cm x 2-3 cm, feinfilzig gerieft oder glatt, weißlich bis cremefarben mit weißfilziger Basis. **F** weiß. **G** schwach, süßlich. In Laub- und Nadelstreu auf nährstoffreichen Böden. Oft in Gruppen oder Hexenringen.

Sa Eßb.

Mönchskopf *(Clitocybe geotropa)*

Grüner Anistrichterling *(Clitocybe odora)*

Nebelgrauer Trichterling *(Clitocybe nebularis)*

Clitocybe nebularis *(Lepista nebularis)*

NEBELGRAUER TRICHTERLING

H abgeflacht, manchmal in der Mitte etwas eingetieft und gebuckelt, Ø 7-18 cm, feinfilzig, dunkel graubraun bis hell grau- oder beigebraun, Rand eingerollt. **L** leicht herablaufend, cremefarben bis gelblich. **St** 5-12 x 2-5 cm, graubraun faserig auf hellerem Grund mit weißfilziger Basis. **F** weißlich. **G** unangenehm, süßlich.
Verbreitet zwischen Laub, gelegentlich zwischen Nadeln auf mäßig nährstoffreichen Böden. In Gruppen oder Hexenringen (siehe trockene Exemplare auf dem Hexenringfoto in Kapitel 1, S. 21).

Sa Eßb. (Ung.)

Gabeltrichterlinge *(Pseudoclitocybe)*

Pseudoclitocybe cyathiformis

KAFFEEBRAUNER GABELTRICHTERLING

H trichterförmig, Ø 3-9 cm, feucht dunkel graubraun, trocken blasser mit eingerolltem Rand. **L** weit auseinander, sichelförmig, etwas herablaufend, blassgrau bis bräunlich. **St** 4-9 cm x 5-10 mm, graubraun, seidig weißfaserig mit dunklerer, aufgeschwollener Basis. **F** weißlich bis graubeige. **G** schwach, angenehm. **Sp** weiß. Zwischen Blättern und Nadeln auf Lehm- und Tonböden, oft an Wegrändern, auch an grasigen Stellen in Gärten.
Herbst–Winter.

Sa Eßb.

Kaffeebrauner Gabeltrichterling *(Pseudoclitocybe cyathiformis)*

Rötelritterlinge *(Lepista)*

Gruppe von großen, saprophytisch wachsenden Blätterpilzen mit flachem bis trichterförmigem Fruchtkörper. **Sp** weiß bis blassrosa.
In Deutschland kommen ca. 10 Arten der Gattung *Lepista* vor.

Lepista flaccida (L. gilva, L. inversa)

FUCHSIGER RÖTELRITTERLING
H flach gewölbt bis tief trichterförmig, Ø 5-9 cm, glatt blass gelbrosa oder ocker- bis gelbbraun oder orangebraun, eingerollter, blasser Rand. **L** gegabelt, dicht gedrängt, weit herablaufend, cremefarben bis hell beigerot. **St** 2-5 cm x 5-15 mm, blassocker bis blass orangebraun mit weißfilziger Basis. **F** cremefarben. **G** schwach, süßlich.
Verbreitet in Laub- und Nadelstreu in Wäldern auf nährstoffreichen Böden.
Sommer–Herbst.

Sa Eßb.

Fuchsiger Rötelritterling *(Lepista flaccida)*

Lepista nuda

VIOLETTER RÖTELRITTERLING
H wellenförmig flach gewölbt, Ø 6-12 cm, glatt, lilaviolett bis violettbraun. **L** dicht gedrängt, lilaviolett bis rosabraun. **St** 5-9 cm x 15-25 mm, weißfaserig, violett. **F** lila. **G** angenehm.
Verbreitet auf Laub- und Nadelwaldhumus und offener Vegetation an nährstoff- und stickstoffreichen Stellen. Oft in Gruppen. Sommer–Spätherbst.

Sa Eßb.

Lepista sordida

SCHMUTZIGER RÖTELRITTERLING
H wellig gewölbt bis flach, Ø 3-8 cm, glatt, lila bis lilabraun. **L** lila bis blass lilabraun. **St** 4-6 cm x 5-8 mm, faserig, lila bis lilabraun, oft mit etwas verdicktem Fuß. **F** gräulich lila. **G** angenehm.
Weit verbreitet auf Humus in Wäldern, Parks, Grünanlagen und in Wiesen an nährstoffreichen Stellen, gelegentlich auf altem Mist und Kompost. Oft in Gruppen.
Sommer–Herbst.

Sa Ung.

Schmutziger Rötelritterling *(Lepista sordida)*

Lacktrichterlinge *(Laccaria)*

Gruppe von kleinen rosafarbenen, rosa- oder orangebraunen, ziegelroten und purpurfarbenen oder lila

Violetter Rötelritterling *(Lepista nuda)*

Blätterpilzen mit weit auseinander stehenden Lamellen. Mykorrhizabildner. **Sp** weiß.
In Deutschland kommen ca. 10 Arten der Gattung *Laccaria* vor.

Laccaria amethystina

VIOLETTER LACKTRICHTERLING
H gewölbt bis flach, Ø 1-6 cm, schuppig, lilaviolett bis blasslila. **L** weit auseinander, lilaviolett, von Sporen weiß bestäubt. **St** 4-10 cm x 5-10 mm, lilaviolett bis lilabraun, am Fuß weißfaserig mit lila Mycelfilz. **F** lila. **G** schwach.
Verbreitet in Nadel- und Mischwäldern und an Wegen (Buche, Eiche) auf unterschiedlichen Böden.

M

Laccaria proxima

FUCHSIGER LACKTRICHTERLING
H gewölbt bis flach, Ø 2-7 cm, schuppig-schülfrig, orangebraun bis dunkel ockergelb beim Trocknen. **L** weit auseinander, blassrosa, weiß vor Sporen. **St** 3-12 cm x 2-5 mm, faserig, rötlich braun, an der Basis mit weißem Mycelfilz. **F** blass rotbraun. **G** schwach. Verbreitet unter jungen und alten Laub- (Birke, Eiche) und Nadelbäumen (Kiefer) in Laub- und Mischwäldern, Torfmooren und auf Heiden auf nährstoffarmen Böden.

M

Fuchsiger Lacktrichterling *(Laccaria proxima)*

Violetter Lacktrichterling *(Laccaria amethystina)*

Laccaria bicolor

ZWEIFARBIGER LACKTRICHTERLING

H gewölbt bis flach, in der Mitte oft eingedrückt, Ø 2-5 cm, schuppig, orange- bis rotbraun, beim Trocknen rosa- bis ockergelb, Rand blass. **L** weit auseinander, blasslila, weiß von Sporen. **St** 5-14 cm x 4-10 mm, faserig, ockerfarben bis rotbraun, mit lilafilzigem Mycel an der oft dicken, in der Bodenstreu sitzenden Stielbasis. **F** weißlich, gelb oder rosa überhaucht. **G** schwach. Weit verbreitet in Nadel- (Kiefer) und Mischwäldern (Buchen) auf trockenen Sandböden.

M

Rüblinge *(Collybia)*

Gattung saprotropher Blätterpilze mit glatten Hüten, oft mit dicht gedrängt stehenden, nicht herablaufenden Lamellen und faserigen, zähen Stielen. **Sp** weiß bis blassrosa.
In Deutschland kommen ca. 25 Arten der Gattung *Collybia* vor.

Collybia butyracea var. *butyracea*

BUTTERRÜBLING

H gewölbt bis flach, Ø 3-7 cm, fettig glänzend, braun oder rötlich braun bis dunkel ockergelb, cremebraun bis elfenbeinfarben, beim Trocknen mit hellem, gestreiftem Rand. **L** frei, dicht gedrängt, weiß. **St** 3-5 cm x 5-10 mm, zäh, rötlich braun bis ockergelb mit weißen, wolligen Haaren und verdickter Basis. **F** weißlich gelb. **G** schwach ranzig.
Verbreitet auf Streu von Laub- (Eiche, Birke, Buche) und Nadelbäumen (Fichte, Lärche) in Wäldern, Parks und an Wegen auf nährstoffarmem Sand oder Lehm.

Sa Eßb.

Butterrübling *(Collybia butyracea* var. *butyracea)*

Zweifarbiger Lacktrichterling *(Laccaria bicolor)*

Collybia amanitae (C. cirrhata)

KNOLLENLOSER SKLEROTIENRÜBLING

H gewölbt bis flach, Ø 1-2 cm, weiß, in der Mitte beige. **L** dicht gedrängt, weiß. **St** 1-2 cm x 1 mm, samtig, ohne Sklerotien weißlich beige. **F** weiß. Verbreitet auf Humus und abgestorbenen Blätterpilzen (Täublingen, Milchlingen).

Sa ♀

Knollenloser Sklerotienrübling *(Collybia amanitae)*

Collybia tuberosa

BRAUNKNOLLIGER SKLEROTIENRÜBLING

H gewölbt bis flach, Ø 3-13 mm, weiß, in der Mitte gelbbraun überlaufen. **L** dicht gedrängt, weiß. **St** 15-25 x 1 mm, weiß oder blass, auf rotbraunem Sklerotium. **F** weiß.

Verbreitet auf abgestorbenen Blätterpilzen (Täublingen, Milchlingen) oder auf Humus oder grober Streu auf nährstoffarmen Böden. In Scharen.

Sa ♀

Braunknolliger Sklerotienrübling *(Collybia tuberosa)*

Collybia confluens

KNOPFSTIELIGER BÜSCHELRÜBLING

H gewölbt, Ø 3-5 cm, matt, feucht schmutzig fleischfarben gelblich, trocken weißlich. **L** schmal, dicht gedrängt, altrosa. **St** 3-6 cm x 2-5 mm, hohl, zusammengedrückt, zäh, flaumig, dunkel altrosa bis braun. **F** weiß.

Verbreitet auf Streu von Laub- (Buche, Eiche) und Nadelbäumen (Fichte). In dichten Büscheln, oft in Hexenringen.

Sa Ung.

Knopfstieliger Büschelrübling *(Collybia confluens)*

Collybia dryophila

WALDFREUND-RÜBLING

H unregelmäßig gewölbt bis flach, Ø 2-5 cm, glatt, blassocker bis rötlich braun mit blassem, gestreiftem Rand. **L** weißlich gelblich. **St** 4-6 cm x 2-5 mm, hohl, glatt, cremefarben beige bis orangebraun. **F** weißlich.

Waldfreund-Rübling *(Collybia dryophila)*

Verbreitet auf Humus und grober Streu von Laubbäumen (Eiche, Buche), selten auch von Nadelbäumen in Wäldern, Parks, Grünanlagen, Heiden und auf Wiesen.

Sa Ung.

Collybia ocior *(C. dryophila* var. *funicularis)*

GELBBLÄTTRIGER RÜBLING

H gewölbt bis flach, Ø 2-5 cm, glatt, rötlich bis schwarzbraun, Rand gelblich. **L** gelb. **St** 4-6 cm x 2-5 mm, glatt, gelb- bis orangebraun. Auf Humus, modrigem Holz und grober Streu in Wäldern und Dünen auf trockenen Böden.
Frühjahr–Herbst.

S Sa Ung.

Collybia maculata

GEFLECKTER RÜBLING

H unregelmäßig gewölbt bis flach, Ø 4-10 cm, matt, weiß bis cremeweiß, bei Verletzung und im Alter rotbraun fleckend, Rand oft eingerissen. **L** dicht gedrängt, weiß bis creme, rostbraun fleckend. **St** 5-10 cm x 8-25 mm, weiß, an der Basis zugespitzt, schwach wurzelnd. **F** weiß. **G** unangenehm.
Verbreitet auf Streu und Humus von Laub- (Eiche, Buche) und Nadelbäumen. Oft in Hexenringen.

Sa Ung.

Gefleckter Rübling *(Collybia maculata)*

Gelbblättriger Rübling *(Collybia ocior)*

Graublattrüblinge *(Tephrocybe)*

Gruppe von kleinen, grauen oder braunen, saprotrophen oder parasitischen Blätterpilzen. **Sp** weißlich. In Deutschland kommen ca. 20 Arten der Gattung *Tephrocybe* vor, die oft mit den Raslingen *(Lyophyllum)* vereinigt wird.

Tephrocybe anthracophila

TRANIGES KOHLEN-GRAUBLATT

H gewölbt bis flach, Ø 1,5-2,5 cm, gestreift, feucht dunkel ockerbraun mit braunschwarzer Mitte, trocken ockerbraun. **L** weit auseinander, in einer Zacke am Stiel herablaufend, cremeweiß bis beige. **St** 3-5 cm x 3-5 mm, glatt, beige- bis dunkelbraun, am oberen Ende bereift. **F** cremefarben. **G** mehlig-ranzig.
Verbreitet an Feuerstellen.

Sa

Traniges Kohlen-Graublatt *(Tephrocybe anthracophila)*

Tephrocybe palustris

SUMPF-GRAUBLATT

H flach gewölbt, Ø 1,5-2,5 cm, durchscheinend gestreift, honig- bis ockerbraun mit dunkler Mitte. **L** breit, entferntstehend, creme bis blassbeige. **St** 5-7 cm x 3-4 mm, glatt, ockerbraun mit weißbereifter Spitze. **F** cremefarben. **G** irgendwie mehlig.
Verbreitet auf lebendem Torfmoos *(Sphagnum)* in Hoch- und Niedermooren.

Pa

Samtfußrüblinge *(Flammulina)*

Flammulina velutipes

SAMTFUSS-RÜBLING

H gewölbt bis flach, Ø 2-10 cm, glatt, schleimig, gelb mit orange- bis rotbrauner Mitte. **L** blassgelb. **St** 3-5 cm x 3-4 mm, zäh, samtig, dunkelbraun mit gelber Spitze. **F** gelblich. **G** angenehm. **Sp** weiß. Verbreitet auf Strünken, Stämmen und abgefallenen Ästen von Laubbäumen (Erle, Esche, Pappel, Holunder) auf reichen Böden. September–März.

Sa (Pa) Eßb.

Samtfuß-Rübling *(Flammulina velutipes)*

Flammulina fennae

WURZELNDER SAMTFUSS-RÜBLING

H gewölbt bis flach, Ø 2-8 cm, glatt, schleimig, weiß bis blassgelb oder blass gelbbraun. **L** weißlich gelb bis

Sumpf-Graublatt *(Tephrocybe palustris)*

blassgelb. **St** 3-5 cm x 3-4 mm, zäh, samtig, dunkelbraun mit weißgelber Spitze. **F** blass gelblich. **G** angenehm. **Sp** weiß.
Meist auf vergrabenem Holz oder am Fuß von Laubbäumen in Wäldern, Wegen, Parks und in Gebüschen auf nährstoffreichen, feuchten Böden.
April–Oktober.

S RL-R Sa (Pa?)

Wurzelnder Samtfuß-Rübling *(Flammulina fennae)*

Wachsblättler *(Hygrophoraceae)*

Zumeist lebhaft gefärbte Blätterpilze, oft mit schleimigem oder klebrigem Hut und breiten, wachsartigen Lamellen. **Sp** weiß bis cremefarben.
In Deutschland kommen ca. 35 Arten Schnecklinge der Gattung *Hygrophorus* und an die 50 Arten Saftlinge der Gattung *Hygrocybe (*inclusive *Camarophyllus)* vor.

Hygrophorus eburneus var. *eburneus*

ELFENBEIN-SCHNECKLING
H halbkugelförmig bis abgeflacht, Ø 3-9 cm, stark schleimig-klebrig bis schmierig, glänzend, elfenbeinfarben, oft mit blassgelber Mitte. **L** breit, weiß bis hellcremefarben. **St** 4-12 cm x 5-13 mm, feucht schleimig-klebrig, weiß mit lehmig gelblicher Spitze. **F** weiß. **G** schwach.
Unter Buchen und Eichen in alten Alleen und in Wäldern auf lehmigen und sandigen Böden mit dünner Streuauflage.

S M

Elfenbein-Schneckling *(Hygrophorus eburneus* var. *eburneus)*

Hygrophorus agathosmus

WOHLRIECHENDER SCHNECKLING
H halbkugelförmig bis ausgebreitet, Ø 4-8 cm, feucht schleimig, trocken klebrig, glatt, beige- bis braungrau. **L** breit, weißlich bis creme oder gräulich. **St** 5-8 x 1-2 cm, trocken, lehmig-flockig, weiß, stellenweise bräunlich. **F** weißlich bis blass olivgrau. **G** nach Mandeln.
In Nadelwäldern unter Fichten auf kalkigen, lehmigen Böden, vor allem im Gebirge.

RL-3 M

Wohlriechender Schneckling *(Hygrophorus agathosmus)*

Hygrophorus persoonii (H. dichrous)

ZWEIFARBIGER SCHNECKLING

H halbkugelförmig bis gewölbt, Ø 7-12 cm, schleimig, braun mit dunklem Zentrum und weißem Rand. **L** dick, breit, weit auseinander, milchweiß graugrün überhaucht. **St** 9-10 cm x 10-15 mm mit mehlig-flockiger weißer Spitze, zur spitz zulaufenden, wurzelnden Basis hin braun gefleckt und gebändert. **F** weiß. **G** muffig.

Unter Eichen in Laubwäldern auf humosem, kalkigem Sand oder Auenlehm.

SS RL-3 M

Zweifarbiger Schneckling *(Hygrophorus persoonii)*

Hygrophorus russula

GEFLECKTBLÄTTRIGER SCHNECKLING

H halbkugelförmig, später ausgebreitet, Ø 5-10 cm, leicht klebrig, trocken matt, glatt bis feinflockig-schuppig, weinrot gefleckt oder geflammt auf weißem bis rosafarbenem Grund, Rand weiß. **L** weiß, Flecken purpurfarben weinrot. **St** 4-8 cm x 15-22 mm, trocken, purpurrot faserig oder fleckend auf weißem Grund. **F** weiß bis rosa. **G** angenehm, fruchtig.

In Gesellschaft mit Eichen und Buchen in alten Wäldern und Alleen.

RL-3 M

Gefleckblättriger Schneckling *(Hygrophorus russula)*

Hygrocybe virginea var. *virginea (Camarophyllus niveus)*

JUNGFERN-ELLERLING

H kreiselförmig bis flach trichterförmig, Ø 2-5 cm, glatt, feucht schleimig-schmierig, creme- bis gelbweiß, gelegentlich rosa überhaucht, trocken matt mit durchscheinendem, gestreiftem Rand. **L** breit, weit auseinander, cremeweiß, herablaufend. **St** 3-7 cm x 3-7 mm, trocken, cremeweiß. **F** wässrig creme- bis grauweiß. **G** keiner.

Verbreitet auf Magerwiesen in spärlich bemoostem Grasland, an grasigen Stellen in Dünen und an Wegrändern.

Sa

Jungfern-Ellerling *(Hygrocybe virginea* var. *virginea)*

Hygrocybe pratensis var. *pratensis (Camarophyllus pratensis var. pratensis)*

WIESEN-ELLERLING

H gewölbt bis abgeflacht, Ø 2-6 cm, oft in der Mitte eingetieft, glatt, matt, trocken, aprikosenfarben bis braunorange. **L** breit, herablaufend, cremig orange. **St** 3-6 cm x 6-12 mm, glatt, trocken, weißlich bis creme-orange. **F** creme-orange. **G** unauffällig. In altem, magerem Grasland, an grasigen Wegrändern, auf Bergwiesen und auf Deichen.

S RL-3 Sa

Wiesen-Ellerling *(Hygrocybe pratensis* var. *pratensis)*

Hygrocybe russocoriacea (Camarophyllus russocoriaceus)

JUCHTEN-ELLERLING

H halbkugelförmig bis abgeflacht, Ø 10-35 mm, glatt, feucht glänzend und klebrig, weiß- bis blassgelb und zart oliv überhaucht, trocken cremefarben mit durchscheinend gestreiftem Rand. **L** breit, herablaufend, weiß bis cremefarben. **St** 3-6 cm x 3-7 mm, elastisch, glatt, matt, weißlich bis cremeweiß, gelegentlich mit Rosastich an der zugespitzten Basis. **F** wässrig cremefarben. **G** stark nach Zedernholz oder Juchtenleder.
In mageren Wiesen, an Wegrändern und -böschungen und auf Deichen auf Sand und Lehm.

S RL-2 Sa

Juchten-Ellerling *(Hygrocybe russocoriacea)*

Hygrocybe acutoconica var. *acutoconica*

SPITZGEBUCKELTER SAFTLING

H spitz kegelförmig bis abgeflacht gebuckelt, Ø 2-6 cm, klebrig gestreift, trocken glänzend, gelb bis gelborange. **L** gelb bis gelborange mit gelben Schneiden. **St** 3-10 cm x 3-8 mm, trocken, orangegelb bis gelb. **F** orangegelb bis gelb. **G** schwach.
Mäßig verbreitet in mageren Wiesen, an grasigen Wegrändern und -böschungen und in Dünenrasen.

Sa

Spitzgebuckelter Saftling *(Hygrocybe acutoconica* var. *acutoconica)*

Hygrocybe coccinea

KIRSCHROTER SAFTLING

H halbkugelförmig bis gewölbt, Ø 2-5 cm, feucht glänzend, trocken matt, blut- bis kirschrot, später ockergelb verblasst. **L** breit, rot- bis gelborange. **St** 4-6 cm x 5-8 mm, faserig, kirsch- bis orangerot. **F** wässrig rot bis orange. **G** keiner.

Kirschroter Saftling *(Hygrocybe coccinea)*

In mageren, moosreichen Wiesen, gelegentlich an Weg- und Straßenböschungen oder in alten Friedhofsrasen.

S RL-3 Sa

Hygrocybe ceracea

ZERBRECHLICHER SAFTLING

H unregelmäßig gewölbt, gelegentlich mit Buckel, Ø 2-4 cm, klebrig bis glatt, zitronen- bis dottergelb mit Orangestich. **L** breit, weit auseinander, hellgelb. **St** 3-4 cm x 2-4 mm, trocken, zitronengelb mit weißlicher Basis. **F** hellgelb. **G** keiner.
Mäßig verbreitet in mageren, moosreichen Wiesen, auf grasigen Stellen in den Dünen, auf Deichen und an Weg und Straßenböschungen.

RL-3 Sa

Zerbrechlicher Saftling *(Hygrocybe ceracea)*

Hygrocybe conica var. *conica* f. *pseudoconica*

SCHWÄRZENDER SAFTLING

H stumpf kegelförmig, Ø 4-7 cm, radial faserig, matt, klebrig bis trocken, orange bis rot, gelegentlich schwefel- oder grüngelb überlaufen, wird schwarz, Rand gestreift – gekerbt. **L** breit, fast frei, weiß bis schwefelgelb. **St** 3-9 cm x 5-12 mm, faserig gestreift, schwefelgelb bis orangerot oder -gelb, fleckt bei Berührung schwarz. **F** orangegelb bis gelbweiß. **G** keiner.
Weit verbreitet in nicht oder nur wenig bemoosten Wiesen, feuchten Dünentälchen und an Wegrändern.

Sa

Hygrocybe conica var. *conica* f. *conica*

KEGELIGER SAFTLING

H spitz kegelförmig, Ø 1-4 cm, orange bis rot, wird schwarz. **L** breit, weiß bis schwefelgelb. **St** 3-7 cm x 2-7 mm, faserig gestreift, schwefelgelb oder grüngelb bis orangegelb, fleckt bei Berührung schwarz. **F** orangegelb bis gelbweiß. **G** keiner.
Weit verbreitet in nicht oder nur wenig bemoosten Wiesen, feuchten Dünentälchen, auf Rasenflächen und an Wegrändern, bisweilen auch in Laubwäldern.

Sa

Kegeliger Saftling *(Hygrocybe conica* var. *conica* f. *conica)*

Hygrocybe psittacina

PAPAGEIGRÜNER SAFTLING

H halbkugelförmig bis gewölbt, Ø 2-4 cm, schleimig-klebrig, glänzend, gestreift, gelbgrün oder grün bis grünorange mit weißen, gelben und lila Flecken.

Schwärzender Saftling *(Hygrocybe conica* var. *conica* f. *pseudoconica)*

L breit, gelbgrün bis grün oder orangegrün. **St** 4-8 cm x 3-7 mm, schleimig, grün oder grün- bis orangegelb mit grüner Spitze und blasser Basis. **F** grünlich oder grüngelblich mit Orangestich. **G** keiner. Mäßig verbreitet in kurzgrasigen Wiesen, an Wegböschungen, Deichhängen und grasigen Stellen in den Dünen, gelegentlich in Laubwäldern auf Lehm.

Sa

Papageigrüner Saftling *(Hygrocybe psittacina)*

Hygrocybe perplexa (H. sciophana)

ROTGRÜNER SAFTLING

H glockig bis gewölbt, Ø 1-2 cm, schleimig-klebrig, glänzend, ziegelrot bis rotbraun, ockerfarben verblassend mit durchscheinend gestreiftem Rand. **L** weit auseinander, ziegelrot bis braunrosa. **St** 4-5 cm x 2-3 mm, schleimig, ockerfarben bis blass ziegelrot. **F** wässrig gelb. **G** schwach.
In alten, mageren Wiesen auf trockenen, kalkigen, lehmigen oder tonigen Böden oder auf Dünensand.

SS RL-1 Sa

Rotgrüner Saftling *(Hygrocybe perplexa)*

Hygrocybe unguinosa

GRAUER SAFTLING

H halbkugelförmig bis gewölbt, Ø 1-3 cm, schleimig-klebrig, durchscheinend gestreift, ockergrau bis graubraun. **L** breit, grauweiß. **St** 3-5 cm x 3-5 mm, flach, schleimig, hell graubraun mit blasser Stielspitze. **F** wässrig graubraun. **G** keiner.
In mageren, alten Wiesen auf Sand, Lehm und Moorböden.

SS RL-3 Sa

Grauer Saftling *(Hygrocybe unguinosa)*

Hygrocybe miniata var. *miniata*

MENNIGROTER SAFTLING

H halbkugelförmig bis gewölbt, Ø 1-2,5 cm, trocken, feinschuppig, scharlach- bis orangerot, gelegentlich gelbrandig. **L** breit, orangerot. **St** 2-4,5 cm x 2-5 mm, glatt, trocken, matt, rot bis orangerot mit hell orangegelbem bis weißlichen Fuß. **F** gelb bis orange. **G** schwach. Verbreitet auf humusreichem Grund oder Streu in mageren Dünenweiden, sauren Wiesen und

Mennigroter Saftling *(Hygrocybe miniata* var. *miniata)*

grasigem Heideland, gelegentlich in Mooren, Laub- und Mischwäldern auf Sand- und Moorböden.
Auch der Weißmilchende Helmling *(Mycena galopus* var. *galopus)* ist abgebildet.

Sa

Schwindlinge *(Marasmius)*, Zwergschwindlinge *(Marasmiellus)* und Stinkschwindlinge *(Micromphale)*

Gruppe von kleinen Blätterpilzen mit dünnfleischiger, ledriger Konsistenz oder knorpeligen, bei Trockenheit und im Alter einschrumpelnden Fruchtkörpern, die bei Feuchtigkeit wiederaufleben. **Sp** weiß bis cremefarben. In Deutschland kommen ca. 30 Arten der Gattungen *Marasmius, Marasmiellus* und *Micromphale* vor.

Marasmius oreades

FELDSCHWINDLING, NELKENSCHWINDLING

H gewölbt bis flach gebuckelt, Ø 2-5 cm, rötlich beige bis fleischfarben cremig. **L** weit auseinander, weiß bis ockercremefarben. **St** 2-10 cm x 3-5 mm, steif, zäh, weiß bis blassgelb. **F** weißlich. **G** angenehm, nach frischem Sägemehl oder Mandeln. Verbreitet auf Gras (-wurzeln) und Humus in Wiesen, Parks, an Wegen, teils auf nacktem Boden. Oft in Gruppen oder Hexenringen.

Sa (Pa) Eßb.

Feldschwindling *(Marasmius oreades)*

Marasmius alliaceus

SAITENSTIELIGER KNOBLAUCHSCHWINDLING

H gewölbt bis breit glockig ausgebreitet, Ø 1-4 cm, beige bis blass- oder beigebraun mit gefurchtem, gestreiftem Rand. **L** weiß bis blassgelb. **St** 5-20 cm x 1-3 mm, samtig, mit beigebrauner Spitze, braunschwarz bis schwarz, Basis wurzelnd. **F** weißlich bis grau. **G** knoblauchartig. Auf abgefallenen Ästen in Buchenwäldern auf kalkhaltigen Böden.

Sa

Saitenstieliger Knoblauch-Schwindling *(Marasmius alliaceus)*

Marasmius rotula

HALSBAND-SCHWINDLING

H gewölb mit eingesenkter Mitte, Ø 0,5-1,5 cm, radial gefurcht, weißlich, gelegentlich in der Mitte braun,

Halsband-Schwindling *(Marasmius rotula)*

Rand gezackt. **L** weit auseinander, weißlich cremefarben, münden in einen Kragen oder Ring *(Collarium)*, sodass der Stiel nicht erreicht wird. **St** 2-7 cm x 1 mm, dunkelbraun mit weißer Stielspitze. **F** weiß bis braun. **G** keiner.
Verbreitet auf toten Ästen und Zweigen von Laubbäumen in Wäldern, Parks und Alleen.

Sa

Marasmius bulliardii

KÄSEPILZCHEN
H gewölbt, mit eingesenkter Mitte, Ø 2,5-6 mm, radial gefurcht, glatt, matt, cremeweiß bis beige, mit dunkelbrauner Mitte, Rand wellig. **L** weit auseinander, weißlich, enden in einem frei vom Stiel stehenden Kragen. **St** 2-4,5 x 0,2-0,5 mm, erinnert an Rosshaar, glatt, glänzend, braunschwarz. **G** schwach.
Mäßig verbreitet auf toten Blättern von Laubbäumen (Buche, Eiche) in Laubwäldern auf kalk- und nährstoffreichen Böden.

Sa ♀

Käsepilzchen *(Marasmius bulliardii)*

Marasmius androsaceus

ROSSHAAR-SCHWINDLING
H gewölbt mit eingedrückter Mitte, Ø 0,5-1 cm, häutig, radial gefurcht, blass beigerosa, mit rotbraunem Zentrum. **L** entferntstehend, beigerosa. **St** 2-6 cm x 1 mm, rosshaarartig, zäh, schwarz. **F** weißlich bis dunkelbraun. **G** keiner.
Verbreitet auf Streu von Nadelbäumen (Kiefern) und Strauchheide in Nadel- und Mischwäldern auf Sand und feuchtem Heideland. In Scharen.

Sa ♀

Marasmiellus ramealis

ÄSTCHEN-ZWERGSCHWINDLING
H gewölbt, mit eingetiefter Mitte, Ø 3-12 mm, häutig, matt, weißlich bis gelblich rosa, oft mit dunklerer Mitte. **L** weit auseinander, weißlich rosa. **St** 3-20 x 1 mm, schuppig bis fein flockig, weißrosa bis gelblich, mit dunkler Basis. **F** weißrosa. **G** schwach.
Verbreitet auf Ästchen, Zweigen und Nadeln, gelegentlich auf Blättern oder holzigen Kräutern, in Laub- und Nadelwäldern.

Sa ♀

Ästchen-Zwergschwindling *(Marasmiellus ramealis)*

Marasmiellus vaillantii

MATTER ZWERGSCHWINDLING
H ausgebreitet bis unregelmäßig flach, mit vertiefter Mitte, Ø 0,5-1,5 cm, gerunzelt, matt, weißlich, mit

Rosshaar-Schwindling *(Marasmius androsaceus)*

blass gelb- bis rostbrauner Mitte. **L** entferntstehend, weiß bis cremefarben. **St** 1-3 cm x 1-2 mm, weißlich gelblich mit brauner Basis. **F** cremefarben. **G** schwach. Auf Gras, krautigen Pflanzen, Blättern von Laubbäumen, gelegentlich auf Ästchen und Zweigen, in offener Vegetation, Sümpfen, Gebüschen und Wäldern.

Sa (Pa?) ♀

Matter Zwergschwindling *(Marasmiellus vaillantii)*

Micromphale foetidum

LAUBHOLZ-STINKSCHWINDLING

H halbkugelförmig bis unregelmäßig ausgebreitet mit vertiefter Mitte, Ø 15-35 mm, radial gefurcht, dunkel gestreift, kahl, dunkel rotbraun bis beigebraun. **L** breit, schmutzig hellrotbraun. **St** 2-5 cm x 2-4 mm, feinsamtig, mit hell rotbrauner Stielspitze und schwarzbrauner Basis. **F** häutig, knorpelig, rötlich braun. **G** unangenehm stinkend.

Laubholz-Stinkschwindling *(Micromphale foetidum)*

Auf Ästen und Ästchen von Laubbäumen (Hasel) in feuchten Laubwäldern auf trockenem, kalkreichem Lehm oder Ton.

S Sa

Micromphale perforans

NADELSCHWINDLING

H gewölbt oder ausgebreitet mit vertiefter Mitte, Ø 8-17 mm, glatt, radial gefurcht-gestreift, matt beigebraun oder glänzend fleischbraun. **L** häutig, dünn, weißlich. **St** 1-3 cm x 1 mm, haarig-filzig, schwarzbraun mit hellerer bis weißer Stielspitze. **F** weißlich. **G** unangenehm nach Kohl oder Knoblauch.

Weit verbreitet auf Nadeln und Streu von Nadelbäumen (Fichte) auf sandigen Böden. In Gruppen.

Sa ♀

Nadelschwindling *(Micromphale perforans)*

Haarschwindlinge *(Crinipellis)*

Crinipellis scabellus (C. stipitaria)

WIESEN-HAARSCHWINDLING

H gewölbt bis ausgebreitet, mit vertiefter Mitte, Ø 8-15 mm, trocken, matt, cremeweiß bis beige, mit radialen, orange- bis rotbraunen, faserigen Schüppchen, Mitte dunkelrot- bis schwarzbraun, Rand fein gezähnelt. **L** breit, fast frei, weißlich bis creme. **St** 1-3 cm x 0,5-2 mm, zäh, filzig-haarig, dunkel rot- bis rostbraun. **F** creme. **G** schwach, würzig. **Sp** weiß.

Weit verbreitet an Gräsern und auf Grasresten in den

Dünen, in mageren Wiesen und offenen Gebüschen, auch auf Laubholzästchen und auf Waldrebe in Laubwäldern auf kalkreichen Böden.

Sa

Wiesen-Haarschwindling *(Crinipellis scabellus)*

Kohlennabelinge *(Myxomphalia)*

Myxomphalia maura

KOHLEN-NABELING

H gewölbt trichterförmig, mit vertiefter Mitte, Ø 1-3 cm, glänzend, gestreift, hell bis dunkel graubraun. **L** herablaufend, weißlich bis blassgrau. **St** 2-4 cm x 2-4 mm, graubraun. **F** weiß bis gräulich. **G** schwach. **Sp** weiß.
Mäßig verbreitet an Feuerstellen, auch in gekalkten und mineralreichen Nadelwäldern.

Sa

Kohlen-Nabeling *(Myxomphalia maura)*

Kleinsporrüblinge *(Baeospora)*

Baeospora myosura

MÄUSESCHWANZ-RÜBLING

H gewölbt bis fast flach, Ø 1-3 cm, glatt, matt, blass braun bis haselnussbraun, mit hellem Randbereich. **L** dicht gedrängt, weißlich. **St** 3-5 cm x 1-2 mm, creme bis blassbraun, in eine haarige Wurzel übergehend. **F** bräunlich. **G** muffig. **Sp** weiß.
Weit verbreitet auf Zapfen von Nadelbäumen, selten auch auf verkohltem Nadelholz.
Herbst–Frühjahr.

Sa

Mäuseschwanz-Rübling *(Baeospora myosura)*

Nabelinge *(Omphalina)* und Heftelnabelinge *(Rickenella)*

Kleine Gruppe meist trichterförmiger, auf und zwischen (Leber)Moosen, Gras und auf Ästchen und Holz wachsender Blätterpilze. **Sp** weiß.
In Deutschland wurden bisher ca. 20 Arten der Gattungen *Omphalina* und *Rickenella* beobachtet.

Omphalina postii (Gerronema postii)

ORANGEGELBER NABELING

H flach bis vertieft trichterförmig, Ø 3-6 mm, glatt, fettig glänzend, orangegelb bis orangebraun, mit welligem, gezähneltem Rand. **L** weit herablaufend, weiß bis creme. **St** 10-15 x 1 mm, orangegelb. **F** orangebraun.

Auf Brunnenlebermoos *(Marchantia polymorpha)* an Feuerstellen, in Baumschulen, Treibhäusern und längs der Wege und Gräben. Frühjahr–Herbst.

S Pa? ♀

Orangegelber Nabeling *(Omphalina postii)*

Omphalina pyxidata

DURCHSCHEINENDGERIEFTER NABELING

H vertieft trichterförmig, Ø 1-2 cm, braunrot oder fleischfarben braun bis ockerbraun, durchscheinend gestreift. **L** etwas herablaufend, schmal, dicht gedrängt, blass ocker rotbraun. **St** 2-3 cm x 3-4 mm, glatt, fleischfarben braun bis ockerbraun. **F** blass. **G** schwach.

Zwischen Moos und humusarmen Sandböden in den Dünen und in nährstoffarmen (Dünen-)Wiesen, gelegentlich auf alten Feuerstellen.

Sa

Durchscheinendgeriefter Nabeling *(Omphalina pyxidata)*

Omphalina grossula (Camarophyllus grossulus)

OLIVGELBER NABELING

H gewölbt bis vertieft trichterförmig, Ø 1-3 cm, glatt, matt, durchscheinend gestreift, oliv- bis grüngelb, mit welligem Rand. **L** dick, breit, herablaufend hellgelb. **St** 1-3 cm x 1-3 mm, glatt, hell- bis grüngelb. **F** weiß. **G** keiner. Auf Ästchen, Rinden- und Holzabfällen von Nadelbäumen.

SS Sa

Olivgelber Nabeling *(Omphalina grossula)*

Omphalina acerosa (Leptoglossum acerosum)

MUSCHELFÖRMIGER NABELING

H muschel- bis trichterförmig, Ø 8-25 mm, trocken weißfilzig, hell und dunkel zoniert, feucht graubräunlich, mit scharfem, blassem Rand. **L** breit, grau bis

Muschelförmiger Nabeling *(Omphalina acerosa)*

graubraun. **St** 3-10 x 3-5 mm, kaum entwickelt, seitlich am Hut sitzend, weißfilzig. **F** wässrig graubraun. **G** keiner.
Zwischen Gras und Moos in feuchten, nährstoffarmen Wiesen.

S Sa

Xeromphalina campanella

GESELLIGER GLÖCKCHENNABELING
H gewölbt trichterförmig, genabelt, Ø 5-25 mm, glatt, glänzend, gestreift, leicht orange gelbbraun, mit scharfem Rand. **L** sichelförmig, herablaufend, gegabelt, cremefarben bis ockerbraun. **St** 15-30 x 1-2 mm, knorpelig, gebogen, orangecreme bis rotbraun, Basis mit orangefarbenem Filz. **F** wässrig bräunlich. **G** schwach.
Auf vermodernden, bemoosten Nadelbaumstümpfen. Frühjahr–Sommer.

Sa

Geselliger Glöckchennabeling *(Xeromphalina campanella)*

Rickenella fibula

ORANGEFARBENER HEFTELNABELING
H flach bis gewölbt trichterförmig, genabelt, Ø 4-10 mm, glatt, radial gestreift, gelb- bis dunkelorange mit dunkler Mitte und hellerem, gestreift-gekerbtem Rand. **L** breit, herablaufend, cremig orange. **St** 3-5 cm x 1-2 mm, glatt, orange. **F** blassorange. **G** keiner.
Verbreitet zwischen Moos in nährstoffreichen Wiesen und Wäldern. Sommer–Herbst.

Sa ♀

Rickenella swartzii (R. setipes)

VIOLETTSTIELIGER HEFTELNABELING
H flach bis gewölbt trichterförmig, genabelt, Ø 4-10 mm, glatt, dunkel radial gestreift, Mitte graubraun bis dunkel purpurbraun oder schwarz und violett überhaucht, mit breitem, welligem, blassem Randbereich. **L** breit, weiß bis hellcreme. **St** 3-5 cm x 1-2 mm, blassbraun bis purpurbraun. **F** wässrig violettbraun. **G** keiner.
Verbreitet zwischen Moosen in nährstoffreichen Wiesen und Wäldern. Sommer–Herbst.

Sa ♀

Violettstieliger Heftelnabeling *(Rickenella swartzii)*

Orangefarbener Heftelnabeling *(Rickenella fibula)*

Helmlinge *(Mycena)* und Scheinhelmlinge *(Hemimycena)*

Umfangreiche Gruppe kleiner, zarter, lang gestielter, dünnfleischiger, saprotropher Blätterpilze, mit gewölbten oder glockigen Hüten mit (durchscheinend) gestreiftem Rand und blassen Lamellen. **Sp** weiß. Die Gattungen *Mycena* und *Hemimycena* umfassen in Europa mehr als 100 Arten.

Mycena galericulata

ROSABLÄTTRIGER HELMLING

H kegelförmig bis glockenförmig ausgebreitet, Ø 2-6 cm, creme- oder graubraun bis rosabraun, mit hellerem, fein gefurcht-gestreiftem Rand. **L** breit, weit auseinander, ausgebuchtet-angeheftet, weiß bis fleischig rosa, an der Basis oft aderig verbunden. **St** 2-10 cm x 2-8 mm, hohl, zäh, hell graubraun, mit weißfaseriger Basis. **F** weiß. **G** mehlig.

Verbreitet auf vermodertem Holz und Rinde von (lebenden) Laubbäumen, gelegentlich von Nadelbäumen. Oft in Büscheln.

Sommer–Herbst.

Sa

Rosablättriger Helmling *(Mycena galericulata)*

Mycena polygramma

RILLSTIELIGER HELMLING

H gewölbt, später ausgebreitet mit Buckel, Ø 2-5 cm, dunkelgrau bis graubraun, mit gestreift-gerieftem Rand. **L** weißlich oder rosa bis gräulich. **St** 6-10 cm x 2-4 mm, längs gestreift, silbrig grau bis graubraun, an der Basis wurzelnd. **F** weißlich. **G** angenehm.

Verbreitet auf Stümpfen und Ästen sowie am Fuß lebender Laubbäume (insbesondere Eichen), selten auf Nadelholz.

Sa

Rillstieliger Helmling *(Mycena polygramma)*

Mycena pura f. *pura*

RETTICH-HELMLING

H gewölbt bis ausgebreitet, Ø 2-5 cm, in feuchtem Zustand fein gestreift, rosa oder lila, trocken matt,

Rettich-Helmling *(Mycena pura* f. *pura)*

blassrosa oder lila. **L** angeheftet, rosa. **St** 5-10 cm x 4-10 mm, steif, weißlichrosa, mit weißfilziger Basis. **F** weiß. **G** nach Rettich.
Verbreitet in Wäldern auf Eichen- und Buchenlaub sowie Nadelstreu (Fichte), in Gebüschen und auf Wiesen.

Sa †

Mycena pura f. *lutea*

RETTICH-HELMLING (gelbliche Form)
H gewölbt bis ausgebreitet, Ø 2-5 cm, in feuchtem Zustand durchscheinend gestreift, gelb, trocken matt, blassgelb. **L** angeheftet, blassgelb. **St** 5-8 cm x 4-8 mm, steif, blassviolett, mit weißfilziger Basis. **F** weiß. **G** nach Rettich.
Mäßig verbreitet auf abgefallenem Laub in Wäldern und Dünengebüschen.

Sa

Rettich-Helmling (gelbliche Form) *(Mycena pura* f. *lutea)*

Mycena haematopus

BLUTHELMLING
H kegel- bis glockenförmig mit Buckel, Ø 2-4 cm, in feuchtem Zustand gestreift, grau- bis rotbraun mit einem Hauch altrosa, trocken matt, blassrosa, mit gezähneltem Rand. **L** angeheftet, weiß bis blassrosa. **St** 4-10 cm x 2-3 mm, graurosa bis rotbraun, scheidet bei Anbruch einen blutroten Milchsaft ab. **F** blutrot. **G** keiner.
Verbreitet auf totem Holz und Rinden von (lebenden) Laubbäumen, gelegentlich auf Nadelholz. Zumeist in Gruppen oder Büscheln. Sommer–Herbst

Sa

Bluthelmling *(Mycena haematopus)*

Mycena galopus var. *galopus*

WEISSMILCHENDER HELMLING
H kegel- bis glockenförmig, Ø 1-2 cm, in feuchtem Zustand feingestreift, graubraun mit dunkler Mitte, Randbereich weiß. **L** angeheftet, weiß bis grau.
St 5-10 cm x 2-3 mm, graubraun, mit heller Stielspitze und weißwolliger Basis, scheidet bei Anbruch einen weißen Milchsaft ab. **F** weiß. **G** schwach.
Verbreitet auf Streu und verrottendem Holz in Wäldern, Heiden und mageren Wiesen (vgl. auch Foto *Hygrocybe miniata* var. *miniata,* S. 189).
Sommer–Herbst.

Sa

Weißmilchender Helmling *(Mycena galopus* var. *galopus)*

Mycena galopus var. *nigra (M. leucogala)*

WEISSMILCHENDER HELMLING (schwarze Varietät)
H glockenförmig, Ø 1-2 cm, gerieft-gestreift, matt braun- bis rostschwarz. **L** angeheftet, grau. **St** 5-10 cm

x 2-3 mm, braunschwarz, scheidet bei Verletzung einen weißen Milchsaft ab, mit weißflaumiger Basis. **F** grau. **G** schwach. Verbreitet auf Streu und verrottendem Holz in Wäldern, Heiden und mageren Wiesen. Sommer–Herbst.

Sa

Weißmilchender Helmling (schwarze Varietät)

Mycena galopus var. *candida* (*M. galopus* var. *alba*)

WEISSMILCHENDER HELMLING (weiße Varietät)

H kegel- bis glockenförmig ausgebreitet, Ø 1-2 cm, feucht feingestreift, weiß. **L** angeheftet, weiß. **St** 5-8 cm x 2-3 mm, weiß, scheidet bei Verletzung einen weißen Milchsaft ab. **F** weiß. **G** schwach.
Mäßig verbreitet auf Streu und verrottendem Holz in Laub- und Nadelwäldern.

Sa

Weißmilchender Helmling (weiße Varietät)

Mycena inclinata

BUNTSTIELIGER HELMLING

H kegelförmig bis glockenförmig ausgebreitet mit Buckel, Ø 2-3 cm, feingestreift, rot- bis kastanienbraun, mit gezähneltem Rand. **L** angeheftet, weißlich bis rosa. **St** 5-10 cm x 2-4 mm, weißlich bereift, blass- bis dunkelbraun, mit weißfilziger Basis. **F** weißlich. **G** mehlig.
Weit verbreitet in Wäldern auf Stümpfen und liegenden Eichenstämmen. In Büscheln.

Sa

Buntstieliger Helmling *(Mycena inclinata)*

Mycena arcangeliana (*M. oortiana*)

OLIVGRAUER HELMLING

H breit kegelförmig bis gewölbt, Ø 1-4 cm, gestreift, weißlich gelb bis graubraun mit einem Hauch olivgrün. **L** dicht gedrängt, schmal angeheftet, weißlich

Olivgrauer Helmling *(Mycena arcangeliana)*

bis blassrosa. **St** 2-4 cm x 1-2 mm, hell- bis dunkelgrau, mit weißflaumiger Basis. **F** blassgelb bis grau. **G** mehlig oder nach Rettich.
Verbreitet auf Laubholzästen und -stümpfen, gelegentlich in Massen auf vermodernden Reetdächern. In Büscheln. Sommer–Herbst.

Sa

Olivgrauer Helmling *(Mycena arcangeliana)*

Mycena cinerella

ASCHGRAUER HELMLING
H halbkugelförmig bis ausgebreitet, Ø 5-12 mm, glatt, durchscheinend gerieft, aschgrau bis hell graubraun. **L** breit, mit Zahn herablaufend, weißlich grau. **St** 2-5 cm x 1 mm, glatt, blass graubraun. **F** weißlich grau. **G** mehlig.
Verbreitet auf Nadel- und Blattstreu in Wäldern, mageren Wiesen und auf Heiden.

Sa

Aschgrauer Helmling *(Mycena cinerella)*

Mycena vitilis

ZÄHER FADENHELMLING
H glockig bis ausgebreitet mit Buckel, Ø 1-2 cm, matt, gestreift, weißlich-faserig, cremeblass bis gelblich beige, mit graubrauner Mitte und weißlichem Rand. **L** weiß bis hellgrau mit weißen Schneiden. **St** 4-11 cm x 1-3 mm, hohl, steif, gelegentlich gepudert, mit weißlicher Stielspitze, grau bis braunrosa. **F** weißlich bis wässrig grau. **G** keiner.
Verbreitet in Wäldern auf (vergrabenen) Ästen und vermodernden Laubholzstücken. Sommer–Herbst.

Sa

Zäher Fadenhelmling *(Mycena vitilis)*

Mycena acicula

ORANGEROTER HELMLING
H halbkugelförmig, Ø 2-10 mm, gestreift, orange bis orangerot, mit gelbem Rand. **L** blassgelb mit weißlichen Schneiden. **St** 2-4 cm x 1 mm, hellgelb. **F** blassorange. **G** keiner. Verbreitet auf Ästen, Zweigen und Streu von Laubbäumen und Sträuchern.

Sa ♀

Mycena chlorantha

PAPAGEIEN-HELMLING
H kegelförmig bis gewölbt, Ø 1-2 cm, gestreift, gelb bis gelblich olivgrün. **L** gelblich grün, mit dunklen Schneiden. **St** 4-6 cm x 1-3 mm, oliv graubraun.

Orangeroter Helmling *(Mycena acicula)*

F graugrün. **G** nach Jod. Mäßig verbreitet auf abgestorbenen Grashalmen und Blättern in Wiesen und bewachsenen Dünen.

Sa

Papageien-Helmling *(Mycena chlorantha)*

Mycena adonis

KORALLENROTER HELMLING

H spitz kegelförmig bis glockig ausgebreitet, Ø 8-15 mm, glatt, matt, durchscheinend gestreift, hell signalrot bis korallenrot, rosa bis weißlich verblassend. **L** weiß mit einem Hauch rosa. **St** 15-30 x 1-2 mm, wässrig weißgrau. **F** wässrig rosa bis orange. **G** keiner. Auf Streu in feuchten, mageren Wiesen, Dünentälchen, Torfmoosröhricht, Pfeifengraswiesen, intakten Hochmooren und in Wäldern auf kalkreichen Böden auf Totholz.

S RL-3 Sa ♀

Korallenroter Helmling *(Mycena adonis)*

Mycena epipterygia var. *lignicola*

DEHNBARER HELMLING

H glockig bis gewölbt ausgebreitet, Ø 1-2 cm, mit abziehbarer, gelatinöser Huthaut, glatt, matt, feucht glänzend, gerieft-gestreift, olivgelb oder olivbraun, mit weißlichem Rand. **L** breit mit ausgebuchtet-angeheftet, weiß bis weißlich gelb. **St** 3-5 cm x 1-2 mm, schleimig-klebrig, mit gelatinöser, abziehbarer Hülle, hell gelbgrün. **F** olivgrau bis olivgelb. **G** nach frisch gemähtem Gras. Auf Koniferenholz.
Die Varietät *M. epipterygia* ist verbreitet auf Streu zwischen Gräsern, Blättern, Nadeln und auf vermoderndem Holz in Laub- und Nadelwäldern, Heiden und Wiesen.

Sa

Dehnbarer Helmling *(Mycena epipterygia* var. *lignicola)*

Mycena sanguinolenta

PURPURSCHNEIDIGER HELMLING

H kegel- bis glockenförmig, Ø 1-2 cm, gerieft-gestreift, blassbraun bis bräunlich rot mit dunkler Mitte. **L** angeheftet, weiß bis fleischfarben, mit rotbraunen Schneiden. **St** 4-6 cm x 1-2 mm, blassbraun bis bräunlich rot, scheidet bei Verletzung einen blutroten Milchsaft ab. **F** rötlich. **G** schwach.
Verbreitet auf Blättern, Nadelstreu und vermoderndem Holz in Nadel- und Laubwäldern, Heiden, Torfmooren und Wiesen. Sommer–Herbst.

Sa ♀

Purpurschneidiger Helmling *(Mycena sanguinolenta)*

Mycena hiemalis

MOOS-HELMLING

H kegel- bis glockenförmig bis ausgebreitet, Ø 4-8 mm, glatt, matt, durchscheinend gestreift, weißlich bis blass graubraun mit dunkler Mitte und blassem Rand. **L** mit Zahn herablaufend, weißlich. **St** 5-15 x 0,5-1 mm, gebogen, glatt, weiß gepudert, durchscheinend, wässrig weißgrau. **F** weiß. **G** keiner.
Mäßig verbreitet auf totem Holz und Rinde von Laubbäumen.

Sa ♀

Mycena rosella

ROSA HELMLING

H halbkugelförmig bis kegel- oder glockenförmig, Ø 5-15 mm, glatt, matt, gefurcht-gestreift, tiefrosa bis orangerosa mit dunkler Mitte und gekerbtem Rand. **L** leicht herablaufend rosa. **St** 2-4 cm x 0,5-2 mm, hohl, glatt, blassbraun mit rosa Schimmer. **F** wässrig

Moos-Helmling *(Mycena hiemalis)*

weiß. **G** schwach. Auf saurer Nadelstreu in Nadelwäldern (Fichten). Sommer–Herbst.

Sa ♀

Rosa Helmling *(Mycena rosella)*

Hemimycena candida

BEINWURZ-SCHEINHELMLING

H gewölbt bis flach trichterförmig, gelegentlich genabelt, Ø 5-15 mm, gestreift, weiß. **L** herablaufend, weiß. **St** 2-5 cm x 0,5-1 mm, weißlich grau. **F** weiß. **G** schwach.

Am Stängelansatz von Beinwell *(Symphytum officinale)* in Wäldern, Wegrändern und Gebüschen auf feuchten, fruchtbaren Böden.

S Pa (Sa)

Beinwurz-Scheinhelmling *(Hemimycena candida)*

Mooshäutlinge *(Rimbachia)*

Rimbachia arachnoidea (Mniopetalum globisporum)

RUNDSPORIGER MOOSHÄUTLING

H unregelmäßig ohr- bis schüsselförmig, Ø 3-5 mm, weiß bis creme. Unterseite glatt, weiß. Auf Sternmoos *(Mnium)* auf feuchten bis nassen Böden.

Einige verwandte Arten sind selten und nur mit dem Mikroskop sicher bestimmbar.

S RL-3 Pa ♀

Rundsporiger Mooshäutling *(Rimbachia arachnoidea)*

Hängebecherchen *(Merismodes)*

Merismodes anomala (M. anomalus)

RASIGES HÄNGEBECHERCHEN

Frkp becher- bis schüsselförmig, Ø 0,2-0,5 mm. Innenseite glatt, creme bis ockergelb. Außenseite haa-

Rasiges Hängebecherchen *(Merismodes anomala)*

rig-filzig, hellbraun, mit über den cremefarbenen Rand herausragenden braunen Haaren. Auf Laubholzästen und -stämmen in Laub- und Mischwäldern, auch auf Sägespänen.
In dicht stehenden Kolonien auf einer braunen Hyphenmasse.

S Sa ♀

Schüsselschwindlinge *(Calyptella)*

Gruppe stehender oder hängender, becher-, napf- oder schüsselförmiger Basidiomyceten ohne Lamellen. **Sp** weiß. In Deutschland kommen ca. 5 Arten der Gattung *Calyptella* vor.

Calyptella capula

MÜTZENFÖRMIGER SCHÜSSELSCHWINDLING

H hängend oder stehend, glockig bis trichter-becherförmig, 2-7 x 2-4 mm. Außenseite glatt, weiß bis cremefarben oder gelblich, mit gekerbtem oder muscheligem Rand. Innenseite glatt, weißlich. **F** weich, zäh. Verbreitet auf toten und lebenden Brennnesselstängeln, gelegentlich auch auf anderen krautigen Pflanzen oder auf Blättern und Totholz.

Sa (Pa?) ♀

Mützenförmiger Schüsselschwindling *(Calyptella capula)*

Calyptella gibbosa

KARTOFFELKRAUT-SCHÜSSELSCHWINDLING

H hängend oder stehend, kelch- oder napf- bis becherförmig, 2-5 x 3-6 mm. Außen glatt, weiß bis weißlich grau. Innenseite glatt, weiß bis weißlich grau. **F** weich, zäh. Auf Kartoffelkraut und Brennnesselstängeln, gelegentlich auf totem Holz.

SS Sa ♀

Kartoffelkraut-Schüsselschwindling *(Calyptella gibbosa)*

Zwitterlinge *(Asterophora)*

Asterophora lycoperdoides

STÄUBENDER ZWITTERLING

H kugelförmig, Ø 5-15 mm, hellbraun, gepudert mit Chlamydosporen. **L** dick, rudimentär entwickelt oder ganz fehlend. **St** 5-10 x 2-5 mm, weißlich, gelegentlich lila überhaucht. **F** graubraun. **Sp** weiß. Verbreitet auf Fruchtkörpern von Schwärztäublingen *(Russula nigricans* und verwandte Arten), gelegentlich auch auf Milchlingen *(Lactarius)* in Laubwäldern und Alleen auf nährstoff- und humusarmen Böden.

Pa ♀

Stäubender Zwitterling *(Asterophora lycoperdoides)*

Asterophora parasitica

BESCHLEIERTER ZWITTERLING

H gewölbt oder glockig bis ausgebreitet, Ø 5-15 mm, seifig weißfilzig, mit einem Hauch graulila auf gelbbraunem Grund. **L** dick, herablaufend, blass, braun werdend. **St** 1-3 cm x 1-3 mm, oft gedreht, weiß mit lilabraunem Schimmer. **F** braun. **Sp** weiß. Auf alten Fruchtkörpern von Täublingen *(Russula)* und Milchlingen *(Lactarius)*, in Laubwäldern und Alleen auf nährstoff- und humusarmen Böden.

S Pa

Beschleierter Zwitterling *(Asterophora parasitica)*

Zapfenrüblinge *(Strobilurus)*

Strobilurus tenacellus

BITTERER KIEFERNZAPFEN-RÜBLING

H gewölbt bis flach mit Buckel, Ø 1-2,5 cm, glatt, matt, ockerbraun bis dunkel grau- oder rotbraun, mit blasserer Mitte. **L** breit, fast frei, weiß bis grauweiß. **St** 3-8 cm x 1,5-2 mm, zäh, ockerfarben bis rotbraun, mit weißer Stielspitze und filziger, wurzelnder Basis. **F** weiß. **G** schwach, angenehm. **Gsm** bitter. **Sp** weiß. Auf (vergrabenen) Kiefernzapfen, selten auf Fichtenzapfen in Nadel- und Mischwäldern auf unterschiedlichen Böden.

März–Juni. Nahe verwandt der Fichtenzapfen-Rübling *(S. esculentus)* und der Milde Zapfenrübling *(S. stephanocystis)*.

S Sa Ung.

Bitterer Kiefernzapfen-Rübling *(Strobilurus tenacellus)*

Milchlinge *(Lactarius)*

Artenreiche Gattung der Sprödblättler mit kräftigen, zumeist flach trichterförmigen Fruchtkörpern, die bei Verletzung einen sich oftmals verfärbenden Milchsaft abscheiden (vgl. Foto Goldflüssiger Milchling *(Lactarius chrysorrheus)*, S. 204) und mehr oder weniger herablaufende Lamellen haben. Mykorrhizabildner (vgl. Foto Mykorrhiza Kapitel 1, S. 22). **Sp** weiß, cremefarben, cremegelb oder fleischfarben rosa (vgl. Mikrofoto Sporen *Lactarius acris* in Kapitel 1, S. 17). In Mitteleuropa kommen ungefähr 85 Milchlingsarten vor.

Lactarius chrysorrheus

GOLDFLÜSSIGER MILCHLING

H gewölbt trichterförmig, Ø 3-8 cm, konzentrisch zoniert, blass lachsrosa bis rosagelb, mit dunklen, wässrigen Fleckchen. **L** dicht gedrängt, herablaufend, gelbbraun mit einem Hauch rosa. **St** 3-8 x 1-2 cm, weißlich bis blass gelbbraun, mit rosa überhauchtem Fuß. **F** weißlich, Milch führend, weiß, schnell schwefelgelb verfärbend. **Gsm** bitter, scharf. **Sp** blass cremefarben. Weit verbreitet in Laubwäldern und Alleen auf nährstoffarmen Sand- und Lehmböden, besonders unter Eichen.

M

Goldflüssiger Milchling *(Lactarius chrysorrheus)*

Lactarius controversus

ROSASCHECKIGER MILCHLING

H gewölbt bis flach schüssel- oder trichterförmig, Ø 8-20 cm, glatt, elfenbeinfarben bis blassgelb, oft mit weinroten Flecken, mit eingerolltem, flaumigem Rand. **L** dicht gedrängt, schmal herablaufend, blass gelblich rosa. **St** 3-7 x 2-4 cm, kräftig, elfenbeinfarben mit weinroten Flecken, abwärts verjüngt. **F** weiß, Milch weiß. **Gsm** scharf. **Sp** rosacreme.

Mäßig verbreitet unter Pappeln in Alleen und längs der Deiche auf schweren Böden und unter Silberpappeln und Kriechweiden in den Dünen. Verbleibt gelegentlich halb unterirdisch. Oft in großen Gruppen.

M

Rosascheckiger Milchling *(Lactarius controversus)*

Lactarius deliciosus

EDELREIZKER

H gewölbt bis schwach trichterförmig, Ø 3-10 cm, blass fleischfarben bis orangebraun, verfärbt gelegentlich grünlich, mit eingerolltem Rand. **L** dicht gedrängt, leicht herablaufend, blassorange bis gelb, verfärbt bei Verletzung grün. **St** 3-6 cm x 15-20 mm, blass gelbbraun oder weinfarben bis orange oder rosa, gelegentlich mit grün verfärbenden Druckstellen. **F** blassgelb bis fahl graugrün, Milch orange. **Gsm** mild. **Sp** blassocker. Mäßig verbreitet unter Kiefern auf nährstoffarmem Sand.

M Eßb.

Lactarius semisanguifluus

SPANGRÜNER KIEFERNREIZKER

H gewölbt bis flach trichterförmig, Ø 5-10 cm, bereift, blass oder schmutzig orange, gelegentlich weinrot überhaucht, verfärbt erst kräftig grün und verblasst dann. **L** orange mit rosa Schimmer, weinrot fleckend. **St** 5-7 x 1 cm, blassorange, grün verfärbend. **F** orange, zunächst weinrot, später grün verfärbend, Milch karottenfarben bis blutrot. **Gsm** mild. **Sp** blassocker. Unter Kiefern auf mäßig kalk- oder nährstoffreichem Sand oder Lehm.

S RL-3 M Eßb.

Edelreizker *(Lactarius deliciosus)*

Spangrüner Kiefernreizker *(Lactarius semisanguifluus)*

Lactarius glyciosmus

KOKOSFLOCKEN-MILCHLING

H unregelmäßig gewölbt bis schwach trichterförmig, gelegentlich mit Papille, Ø 2-6 cm, blass graulila bis trüb gelbbraun. **L** dicht gedrängt, herablaufend, blass gelblich oder fleischfarben bis gräulich lila. **St** 2-6 x 0,5-1 cm, weich, zerbrechlich, blass graulila oder gelbbraun. **F** gelbbraun, Milch weiß. **Gsm** mild bis scharf. **G** nach Kokos. **Sp** cremeweiß. Verbreitet unter Birken, meist auf nährstoffarmem Sand oder Torf.

M

Kokosflocken-Milchling *(Lactarius glyciosmus)*

Lactarius helvus

BRUCHREIZKER

H gewölbt bis schwach trichterförmig, Ø 5-12 cm, matt, gelblich bis rötlich zimtfarben, mit dunklen Fleckchen und Schüppchen, blass ockergelb bis gräulich ocker. **St** 5-12 x 1-3 cm, gepudert oder fein flaumig, rötlich ocker bis zimt- oder rotbraun. **F** weißlich, Milch wässrig. **Gsm** mild. **G** getrocknet nach Maggi. **Sp** weißlich rosa.
Weit verbreitet unter Kiefern und Douglasien, gelegentlich unter Laubbäumen (Birke, Kriechweide) auf saurem, nährstoffarmem Sand oder Lehm.

M †

Bruchreizker *(Lactarius helvus)*

Lactarius hepaticus

LEBERBRAUNER MILCHLING

H gewölbt bis flach trichterförmig, Ø 3-7 cm, trocken, matt, leberfarben bis gräulich kastanienbraun. **L** leicht herablaufend, gelbbraun bis blassocker, mit purpurfarbenem Schimmer. **St** 3-7 cm x 4-8 mm, rotbraun. **F** weiß, mit rosagelblichem Hauch, Milch weiß, eingetrocknet schwefelgelb. **Gsm** bitter, scharf. **Sp** creme. Verbreitet unter Nadelbäumen auf saurem, nährstoffarmem Sand und Torf.

M

Leberbrauner Milchling *(Lactarius hepaticus)*

Lactarius lilacinus

LILA MILCHLING

H gewölbt bis vertieft trichterförmig, Ø 5-7 cm, matt, rosaviolett bis fleischfarben, jung mit umgeschlagenem Rand. **L** gegabelt, fleischfarben bis ocker. **St** 5-6 x 1 cm, bereift, fleischfarben ocker. **F** weißlich rosa bis blassocker, Milch weißlich. **Gsm** mild. **G** getrocknet nach Zichorie. **Sp** weiß. Unter Erlen in nährstoffreichen Erlenwäldchen.

S RL-3 M

Lila Milchling *(Lactarius lilacinus)*

Lactarius mitissimus

MILDER MILCHLING

H gewölbt bis flach trichterförmig, Ø 3-6 cm, samtig, orange oder hell orangebraun bis aprikosenfarben. **L** leicht herablaufend, blassocker. **St** 3-7 cm x 6-12 mm, orangebraun. **F** weiß, Milch weiß. **Gsm** mild. **Sp** lachsfarben-creme.

Milder Milchling *(Lactarius mitissimus)*

Mäßig verbreitet unter Nadelbäumen (Kiefer) und Krüppelweiden auf Sand.

M Eßb.

Lactarius quietus

EICHENMILCHLING

H gewölbt bis wenig oder flach trichterförmig, Ø 3-8 cm, trocken, matt, konzentrisch gefleckt, blass bis gräulich rotbraun mit zimtfarbenem Schimmer. **L** leicht herablaufend, braunweiß bis blass rotbraun lila überhaucht. **St** 4-9 cm x 10-15 mm, matt, oft gefurcht, blass gräulich rotbraun. **F** weißlich braungelb, Milch weiß bis cremefarben. **Gsm** mild bis bitter. **G** tranig, nach Wanzen. **Sp** cremefarben. Verbreitet unter Eichen in Wäldern und Alleen.

M Ung.

Eichenmilchling *(Lactarius quietus)*

Lactarius necator

OLIVBRAUNER MILCHLING

H gewölbt bis flach trichterförmig, Ø 5-20 cm, klebrig, dunkel olivgrün oder olivbraun bis olivschwarz, jung mit eingerolltem Rand. **L** schmal, dicht gedrängt, angeheftet, cremefarben bis braungelb, sepiabraun fleckend. **St** 4-8 x 1-3 cm, kräftig, schleimig, dunkel olivgrün bis -braun, oft mit flachen Grübchen. **F** weiß bis braun, Milch weiß. **Gsm** scharf brennend. **Sp** lachsfarben-creme.

Verbreitet unter Birken und Nadelbäumen, an Wegen und Rastplätzen auf sauren Sand- und Lehmböden, auch in Moorwäldern.

M

Olivbrauner Milchling *(Lactarius necator)*

Lactarius rufus

ROTBRAUNER MILCHLING

H gewölbt bis flach trichterförmig mit Buckel, Ø 3-10 cm, trocken, matt, rotbraun oder kastanienbraun bis tief ziegelrot. **L** leicht herablaufend, gelblich bis blass rotbraun. **St** 4-8 x 1-2 cm, blass rotbraun. **F** weiß, Milch weiß. **Gsm** scharf brennend. **Sp** cremeweißlich. Verbreitet unter Nadelbäumen, gelegentlich unter Birken auf mageren Sandböden.

M Ung.

Rotbrauner Milchling *(Lactarius rufus)*

Lactarius torminosus

BIRKENREIZKER

H gewölbt bis flach trichterförmig, Ø 4-12 cm, blass lachsfarben gelb bis blass rosaorange, mit dunklen Flecken und eingerolltem, haarig-faserigem Rand. **L** leicht herablaufend, blass fleisch- bis lachsfarben. **St** 4-8 x 1-2 cm, fein flaumig, blass fleischfarben orange. **F** weiß, Milch weiß. **Gsm** scharf, beißend. **Sp** gelblich cremefarben.
Weit verbreitet unter Birken.

M †

Birkenreizker *(Lactarius torminosus)*

Lactarius mairei

BRAUNZOTTIGER MILCHLING

H gewölbt bis flach trichterförmig, Ø 2-8 cm, zoniert, hell- bis dunkelcreme, mit aufrechten, über den Rand stehenden, dunkel cremefarbenen bis braunen Schüppchen. **L** dünn, dicht gedrängt, leicht herablaufend, weißlich bis blass creme-ocker. **St** 2-6 cm x 5-15 mm,

Braunzottiger Milchling *(Lactarius mairei)*

weiß bis cremefarben, am Fuß verschmälert. **F** weißlich, Milch weiß. **Gsm** scharf brennend. **Sp** blass cremefarben.
Unter Stieleichen in alten Laubwäldern und Alleen auf nährstoff- und kalkreichen Lehmböden.

SS RL-1 M

Lactarius vellereus

WOLLIGER MILCHLING

H breit trichterförmig, Ø 10-25 cm, fein wollig, weiß bis creme, mit gelblich bis blassrötlich zimtartigen Flecken, jung mit eingerolltem Rand. **L** spröde, herablaufend, blassocker bis cremefarben. **St** 4-7 x 2-4 cm, kräftig, fein samtig, weiß bis cremefarben. **F** weiß, Milch weiß. **Gsm** mild. **Sp** weiß.
In Laub- und Nadelwäldern, oft unter Eichen, auch in Alleen und Parks.

S M

Täublinge *(Russula)*

Artenreiche Gattung der Sprödblättler mit kompakten, brüchigen Fruchtkörpern, zumeist mit blass gefärbten Hüten und dickfleischigen, in regelmäßigen Abständen stehenden und am Stiel endenden oder fast freien Lamellen (vgl. Foto Lamellen Kapitel 1, S. 19). Mykorrhizabildner. **Sp** weiß, creme, ocker, gelb. Von den Täublingen sind allein in Europa über 200 Arten bekannt, von denen viele nur mit Hilfe des Mikroskops und bestimmter Chemikalien sicher zu bestimmen sind.

Russula aeruginea

GRASGRÜNER TÄUBLING

H kugelförmig bis flach oder eingedrückt gewölbt, Ø 4-9 cm, glatt oder radial geadert, blass grasgrün,

Grasgrüner Täubling *(Russula aeruginea)*

Wolliger Milchling *(Lactarius vellereus)*

gelblich oder bräunlich überhaucht, mit dunkler grasgrüner Mitte und rostfarbenen Flecken. **L** fast frei, oft gegabelt, gelblich. **St** 4-8 x 1-2 cm, weißlich. **F** weiß. **Gsm** mild bis scharf. **Sp** cremefarben. Verbreitet unter Birken.

M

Russula undulata (R. atropurpurea)

PURPURSCHWARZER TÄUBLING

H gewölbt bis flach mit eingedrückter Mitte, Ø 4-10 cm, tief purpurrot mit schwarzpurpurner Mitte. **L** dicht gedrängt, schmal angeheftet, blass cremefarben. **St** 3-6 x 1-2 cm, weiß. **F** weiß. **Gsm** mild bis scharf. **G** fruchtig (Apfel). **Sp** weißlich.
Verbreitet unter Laubbäumen (Eiche, Buche) in Alleen, Parks und Wäldern.

M ☠

Purpurschwarzer Täubling *(Russula undulata)*

Russula claroflava (R. flava)

GELBER GRAUSTIELTÄUBLING

H gewölbt bis flach, Ø 7-9 cm, klebrig, glänzend bis matt, blass goldgelb bis zitronengelb. **L** dicht gedrängt, gegabelt, weiß bis blassgelb. **St** 5-7 x 1-2 cm, weiß, später grau geadert. **F** weiß, grau verfärbend. **Gsm** mild. **Sp** hell ockerfarben.
Weit verbreitet unter Birken.

M Eßb.

Russula emetica f. *longipes*

KIRSCHROTER SPEITÄUBLING

H gewölbt bis flach, Ø 3-10 cm, scharlach- bis kirsch- oder blutrot. **L** frei, creme bis blass strohgelb. **St** 5-12 x 1-2 cm, weiß. **F** weiß. **Gsm** sehr scharf. **G** fruchtig. **Sp** weiß.
Verbreitet unter Laub- und Nadelbäumen (Kiefern) in Birkenbruchwäldchen und Nadelwäldern auf feuchten, sauren Böden.

M †

Kirschroter Speitäubling *(Russula emetica* f. *longipes)*

Russula amoenolens

CAMEMBERT-TÄUBLING

H gewölbt bis flach mit eingedrückter Mitte, Ø 3-6 cm, klebrig, sepiabraun bis gräulich sepiabraun, mit gefurcht-gerieftem Rand. **L** schmal angeheftet, cremefarben bis schmutzig weißlich, Schneiden alt bräunend. **St** 3-6 x 1-2 cm, weiß.

Gelber Graustieltäubling *(Russula claroflava)*

F weiß. **Gsm** sehr scharf. **G** ranzig. **Sp** blass cremefarben. Verbreitet unter Laubbäumen (Eiche, Buche, Linde) in Alleen, Parks und Wäldern.

M

Camembert-Täubling *(Russula amoenolens)*

Russula fragilis var. *fragilis*

WECHSELFARBIGER SPEITÄUBLING

H gewölbt bis flach mit eingedrückter Mitte, Ø 2-5 cm, in der Färbung sehr variabel: purpur, violett, purpurrot, olivgrün, gelblich oder Kombinationen, mit hellem, gefurcht-gestreiftem Rand. **L** schmal angeheftet, weiß bis blasscreme, mit gesägten Schneiden. **St** 3-6 cm x 5-15 mm, weiß. **F** weiß. **Gsm** sehr scharf. **G** fruchtig. **Sp** weißlich.
Verbreitet unter Laub- und Nadelbäumen in Alleen und Wäldern.

M

Wechselfarbiger Speitäubling *(Russula fragilis* var. *fragilis)*

Russula olivaceoviolascens (R. atrorubens, R. laccata)

SCHWARZROTER SPEITÄUBLING

H gewölbt bis unregelmäßig flach, Ø 7-9 cm, bordeauxrot oder dunkel violettbraun bis rötlich, mit einem Hauch olivbraun oder -ocker. **L** dicht gedrängt, weiß bis cremefarben. **St** 6-8 cm x 10-15 mm, weißlich cremefarben. **F** weiß. **Gsm** scharf. **G** fruchtig. **Sp** cremefarben. Verbreitet unter Laubbäumen, vor allem unter Weiden, Erlen, Birken, Pappeln und Eichen. Die abgebildeten Exemplare wuchsen in 2 m Höhe auf dem Stamm einer Kopfweide in einer Baumschule.

M

Schwarzroter Speitäubling *(Russula olivaceoviolascens)*

Russula mairei

GEDRUNGENER BUCHEN-SPEITÄUBLING

H gewölbt bis flach, Ø 3-6 cm, matt, rot bis rosarot. **L** schmal angeheftet, weiß grünlich überhaucht bis

Gedrungener Buchen-Speitäubling *(Russula mairei)*

creme. **St** 3-5 cm x 10-15 mm, weiß. **F** weiß. **Gsm** scharf. **G** jung nach Kokosflocken.
Weit verbreitet unter Buchen in Alleen und Wäldern auf Sand und Lehm.

M

Russula nigricans

DICKBLÄTTRIGER SCHWÄRZTÄUBLING
H gewölbt bis flach mit trichterförmig vertiefter Mitte, Ø 5-20 cm, trocken, matt, schmutzig weißlich bis dunkelbraun, alt schwärzend. **L** angeheftet, sehr dick, auffallend entferntstehend, brüchig, weißlich bis hellgelb, bisweilen mit Olivstich, an verletzten Stellen erst graurosa, dann schwarz. **St** 3-8 x 1-4 cm, fest, weiß bis mattbraun, später schwärzend. **F** weiß, an der Luft erst rötend, dann grau bis schwarz. **Gsm** mild. **G** fruchtig. In Laub- und Nadelwäldern ziemlich häufig.

M

Russula ochroleuca

OCKERTÄUBLING
H gewölbt bis flach mit vertiefter Mitte, Ø 4-10 cm, matt, ocker bis gelb, mit glattem bis gerieftem Rand. **L** schmal angeheftet, cremig. **St** 4-7 cm x 15-25 mm, weiß bis wässrig grau. **F** weiß. **Gsm** mild bis scharf. **Sp** weiß bis blass cremefarben. Verbreitet unter Laub- und Nadelbäumen.

Dickblättriger Schwärztäubling *(Russula nigricans)*

Leicht zu verwechseln mit dem überwiegend unter Buchen vorkommenden Gallentäubling *(R. fellea)*, der einen stroh- bis honiggelben Hut und einen blassgelben Stiel hat.

M

Ockertäubling *(Russula ochroleuca)*

Russula paludosa

APFELTÄUBLING
H gewölbt bis flach, Ø 8-10 cm, apfelrosa oder -rot bis orangebraun oder blassorange. **L** dicht gedrängt, teils gegabelt, weißlich bis buttergelb oder ocker, mit roten

Schneiden. **St** 7-9 x 1,5-2,5 cm, fein adrig-gefurcht, weiß, gelegentlich mit einem Hauch Rot, an der Basis oft grau. **F** weiß. **Gsm** mild, süßlich, Lamellen scharf. **Sp** buttergelb bis hellocker.
In alten Wäldern unter Nadelbäumen (Kiefer, Fichte, Lärche), auch in Mooren.

S M Eßb.

Apfeltäubling *(Russula paludosa)*

Russula parazurea

BLAUGRÜNER REIFTÄUBLING
H gewölbt bis flach, Ø 4-6 cm, blau bereift, matt, blaugrün bis bleigrau blau, gelegentlich in der Mitte beige oder blassbraun. **L** dicht gedrängt, gegabelt, weiß bis cremefarben. **St** 3-5 cm x 10-15 mm, weiß, mit verdickter Basis. **F** weiß. **Gsm** mild. **G** alt nach Käse. **Sp** cremefarben.
Verbreitet unter Laubbäumen (Eiche, Buche, Linde), gelegentlich unter Nadelbäumen auf Sandböden in Alleen und Wäldern.

M Eßb.

Blaugrüner Reiftäubling *(Russula parazurea)*

Russula queletii

STACHELBEERTÄUBLING
H gewölbt bis unregelmäßig abgeflacht, Ø 6-8 cm, matt, dunkelpurpur bis schwärzlich weinrot, mit blasserem Rand. **L** dicht gedrängt, weiß bis cremegelb. **St** 6-8 x 1,5-2 cm, karminrot, weiß flaumig, mit verdickter, blasser Basis. **F** weißlich bis wässrig grau. **Gsm** scharf brennend. **G** fruchtig, nach Stachelbeeren. **Sp** cremegelb. Auf kalkreichen Böden unter Fichten, vor allem im Gebirge

S M

Stachelbeertäubling *(Russula queletii)*

Russula rosea (R. rosacea)

NETZFLOCKIGER ROSATÄUBLING
H gewölbt bis flach mit vertiefter Mitte, Ø 6-7 cm, trocken, matt, rosarot bis rot. **L** teils gegabelt, weiß bis hellgelb. **St** 5-6 cm x 10-15 mm, flockig, weiß, gelegentlich mit einem Hauch rosa. **F** weiß. **Gsm** bitter. **G** nach Zedernholz. **Sp** cremeweiß.
Unter Laubbäumen (Eiche, Birke) auf kalkhaltigen Böden.

SS M

Netzflockiger Rosatäubling *(Russula rosea)*

Russula drimeia (R. sardonia)

ZITRONENBLÄTTRIGER TÄUBLING

H gewölbt bis vertieft abgeflacht, Ø 7-9 cm, matt, rot bis weinrotbraun oder dunkel purpurviolett. **L** dicht gedrängt, zitronen- bis buttergelb, jung kleine Tröpfchen abscheidend. **St** 6-8 x 1,5-2 cm, weißsilbrig samtig bereift, hell bordeauxrot bis purpurviolett. **F** weiß bis blassgelb. **Gsm** brennend scharf. **G** fruchtig. **Sp** cremefarben bis hellocker.

Mäßig verbreitet in Nadelwäldern unter Kiefern auf sandigen Böden.

M †

Zitronenblättriger Täubling *(Russula drimeia)*

Scheidlinge

Kleine Blätterpilzgattung mit einem *Velum universale*, das als eine Art häutige Tasche oder Scheide *(Volva)* an der Stielbasis zurückbleibt, und freien Lamellen. **Sp** rosa, rosabraun.

Volvariella gloiocephala (var. speciosa)

GROSSER SCHEIDLING

H eiförmig bis gewölbt oder ausgebreitet, Ø 6-14 cm, feucht klebrig, weißlich bis blass graubraun, gelegentlich mit dunkel gräulicher bis olivbrauner, etwas erhöhter Mitte. **L** cremeweiß bis rosageblich.

St 9-22 cm x 7-15 mm, weißlich, zum Fuß hin verbreitert, mit sackartiger, weißlicher oder blassgrauer Scheide. **F** weiß. **G** schwach nach Gartenerde. Verbreitet auf humosen Böden, Kompost und Holzabfällen in Parks, Gärten und Gebüschen, auf oder längs Reitwegen, oft an gestörten Stellen.

Sommer–Herbst.

Sa Eßb.

Volvariella bombycina

WOLLIGER SCHEIDLING

H ei- bis glockenförmig, Ø 7-19 cm, weiß, mit langen, feinen, gelblichen, seidigen oder haarähnlichen Fasern bedeckt. **L** blassrosa bis rosabraun. **St** 7-19 cm x 7-20 mm, oft gebogen, weiß, mit verdickter Basis, die von einer großen, faserigen, etwas klebrigen, schmutzig braun getigerten Scheide umgeben ist. **F** weiß bis gelblich. **G** nach rohen Bohnen oder Rettich.

Wolliger Scheidling *(Volvariella bombycina)*

Großer Scheidling *(Volvariella gloiocephala* var. *speciosa)*

Auf vermoderndem Holz an Stammwunden und Baumhöhlen oder am Grund von Laubbäumen (Ahorn, Buche, Pappel, Rosskastanie) in alten Laubwäldern, Alleen und Parks. Auch auf vergrabenem Holz, Papierabfällen und Pappe anzutreffen.

S Sa Ung.

Volvariella surrecta

PARASITISCHER SCHEIDLING

H halbkugelförmig bis ausgebreitet, Ø 3-6 cm, eingewachsen radial seidig faserig, matt glänzend und klebrig, weiß bis blass isabell- oder fleischfarben. **L** cremeweiß bis rötlich braun. **St** 4-9 cm x 4-9 mm, weiß. **F** weißlich bis gelblich braun. **G** schwach, süßlich.
Auf verrottenden Fruchtkörpern des Nebelgrauen Trichterlings *(Clitocybe nebularis)* in Laub- und Nadelwäldern.

S RL-R Pa (Sa?)

Parasitischer Scheidling *(Volvariella surrecta)*

Volvariella hypopithys

NADELN-SCHEIDLING

H glockig bis ausgebreitet, Ø 2-7 cm, trocken, glänzend, weißlich, mit gezähneltem Rand. **L** weiß bis blassrosa. **St** 3-7 cm x 2-6 mm, flaumig, weißlich bis blass isabellfarben, mit weißer oder fahl ockergelber, sackartiger, zwei- bis vierlappiger Scheide an der Basis. **F** fahl weiß bis blassgelb. **G** schwach.
Auf humosen Böden in Laubwäldern und Parks, in Nadelstreu oder auf Wiesen über nährstoffreichen, kalkhaltigen Böden.

S Sa

Volvariella murinella

MAUSGRAUER SCHEIDLING

H halbkugelförmig, Ø 1-5 cm, radial haarig bis faserig geschuppt, blassgrau bis grau, gelegentlich mit dunkler graubrauner Mitte. **L** weißlich bis fleischfarben rosa. **St** 1-7 cm x 1-5 mm, flaumig, weißlich, mit weißlicher bis graubrauner, 2 bis 4-lappiger, sackartiger Scheide um die verdickte Basis. **F** weiß bis hellgrau. **G** schwach, nach Geranien *(Pelargonium)*.
In Laubwäldern, Parks und Wiesen auf humosen, nährstoffreichen, lehmigen oder tonigen Böden.

S Sa

Mausgrauer Scheidling *(Volvariella murinella)*

Tellerlinge *(Rhodocybe)*

Kleine Gruppe von Blätterpilzen mit fleischigen Fruchtkörpern und angehefteten bis herablaufenden

Nadeln-Scheidling *(Volvariella hypopithys)*

Lamellen. **Sp** rosa. In Europa kommen ca. ein Dutzend Arten der Gattung *Rhodocybe* vor.

Rhodocybe gemina (R. truncata)

FLEISCHROTER TELLERLING

H gewölbt bis flach, Ø 8-12 cm, bereift bis glatt, blass rosaocker, gelb- oder rotbraun marmoriert. **L** herablaufend, blass rötlich ockerfarben. **F** blass. **Gsm** nussig. **G** mehlig-süßlich.
Auf Humus in Laub- und Nadelwäldern, sowie in Parks auf nährstoff- und/oder kalkreichen Böden. Oft in Gruppen oder Hexenringen.

S Sa Eßb.

Gurkenschnitzlinge (Macrocystidia)

Macrocystidia cucumis

GURKENSCHNITZLING

H halbkugelförmig bis gewölbt, Ø 2-4 cm, samtig bis glatt, rot- bis dunkelbraun, mit fuchsrotem bis gelblichem, durchscheinend gestreiftem Rand. **L** ausgebuchtet, cremeweiß bis fleischfarben. **St** 4–6 cm x 4–5 mm, samtig, rötlich braun bis dunkel- oder schwarzbraun. **F** cremefarben bis braunlich. **G** nach Lebertran. **Sp** blass ockerfarben.

Mäßig verbreitet auf Humus und Streu in Laubwäldern, Parks, Grünanlagen und Randstreifen auf nährstoffreichem Sand oder Ton (vgl. Mikrofoto Cystiden Kapitel 1, S. 18).

Sa

Gurkenschnitzling *(Macrocystidia cucumis)*

Rötlinge *(Entoloma)*

Artenreiche Blätterpilzgattung die überwiegend in Wiesen und Gebüschen und in Ausnahmefällen auch

Fleischroter Tellerling *(Rhodocybe gemina)*

auf Holz vorkommt, mit durch Sporen rosa gefärbten, angehefteten, herablaufenden oder fast freien Lamellen. **Sp** rosa.
Die Gattung *Entoloma* umfasst allein in Europa weit über 100 Arten. Die meisten sind nur unter dem Mikroskop sicher zu bestimmen.

Entoloma clypeatum var. *clypeatum*

SCHILDRÖTLING
H gewölbt bis flach mit Buckel, Ø 3-10 cm, graubraun, oft gelblich überhaucht und mit dunklen Flecken oder radialen Linien. **L** blassgrau bis rosa. **St** 3-5 cm x 8-15 mm, mit weißen Längsfasern, weiß bis blass graubraun. **F** weiß. **Gsm** mehlig.
Mäßig verbreitet unter Weißdorn, Schlehen und Obstbäumen in Wäldern, Parks, Hecken und Gebüschen (vgl. Mikrofoto Basidien Kapitel 1, S. 17).
Frühjahr–Frühsommer

M (Pa?) Eßb.

Schildrötling *(Entoloma clypeatum* var. *clypeatum)*

Entoloma saundersii

SILBERGRAUER RÖTLING
H gewölbt bis unregelmäßig ausgebreitet mit Buckel, Ø 3-11 cm, matt, silbrig faserig, weißlich bis blass graubraun, mit gekerbtem oder eingerissenem Rand. **L** cremeweiß bis graurosa. **St** 4-10 x 1-2 cm, faserig gestreift, weißlich bis hellgrau. **F** weißlich grau. **G** stark mehlig. Unter Ulmen auf feuchtem, schwerem Ton.
Bleibt oft zur Hälfte unterirdisch. Meist in Gruppen. Winter–Frühjahr.

S Sa (M?)

Entoloma byssisedum

MUSCHELRÖTLING
H muschel- bis fächerförmig, kurz seitlich oder exzentrisch gestielt, Ø 3-11 mm, radial faserig, blassgrau bis braun. **L** entferntstehend, weiß bis hellgrau. **St** 1-5 x 1 mm, samtig gestreift, blass graubraun. **Gsm** mehlig ranzig. **G** mehlig.
Auf totem, pflanzlichem Material (Holz, verrottende Blätter) an feuchten Stellen in Wäldern und Gebüschen.

S RL-3 Sa

Muschelrötling *(Entoloma byssisedum)*

Entoloma euchroum

VIOLETTER HOLZRÖTLING
H halbkugelförmig bis gewölbt, Ø 2-2,5 cm, faserig-filzig bis schuppig, blauviolett mit heller braungrauer Mitte. **L** ausgebuchtet angeheftet, lila bis blaugrau, mit dunklen Schneiden. **St** 4-6 cm x 3-4 mm, hohl, der

Silbergrauer Rötling *(Entoloma saundersii)*

Länge nach faserig gestreift, lila mit silbrigem Untergrund, an Spitze und Basis blasser. **F** grau. **G** keiner. Auf totem Laubholz und Stümpfen (Erle) in Erlenbruchwäldern und Laubwäldern auf feuchten Böden.

S Sa

Violetter Holzrötling *(Entoloma euchroum)*

Entoloma pleopodium (E. icterinum)

GELBER BONBON-RÖTLING

H glockenförmig bis flach gewölbt, Ø 1-3 cm, glatt, durchscheinend gestreift, blass- oder dunkelgelb bis olivartig oder zitronengelb, mit hellerer Randzone. **L** weiß oder blassgelb bis rosa. **St** 2-7 cm x 2-4 mm, blassgelb oder gräulich braun bis rosabraun. **F** blass gelblich olivfarben. **G** stark, nach Karamel, fruchtig. Mäßig verbreitet auf Humus in Wäldern auf nährstoffreichen Böden, in Parks und Gärten, oft unter Brennnesseln.

Sa

Gelber Bonbon-Rötling *(Entoloma pleopodium)*

Entoloma conferendum var. *pusillum (E. xylophilum)*

KREUZSPORIGER RÖTLING

H gewölbt bis abgeflacht, Ø 10-15 mm, matt gestreift, gelbbraun bis rötlich braun. **L** entferntstehend, weiß bis rosa. **St** 2-4 cm x 1 mm, blassgelb, silbrig gestreift. **F** blass gelbbraun. **G** schwach, mehlig.
Auf modrigen Laubholzstümpfen in feuchten Laubwäldern und Parks auf nährstoffreichen Tonböden.

SS Sa

Kreuzsporiger Rötling *(Entoloma conferendum* var. *pusillum)*

Entoloma incanum

BLAUGRÜNER RÖTLING

H gewölbt bis unregelmäßig ausgebreitet, Ø 1-3 cm, durchscheinend gestreift, gelbgrünlich oder gelbbraun bis hell olivbraun. **L** grünlich weiß bis blass fleischfarben. **St** 2-4 cm x 1-3 mm, gelbgrün, mit weißfilziger Basis. **F** grünlich. **G** streng, nach Mäusekot.

Blaugrüner Rötling *(Entoloma incanum)*

In ungedüngten, mageren Wiesen und an Wegrändern auf Auenlehm und Kalk.

S Sa

Entoloma sericeum var. *sericeum*

DUNKLER RASENRÖTLING

H gewölbt bis ausgebreitet, genabelt oder mit Buckel, Ø 2-7 cm, in feuchtem Zustand dunkel sepiabraun bis rötlich braun, mit hellerem Rand, trocken glatt, glänzend, ocker- bis graubraun. **L** blass graubraun bis altrosa mit einem Hauch rotbraun. **St** 2-7 cm x 2-6 mm, grau- bis dunkelbraun, silbrig faserig. **F** wässrig cremeweiß. **G** mehlig.
Verbreitet in nicht oder nur mäßig gedüngten Wiesen.

Sa

Dunkler Rasenrötling *(Entoloma sericeum* var. *sericeum)*

Entoloma chalybaeum (E. lazulinum)

BLAUBLÄTTRIGER RÖTLING

H glockig bis gewölbt, Ø 2-4 cm, schuppig-filzig, radial faserig, indigoblau bis blau- oder violettbraun mit schwarzer Mitte. **L** weit auseinander, grauviolett bis graurosa, mit bräunlichen Schneiden. **St** 3-5 cm x 2-3 mm, bläulich. **F** weißlich. **G** keiner. In mageren Wiesen und Wegrändern auf Sand, Torf oder Kalk.

S Sa

Dachpilze *(Pluteus)*

Mittelgroße Gattung überwiegend holzbewohnender Blätterpilze, deren vom Stiel freie Lamellen durch Sporen rosa verfärben. **Sp** rosa. In Deutschland kommen ca. 30 Arten vor.

Pluteus cervinus (P. atricapillus)

REHBRAUNER DACHPILZ

H glockenförmig bis flach gewölbt, Ø 4-12 cm, sepia- bis dunkelbraun. **L** weiß bis braunrosa. **St** 7-10 x 1-2 cm, weißlich, faserig braungestreift. **F** weiß. **G** nach rohen Kartoffeln.
Verbreitet auf Stämmen, Ästen, Stümpfen und vergrabenem Holz von Laubbäumen, selten auf Nadelholz (Kiefer) oder bearbeitetem Holz oder Strohballen. Frühjahr–Herbst.

Sa Eßb.

Rehbrauner Dachpilz *(Pluteus cervinus)*

Blaublättriger Rötling *(Entoloma chalybaeum)*

Pluteus cinereofuscus

GRAUER DACHPILZ

H gewölbt bis abgeflacht, Ø 3-4 cm, matt, grau oder graubraun bis olivbraun oder -grau, mit hellem Rand. **L** weißlich bis altrosa. **St** 4-7 cm x 4-6 mm, faserig, weißlich bis hellgrau an der Basis. **F** gräulich. **G** schwach.

Weit verbreitet auf humosen Böden in Laubwäldern und auf nährstoffreichen Böden in Parks.

Sa

Grauer Dachpilz *(Pluteus cinereofuscus)*

Pluteus nanus

FLOCKIGBEREIFTER DACHPILZ

H glockig bis flach gewölbt mit Buckel, Ø 2-6 cm, dunkelbraun bis dunkel gräulich braun oder grünlich graubraun. **L** weißlich bis rosabraun. **St** 3-7 cm x 2-8 mm, weißlich bis gräulich braun. **F** grau. **G** schwach. Weit verbreitet in Wäldern mit nährstoffreichen Böden auf fauligem Laubholz, auch auf humosen Böden und (wie hier, relativ klein bleibend) auf Strandhafer *(Ammophila arenaria)*.

Sa

Flockigbereifter Dachpilz *(Pluteus nanus)*

Pluteus leoninus

LÖWENGELBER DACHPILZ

H glockig bis gewölbt ausgebreitet, Ø 3-5 cm, matt, zitronen- bis hell goldgelb. **L** cremeweiß bis rosa, gelegentlich mit gelben Schneiden. **St** 5-6 cm x 5-7 mm, weißlich gelb, filzig gestreift, mit dickem Fuß. **F** weiß. **G** keiner. Auf Stümpfen und Ästen von Laubbäumen (Eiche, Erle, Buche) in Wäldern auf mineralreichen Böden.

S Sa

Löwengelber Dachpilz *(Pluteus leoninus)*

Pluteus romellii (P. lutescens)

GELBSTIELIGER DACHPILZ

H flach gewölbt, Ø 2-5 cm, matt, dunkel gelb- bis zimtbraun, mit gelblichem Rand. **L** dunkelgelb bis gelblich rosa. **St** 2-7 cm x 2-6 mm, hell zitronengelb. **F** gelb. **G** keiner.

Mäßig verbreitet auf Holz und in Wäldern auf feuchtem Boden zwischen Laubholzspänen.

Sa

Gelbstieliger Dachpilz *(Pluteus romellii)*

Pluteus salicinus

GRAUGRÜNER DACHPILZ

H gewölbt bis flach mit Buckel, Ø 2-6 cm, matt, faserig radial gestreift, bläulich bis grünlich grau, mit dunkler Mitte. **L** weiß bis rosa. **St** 3-6 cm x 8-12 mm, seidig, weißlich. **F** weißlich bis blassgrau. **G** schwach. Verbreitet auf Ästen, Stämmen und Stümpfen von Laubbäumen in Laubwäldern und Parks auf feuchten Böden.
Frühjahr–Herbst.

Sa †

Graugrüner Dachpilz *(Pluteus salicinus)*

Pluteus thomsonii

GRAUSTIELIGER ADERNDACHPILZ

H gewölbt bis ausgebreitet, Ø 1,5-2,5 cm, samtig, matt, aschgrau oder sepia- bis tief dunkelbraun, mit geaderter Mitte. **L** dicht gedrängt, cremeweiß bis rosa. **St** 2-4 cm x 3-4 mm, hell- bis dunkelgrau, feinflockig weiß bereift. **F** weiß. **G** keiner. Mäßig verbreitet in Wäldern auf Ästen, Stämmen und Stümpfen von Laubbäumen.

Sa

Graustieliger Aderndachpilz *(Pluteus thomsonii)*

Pluteus umbrosus

SCHWARZFLOCKIGER DACHPILZ

H gewölbt bis flach, Ø 5-10 cm, matt, blassbraun bis braun, radial dunkelbraun bis braunschwarz geadert. **L** weißgelblich bis rosa, mit dunkelbraunen Schneiden. **St** 6-8 cm x 8-10 mm, weiß, faserig dunkelbraun gestreift. **F** weiß. **G** nach rohen Kartoffeln.
Auf Stümpfen, Stämmen und Ästen von Laubbäumen (Pappel, Buche) in Laubwäldern auf feuchten, fruchtbaren Böden.

S Sa

Schwarzflockiger Dachpilz *(Pluteus umbrosus)*

Schleierlinge *(Cortinarius)*

Umfangreiche Gruppe von Blätterpilzen mit schleimig-klebrigem oder trockenem, matten Hut. Sie haben ein *Velum universale*, von dem meist Reste am Hutrand und am Stielfuß zurückbleiben, und sind in geschlossenem Zustand auch von einem *Velum partiale* in Form eines spinnennetzartigen Schleiers *(Cortina)* umgeben, das Hutrand und Stiel miteinander verbindet und das, nachdem sich der Hut geöffnet hat, zumeist am Stiel eine durch die Sporen gefärbte Ringzone hinterlässt. Mykorrhizabildner. **Sp** gelbbraun, rostbraun, dunkelbraun, schwarzbraun, nur bei der Gattung *Leucocortinarius* fast weiß.
Die Schleierlinge umfassen etwa 500 europäische Arten. Die meisten sind nur von Spezialisten mit Hilfe des Mikroskops und chemischer Farbreaktionen sicher zu bestimmen.

Cortinarius triumphans

GELBGESTIEFELTER SCHLEIMKOPF

H gewölbt bis flach, Ø 6-8 cm, feucht klebrig, in trockenem Zustand matt, gelbocker oder goldgelb bis zitronengelblich oder gelbbraun. **L** weiß oder cremebeige bis zimtbraun, mit weißen, gesägten Schneiden. **St** 6-8 x 1-2 cm, Stielspitze weißlich, gelb bis ockergelb, mit hinfälligen, wollig-faserigen Bereichen. **F** weißlich. **Gsm** mild. **G** keiner. **Sp** gelbbraun.
Unter Birken in Laubwäldern und Alleen auf nährstoffreichen Böden.

SS RL-3 M Eßb.

Cortinarius coerulescens (C. caerulescens)

BLAUER KLUMPFUSS

H gewölbt bis ausgebreitet, Ø 6-10 cm, radial faserig, matt, graublau mit violettem Stich, ockerbraun bis blassocker verbleichend. **L** bläulich bis dunkelbraun. **St** 8-10 x 2 cm, graublau, weißlich braun verbleichend, mit verschwommener, rostbrauner Cortinazone und gerandeten, 3-4 cm breiter, weißgelber Basis. **F** blassblau bis cremig ocker. **G** schwach, mehlig.
Sp rostbraun.

In Laubwäldern unter Bäumen (Eiche, Buche).

SS RL-3 M

Blauer Klumpfuß *(Cortinarius coerulescens)*

Cortinarius anomalus

BRAUNVIOLETTER DICKFUSS

H unregelmäßig gewölbt, Ø 5-7 cm, seidig-faserig, matt, grau- bis gelbbraun mit blassviolettem Rand. **L** dicht gedrängt, violett bis violettbraun, mit blassen

Gelbgestiefelter Schleimkopf *(Cortinarius triumphans)*

Schneiden. **St** 7-9 cm x 10-15 mm, violett, mit ockerfarbenen Bändern und mit violettem Mycel bedeckter Basis. **F** blassviolett. **G** keiner. **Sp** rostbraun.
Weit verbreitet unter Laubbäumen (Birke, Buche, Eiche, Weide) in Laubwäldern, Gebüschen und Alleen auf humusarmem Sand und Lehm.

M

Braunvioletter Dickfuß *(Cortinarius anomalus)*

Cortinarius trivialis

NATTERNSTIELIGER SCHLEIMFUSS

H gewölbt bis ausgebreitet, Ø 4-11 cm, schleimig, ockerfarben bis ockerbraun. **L** blass lehmfarben bis rostbraun. **St** 5-12 x 1-2 cm, schleimig, weißgelblich, mit brauner Cortinazone und bräunlichen Bändern aus schleimigen Velumresten. **F** blass gelblich. **Gsm** mild. **Sp** rostbraun.
Mäßig verbreitet unter Bäumen (Pappel, Weide, Eiche) in Laubwäldern, Büschen und Alleen auf feuchtem, nährstoffreichem Sand oder Lehm.

M Eßb.

Natternstieliger Schleimfuß *(Cortinarius trivialis)*

Cortinarius mucosus

HEIDE-SCHLEIMFUSS

H gewölbt bis flach, Ø 4-10 cm, klebrig, gelb- bis kastanienbraun, oft mit gestreiftem Rand. **L** weißlich bis zimtbraun. **St** 5-15 x 1-2 cm, seidig weiß. Mit rostbrauner Cortinazone. **F** weißlich gelbbraun. **Gsm** mild. **Sp** rostbraun. Unter Kiefern auf trockenem, humusarmem Sand.

S RL-3 M Eßb.

Heide-Schleimfuß *(Cortinarius mucosus)*

Cortinarius delibutus

LILABLÄTTRIGER SCHLEIMFUSS

H gewölbt bis ausgebreitet, Ø 3-9 cm, klebrig, gelb bis gelbbraun mit ockergelber Mitte. **L** violett bis gelb- oder zimtbraun. **St** 5-10 cm x 7-15 mm, weißgelb bis blasslila, mit verschwommener, rostbrauner Cortinazone und weißflaumiger, leicht verbreiterter Basis

Lilablättriger Schleimfuß *(Cortinarius delibutus)*

F weißlich gelb. **Gsm** mild. **G** schwach, nach Rettich. **Sp** rostbraun.
Weit verbreitet unter Laubbäumen in Laubwäldern und Alleen.

M Eßb.

Cortinarius uraceus

ABWEICHENDER WASSERKOPF

H gewölbt bis ausgebreitet, mit breitem Buckel, Ø 4-8 cm, feucht dunkelbraun bis schwarzbraun, trocken matt glänzend, mit ockerfarbenen Velumresten und blassem Rand. **L** dunkel- bis rotbraun. **St** 6-8 cm x 5-7 mm, dunkelbraun, mit weißlich gelben, faserigen Abschnitten und weißfilziger Basis. **F** dunkelbraun. **G** nach Gartenerde. **Sp** rostbraun.
Unter Kiefern in Nadel- und Mischwäldern.

S M

Abweichender Wasserkopf *(Cortinarius uraceus)*

Cortinarius paleaceus

DUFTENDER GÜRTELFUSS

H kegelförmig bis ausgebreitet gebuckelt, Ø 2-3 cm, bei Feuchtigkeit dunkel graubraun, trocken blassbraun bis graubraun, mit feinen, faserigen, weißen Schüppchen. **L** blass bis zimtbraun. **St** 3-7 cm x 3-6 mm, bräunlich, mit weißlichen Schuppen unter dem weißen, wolligen Velumring. **F** blass. **G** nach *Pelargonium*. **Sp** rostbraun.
Weit verbreitet unter Laub-, gelegentlich auch Nadelbäumen in Wäldern, Gebüschen, Parks und Alleen.

M

Cortinarius semisanguineus *(Dermocybe semisanguinea)*

BLUTBLÄTTRIGER HAUTKOPF

H gewölbt bis ausgebreitet gebuckelt, Ø 6-8 cm, feinfilzig, matt, ocker- bis oliv gelbbraun. **L** dicht gedrängt, blut- bis dunkelrot. **St** 7-8 cm x 6-7 mm, ocker bis goldocker. **F** ocker. **Gsm** bitter. **G** schwach. **Sp** rostbraun.
Unter (jungen) Nadelbäumen auf nährstoff- und humusarmen Böden.

S M †

Blutblättriger Hautkopf *(Cortinarius semisanguineus)*

Cortinarius cinnabarinus *(Dermocybe cinnabarina)*

ZINNOBERROTER HAUTKOPF

H gewölbt bis flach gebuckelt, Ø 4-5 cm, radial gestreift, hell zinnoberrot bis gelblich orangerot. **L** weit auseinander, dunkel zinnoberrot, mit hell zin-

Duftender Gürtelfuß *(Cortinarius paleaceus)*

noberroten Schneiden. **St** 5-6 cm x 4-6 mm, dunkel zinnoberrot. **F** beigerot. **Gsm** nach Rettich. **G** unangenehm. **Sp** rostbraun.
In Laubwäldern unter Buchen.

SS RL-3 M †

Zinnoberroter Hautkopf *(Cortinarius cinnabarinus)*

Cortinarius uliginosus (Dermocybe uliginosa)

KUPFERROTER HAUTKOPF
H gewölbt bis ausgebreitet mit Buckel, Ø 2-5 cm, feinfaserig, hell gelborange bis gelbbraun-ziegelrot, mit blasserem Rand. **L** zitronengelb bis ocker- oder gelbbraun. **St** 3-6 cm x 3-7 mm, blass gelblich braunorange bis orangerot, mit rostbraunen Fasern, gelber Cortina und verdicktem Fuß. **F** schwefelgelb bis gelbbraun. **G** nach Rettich. **Sp** rostbraun.
Weit verbreitet unter Erlen und Weiden auf nassen Böden.

RL-3 M

Kupferroter Hautkopf *(Cortinarius uliginosus)*

Rozites

Rozites caperatus

REIFPILZ, ZIGEUNER
H kegel- oder glockenförmig bis ausgebreitet, Ø 8-10 cm, weiß bereift, honiggelb bis blass ockerbraun, jung mit Velumresten am eingerissenen Hutrand. **L** cremefarben bis blass ockerbraun, mit gekerbten Schneiden. **St** 7-9 cm x 10-15 mm, feinfaserig weißlich bis faserig rostfarben, mit häutigem, gestreiftem Ring. **F** wässrig, cremefarben. **Gsm** mild. **G** schwach, angenehm. **Sp** rostfarben gelblich.
Unter Kiefern, gelegentlich auch unter Laubbäumen, Nadel- und Mischwäldern auf nährstoffarmen Böden.

S RL-3 M Eßb.

Reifpilz *(Rozites caperatus)*

Flämmlinge *(Gymnopilus)*

Kleine Gruppe saprotroph oder parasitisch auf Holz, am Boden, an Feuerstellen oder auf Torf lebender, goldgelber bis orangebrauner Blätterpilze. **Sp** rostbraun.
In der Bundesrepublik kommen ca. ein Dutzend Arten der Gattung *Gymnopilus* vor.

Gymnopilus sapineus (G. penetrans)

TANNEN-FLÄMMLING
H gewölbt bis flach, Ø 3-8 cm, glatt, gold- oder orangegelb bis braungelb. **L** goldgelb, braungefleckt. **St** 4-7 cm x 5-10 mm, braun mit weißlichen Flöckchen, mit gelber Stielspitze und weißfilziger Basis. **F** gelb. **Gsm** bitter. **G** stark, süßlich.
Verbreitet auf Ästen und Stümpfen von Laub- (Eiche,

Tannen-Flämmling *(Gymnopilus sapineus)*

Birke, Buche) und Nadelbäumen in Wäldern auf nährstoffarmem Sand oder Lehm.

Sa

Gymnopilus junonius (G. spectabilis)

PRÄCHTIGER FLÄMMLING

H gewölbt bis ausgebreitet, Ø 5-15 cm, gold- bis orangegelb, mit angedrückten, faserigen, gelbbraunen Schuppen bedeckt. **L** gelb bis rostbraun. **St** 5-12 x 1-2 cm, faserig-schuppig, chrom- bis ockergelb, mit faserigem, gelblichem bis rostbraunem Ring und an geschwollener Basis. **F** blassgelb. **Gsm** bitter.
Verbreitet auf Laubholz in Wäldern, Parks und Alleen, vor allem am Stammgrund alter Eichen.
Sommer–Herbst.

Prächtiger Flämmling *(Gymnopilus junonius)*

Sa (Pa) †

Schüpplinge *(Pholiota)*

Gattung schleimig- oder trocken-schuppiger, selten auch glatthütiger, weißlicher oder gelber bis orangebräunlicher Blätterpilze, oft in Büscheln auf Holz, zwischen Torfmoos oder an Feuerstellen wachsend. **Sp** blass- bis rostbraun. In Mitteleuropa kommen mehr als 30 Arten der Gattung *Pholiota (*inclusive *Kuehneromyces* und *Phaeogalera)* vor.

Pholiota squarrosa

SPARRIGER SCHÜPPLING

H gewölbt bis ausgebreitet, Ø 5-15 cm, stroh- bis goldgelb, mit feinen, struppigen, aufgebogenen rotbraunen Schuppen und eingerolltem Rand. **L** dicht gedrängt, blassgelb bis zimtbraun. **St** 5-15 cm x 10-25 mm, mit glatter, blassgelber Stielspitze, unter dem rissigen, häutigen Ring mit aufrechten, rotbraunen Schuppen, Basis rotbraun, gelegentlich weißfilzig. **F**

zäh, gelblich bis rotbraun. **Gsm** nach Rettich. **G** nach Stroh.
Verbreitet auf Laubbäumen, selten auf Nadelbäumen, in Wäldern, Parks und Grünanlagen. In Büscheln.

Pa

Sparriger Schüppling *(Pholiota squarrosa)*

Pholiota flammans

FEUER-SCHÜPPLING

H halbkugelförmig bis ausgebreitet, Ø 3-7 cm, goldgelb bis gelborange, mit aufrechten zitronen- bis schwefelgelben Schuppen und eingerolltem, zunächst mit *Velum* behangenem Rand. **L** blassgelb bis rostbräunlich gelb. **St** 3-7 cm x 4-10 mm, hellgelb, unter dem gelben, wolligen Ring mit gelben bis braunen Schuppen. **F** blass- bis orangegelb. **Gsm** säuerlich. **G** schwach, fruchtig.
Mäßig verbreitet auf totem Nadelholz, vor allem in Fichtenwäldern. Einzeln oder in Gruppen.

Sa

Feuer-Schüppling *(Pholiota flammans)*

Pholiota astragalina

SAFRANROTER SCHÜPPLING

H gewölbt bis ausgebreitet, Ø 2-6 cm, schwach klebrig, orange- oder safrangelb bis rötlich aprikosenfarben. **L** blassorange mit lachsfarbenem Hauch bis zimtbraun. **St** 5-8 cm x 4-9 mm, gelborange, unterhalb der dunklen Ringzone braun filzig-faserig, mit rötlich brauner Basis. **F** gelb bis gelbbraun. **Gsm** bitter.
Weit verbreitet auf Stümpfen und Totholz von Nadelbäumen (Tanne, Fichte), besonders im Gebirge.

Sa

Safranroter Schüppling *(Pholiota astragalina)*

Pholiota populnea (P. destruens)

PAPPEL-SCHÜPPLING

H gewölbt bis ausgebreitet-gebuckelt, Ø 6-20 cm, hell cremig braun bis gräulich gelb, mit großen, wolligen weißen Schuppen, Rand mit wolligen Velumresten.

Pappel-Schüppling *(Pholiota populnea)*

L grau weißlich bis schmutzig braun. **St** 6-10 x 2-3 cm, Stielspitze glatt, weißlich bis hell cremig braun, unter dem häutigen Ring mit flockigen weißen Schuppen, Fuß verdickt. **F** weißlich. **Gsm** bitter. **G** unangenehm. Weit verbreitet auf lebendem und abgestorbenem Pappelholz, oft an Stammwunden und Schnittflächen.

Pa Sa

Pholiota lucifera

FETTIGER SCHÜPPLING

H gewölbt bis ausgebreitet, Ø 3-10 cm, klebrig, hell- oder goldgelb bis orangebraun, mit braunen faserigen Flecken oder Schüppchen. **L** dicht gedrängt, hellgelb bis gelbbraun. **St** 4-8 cm x 5-14 mm, Stielspitze glatt, gelb, unterhalb des häutigen Rings gelb mit braunen Schüppchen. **F** gelb. **Gsm** bitter.
Auf Laubholz, gern an Weidenästchen und auf bemoostem Treibholz an feuchten Stellen längs der Flussufer.

S Sa

Fettiger Schüppling *(Pholiota lucifera)*

Pholiota aurivella

HOCHTHRONENDER SCHÜPPLING

H gewölbt bis ausgebreitet, Ø 5-15 cm, schleimig-glänzend, goldgelb mit dunkel gelbbrauner Mitte und angedrückten braunen Schüppchen. **L** blassgelb bis rostbraun. **St** 6-15 x 1-2 cm, zumeist gekrümmt, faserig, blassgelb bis gelbbraun, jung unterhalb des hinfälligen, flockigen Rings geschuppt. **F** zäh, blassgelb. Weit verbreitet auf lebenden Stämmen von Laubbäumen, insbesondere Buchen, oft in großer Höhe an Stammwunden. In Büscheln.

Pa

Hochthronender Schüppling *(Pholiota aurivella)*

Pholiota alnicola

ERLEN-SCHÜPPLING

H gewölbt bis flach, Ø 3-6 cm, glatt, klebrig, hell zitronengelb bis olivfarben am oft mit braunen Velumresten behangenen Rand. **St** 4-12 cm x 5-11 mm, Stielspitze blass zitronengelb, unterhalb des mit Velumresten besetzten Bereichs gelb, braunfaserig, mit rostbrauner Basis. **F** gelb bis gelbbraun.
Weit verbreitet auf Totholz von Laubbäumen, insbesondere Erlen und Weiden in feuchten Wäldern und Parkanlagen.

Sa

Erlen-Schüppling *(Pholiota alnicola)*

Pholiota gummosa

GRÜNLICHER SCHÜPPLING

H halbkugelförmig bis flach ausgebreitet, Ø 3-7 cm, cremeweiß bis gelbgräulich oder grünlich bis schmutzig braungelb, jung mit weißlichen bis braunen Schuppen. **L** weißgelblich bis bräunlich. **St** 4-6 cm x 3-7 mm, cremeweiß, unterhalb der faserigen Ringzone mit gelblich braunen Fasern und Schuppen, Basis braun. **F** gelblich bis glasig grünlich.
Weit verbreitet an totem, bisweilen im Boden vergrabenem Laubholz auf Ton oder Lehm. In Büscheln.

Sa

Pholiota lenta

TONFALBER SCHÜPPLING

H halbkugelförmig bis flach, Ø 3-8 cm, schleimig, jung mit weißen Flöckchen, blass cremeweiß oder gräulich ocker, mit brauner Mitte und hellerem Rand. **L** dicht gedrängt, weißlich bis lehmig braun. **St** 3-6 cm x 6-12 mm, weißlich, unterhalb der Ringzone mit weißlichen, faserig-flockigen Schüppchen auf braunem Grund. **F** weißlich bis cremig ocker. **G** nach Rettich.
Verbreitet auf Holzresten in Laub- und Nadelwäldern. Herbst–Spätherbst.

Sa

Tonfalber Schüppling *(Pholiota lenta)*

Pholiota conissans (P. graminis, P. lutaria)

GRAS-SCHÜPPLING

H gewölbt bis flach, Ø 2-5 cm, leicht klebrig, glatt, hellocker bis zitronengelb oder gelbgrünlich mit ockerbrauner bis rötlicher Mitte. **L** dicht gedrängt, cremegrau bis zimtfarben. **St** 2-7 cm x 2-4 mm, faserig-flockig, weiß bis hellgelb, mit faseriger Ringzone und brauner Basis. **F** weißlich creme bis gelbbraun. **Gsm** mild.

Grünlicher Schüppling *(Pholiota gummosa)*

Weit verbreitet auf totem Laubholz (Weide) oder auf vergrabenem Holz oder Wurzeln von Gräsern (Röhricht) an morastigen Stellen.

Sa

Gras-Schüppling *(Pholiota conissans)*

Pholiota highlandensis (P. carbonaria)

KOHLEN-SCHÜPPLING

H gewölbt bis flach, Ø 2-5 cm, glatt, klebrig-glänzend, ockerbraun bis rotbraun, mit weißlichen Flöckchen und hellerem Rand. **L** blassbeige bis zimtbraun. **St** 2-5 cm x 3-7 mm, über der Ringzone fein wollig-faserig, blass gelblich, weißlich, an der Basis rötlich braun. **F** blassgelb. **Gsm** mild.
Weit verbreitet auf totem, verkohltem Holz (Koniferen, Heide) an Feuerstellen.

Sa

Kohlen-Schüppling *(Pholiota highlandensis)*

Pholiota oedipus (Phaeogalera oedipus)

BLÄTTER-SCHÜPPLING

H halbkugelförmig bis leicht gewölbt oder flach, Ø 1-4 cm, schleimig, braun oder hell graugelblich mit einem Hauch olivgrün bis hellbraun oder blass ockerfarben, feucht mit gestreiftem Rand. **L** weit auseinander, cremeweiß bis lehmbraun, mit bewimpertem weißem Lamellenanschnitt. **St** 2-6 cm x 2-6 mm, weiß mit faserig-flockiger Ringzone und weißfilziger Basis. **F** blass cremefarben ocker. **Gsm** mild. **G** schwach, mehlig. Mäßig verbreitet auf Holzresten und Zweigen (Pappeln). Herbst–Frühjahr.

Sa

Blätter-Schüppling *(Pholiota oedipus)*

Pholiota mutabilis (Kuehneromyces mutabilis)

STOCKSCHWÄMMCHEN

H gewölbt bis ausgebreitet gebuckelt, Ø 3-8 cm, glatt, zimt- bis orangebraun, trocknet zweifarbig ab: mit blasser Mitte und gestreiftem Rand. **L** blass bis zimt-

Stockschwämmchen *(Pholiota mutabilis)*

braun. **St** 3-8 cm x 5-9 mm, mit glatter, gelblicher Stielspitze und weißlichen Schuppen auf dunklem Grund unterhalb des häutigen braunen Rings, Basis schwarzbraun. **F** weißbräunlich.
Verbreitet auf Stümpfen von Laubbäumen (Eiche, Erle, Birke, Weide). In Büscheln. Sommer–Herbst.

Sa Eßb.

Fälblinge *(Hebeloma)*

Gattung weißlicher, blassocker- oder kakaobrauner Blätterpilze, oft mit klebrigen Hüten, mit ausgebuchteten, lehmfarbenen bis zimtbraunen Lamellen und blassen Stielen. Mykorrhizabildner. **Sp** graubraun, zimtbraun, rostbraun.
In Mitteleuropa sind ca. 50 verschiedene Fälblingsarten heimisch.

Hebeloma crustuliniforme

TONBLASSER FÄLBLING
H halbkugelförmig bis gewölbt, Ø 4-10 cm, klebrig, weißlich, mit braungelber oder blass ockerbrauner Mitte, jung mit eingerolltem Rand. **L** blass lehmfarben, anfangs mit Tröpfchen besetzt, die später braunfleckig eintrocknen. **St** 4-7 x 1-2 cm, weißlich flockig, cremefarben. **F** weiß. **Gsm** bitter. **G** nach Rettich.
Verbreitet unter Laubbäumen in Laubwäldern, Alleen und Wegrändern auf Lehm und Ton.

M †

Tonblasser Fälbling *(Hebeloma crustuliniforme)*

Hebeloma mesophaeum

DUNKELSCHEIBIGER FÄLBLING
H halbkugelförmig bis flach gewölbt, Ø 2-5 cm, klebrig, gelbbraun mit rötlich brauner Mitte, jung am Rand mit weißen Velumresten. **L** lehmfarben. **St** 4-7 cm x 4 mm, Stielspitze weißlich, unterhalb der hinfälligen Ringzone weißfaserig auf dunklem Grund. **F** weiß bis bräunlich. **Gsm** bitter. **G** nach Rettich.
Verbreitet unter Laubbäumen (Birke, Eiche, Buche) und Nadelbäumen (Kiefer, Fichte), oft unter jungen Bäumchen, in Laubwäldern, Alleen (Linde, Hasel) und Gebüschen (Kriechweide). Oft in Gruppen.

M Ung.

Dunkelscheibiger Fälbling *(Hebeloma mesophaeum)*

Hebeloma radicosum

WURZEL-FÄLBLING
H gewölbt, Ø 6-9 cm, klebrig, creme bis blass gelblich braun. **L** blass bis dunkel lehmfarben. **St** 5-8 cm x 10-15 mm, Stielspitze weiß, unterhalb des Rings mit faserigen braunen Schuppen, Basis wurzelartig verlängert. **F** weiß. **Gsm** süßlich. **G** nach Mandeln.
In Laubwäldern auf nährstoffreichen Ton- und Lehmböden, oft in Mäuselöchern, Maulwurfsgängen und Wespennestern wurzelnd.

S M Ung.

Wurzel-Fälbling *(Hebeloma radicosum)*

Hebeloma anthracophilum

KOHLEN-FÄLBLING

H halbkugelförmig bis gewölbt, Ø 4-8 cm, schleimig-klebrig, blass beigebraun mit dunkelbrauner Mitte und weißlichem Rand. **L** beigegrau. **St** 4-5 cm x 5-7 mm, zäh, weißlich zoniert auf gelblichem Untergrund. **F** blass, braun verfärbend. **G** schwach, unangenehm. An Feuerstellen, auf verkohlten Holzresten und -abfällen in Laub- und Nadelwäldern, Grünanlagen, Gebüschen, Alleen und auf Wiesen.

S Sa M

Kohlen-Fälbling *(Hebeloma anthracophilum)*

Risspilze *(Inocybe)*

Sehr artenreiche Gattung meist kleiner Blätterpilze mit radialfaserigen oder geschuppten, kegelförmigen, später meist ausgebreitete und zentral gebuckelten Hüten und gekerbtem Rand; manche mit knollig verdickter Stielbasis. Mykorrhizabildner. **Sp** braun.

Die Risspilze sind in Mitteleuropa mit über 150 sehr unterschiedlichen Arten vertreten. Die meisten Arten sind nur anhand mikroskopischer Merkmale sicher zu bestimmen.

Inocybe asterospora

STERNSPORIGER RISSPILZ

H glockig bis flach ausgebreitet mit stumpfem Buckel, Ø 3-7 cm, faserig gespalten auf hellem Grund, rot- bis dunkel graubraun. **L** weißlich bis olivbraun. **St** 4-6 cm x 5-7 mm, schlank, fein gestreift, rot- bis graubraun, mit berandeter, knolliger Basis. **F** blass bis braun. **G** muffig.

Mäßig verbreitet unter Laubbäumen, besonders Eichen, in Wäldern und mit Bäumen bepflanzten Wegrändern auf kalkhaltigen Böden.

M †

Sternsporiger Risspilz *(Inocybe asterospora)*

Inocybe corydalina

GRÜNSCHEITELIGER RISSPILZ

H glockenförmig bis flach ausgebreitet, Ø 3-7 cm, radial braunfaserig, schmutzig weiß mit olivfarbener bis blaugrüner Mitte und flockigem Rand. **L** blass lehmfarben mit weißen Schneiden. **St** 3-8 cm x 5-13 mm, weißgräulich, mit leicht angeschwollener, gelegentlich blaugrüner Basis. **F** weiß bis gelblich. **Gsm** mild. **G** stark, nach Brotteig. Unter Laub- (Eiche, Hasel, Buche) und jungen Nadelbäumen auf kalkreichen Böden.

M Ung.

Grünscheiteliger Risspilz *(Inocybe corydalina)*

Inocybe geophylla var. *geophylla*

ERDBLÄTTRIGER RISSPILZ

H kegelig bis gewölbt-gebuckelt, Ø 1-3 cm, seidig glatt, weiß, gelegentlich in der Mitte mehlig. **L** creme- bis lehmfarben. **St** 1-5 cm x 3-6 mm, seidig faserig, weiß. **F** weiß. **Gsm** mild. **G** erdig, nach Sperma. Weit verbreitet unter Laubbäumen, gelegentlich unter Nadelbäumen in Wäldern, Parks und Alleen auf nährstoffreichen Böden.

M †

Erdblättriger Risspilz *(Inocybe geophylla* var. *geophylla)*

Inocybe geophylla var. *lilacina*

ERDBLÄTTRIGER RISSPILZ, VIOLETTE FORM

H kegelig bis gewölbt mit gelblichem Buckel, Ø 1-3 cm, seidig glatt, lila oder violett auf ockerbraunem Grund. **L** creme- bis lehmfarben. **St** 1-5 cm x 3-6 mm, seidig faserig, lila, Basis ockergelb. **F** weiß. **Gsm** mild. **G** erdig, nach Sperma.
Weit verbreitet unter Laubbäumen (oder Nadelbäumen) in Wäldern, Parks und Alleen auf nährstoffreichen Böden, oft zusammen mit der Normalform.

M †

Erdblättriger Risspilz, violette Form *(Inocybe geophylla* var. *lilacina)*

Inocybe rimosa (I. fastigiata)

KEGELIGER RISSPILZ

H kegelig bis glockig gebuckelt, Ø 2-8 cm, radial faserig, spaltend, stroh- bis braungelb. **L** lehmfarben bis trübgelb mit weißen Schneiden. **St** 3-7 cm x 4-12 mm, blass braungelb mit weißer Stielspitze. **F** weiß. **Gsm** mild bis bitter. **G** schwach, mehlig.
Weit verbreitet unter Laub- und Nadelbäumen in Alleen und Parks oder in Wäldern und Gebüschen auf nährstoffreichen Böden.

M †

Kegeliger Risspilz *(Inocybe rimosa)*

Inocybe lacera

STRUPPIGER RISSPILZ

H gewölbt gebuckelt, Ø 1-3 cm, radial faserig, graubraun bis rötlich braun. **L** weiß bis lehmfarben mit weißen Schneiden. **St** 2-3 cm x 3-6 mm, faserig, bräunlich mit blasser Spitze, Basis leicht knollig verdickt. **F** weiß. **Gsm** mild. **G** mehlig.
Verbreitet unter Laub- und Nadelbäumen in Wäldern auf saurem, humusarmem Sand und Torf, oft längs der Wege.

M †

Struppiger Risspilz *(Inocybe lacera)*

Inocybe squamata

SCHUPPIGER RISSPILZ

H kegelig bis ausgebreitet gebuckelt, Ø 3-8 cm, radial braunfaserig gestreift auf gelbem bis gelbbraunem Grund, in der Mitte mit braunen Schüppchen, Rand oft gespalten. **L** blass olivgelb bis gelbbraun mit hellen Schneiden. **St** 5-7 cm x 6-9 mm, faserig, blassbraun bis gelblich braun. **F** blass. **G** schwach.
Weit verbreitet unter Pappeln auf Ton.

M

Inocybe vulpinella (I. halophila)

BRAUNSCHECKIGER RISSPILZ

H glockig bis gewölbt gebuckelt, Ø 3-4 cm, rotbraun schuppig-faserig, Mitte schuppig und rotbraun. **L** rotbraun. **St** 3-5 cm x 4-6 mm, weiß, zur Stielbasis hin braun, mit weißer, abgesetzter Basalknolle. **F** blass. **G** schwach.
Unter (Kriech-)Weiden, gelegentlich unter Pappeln, auf feuchtem, kalkreichem Sand.

S RL-3 M

Schuppiger Risspilz *(Inocybe squamata)*

Mistpilze *(Bolbitius)*

Bolbitius vitellinus

GOLD-MISTPILZ

H kegelig bis glockig, später flach ausgebreitet, mit tief gefurchtem Rand, Ø 1-4 cm, klebrig, durchscheinend, chrom- oder dottergelb, bis graubraun verblassend. **L** dicht gedrängt, blassgelb bis zimtbraun. **St** 3-8 cm x 2-4 mm, hohl, zart, fein bereift, gelblich, mit weißflaumiger Basis. **F** dünn, blass. **Sp** rostbraun. Verbreitet auf humosen Böden, Abfällen, Mist- und Komposthaufen und verrottendem Gras in Gärten, Wiesen und an Waldrändern auf nährstoffreichen

Braunscheckiger Risspilz *(Inocybe vulpinella)*

Gold-Mistpilz *(Bolbitius vitellinus)*

Böden oder gedüngten Stellen. Frühjahr–Herbst. Die Gattung *Bolbitius* besteht aus 5 zartfleischigen Arten.

Sa

Samthäubchen und Glockenschüpplinge *(Conocybe, Pholiotina)*

Gruppe von zarten, oft lang gestielten, isabellfarbenen, blassgelben bis cremefarbenen oder gelb- oder rötlich braunen Blätterpilzen mit glocken- oder kegelförmig bis gewölbt-ausgebreiteten Hüten, manche mit häutigem Ring. **Sp** gelb- bis ockerbraun. Die Gattung *Conocybe* umfasst in Mitteleuropa ca. 70 Arten. Sie können meist nur anhand ihrer mikroskopischen Merkmale sicher bestimmt werden.

Conocybe tenera

ROSTSTIELIGES SAMTHÄUBCHEN

H stumpf kegelförmig, Ø 1-4 cm, matt, ocker- bis zimtbraun, gelbbraun abtrocknend. **L** angeheftet, dicht gedrängt, weißlich bis zimtbraun. **St** 5-10 cm x 4-7 mm, zerbrechlich, fein bereift, weißlich bis blass ockerbraun überhaucht. **F** blass ockerbraun. **G** champignonartig.
Verbreitet auf dem Boden in Wiesen, Parks und Grünstreifen, gelegentlich in Laubwäldern, auf mäßig nährstoffreichen Böden. Frühsommer–Herbst.

Sa

Conocybe lactea

MILCHWEISSES SAMTHÄUBCHEN

H kegel- bis schmal glockenförmig, Ø 1-2 cm, matt, weißlich bis gelblich cremefarben. **L** zimtbraun. **St** 3-10 cm x 1-2 mm, zerbrechlich, mit bereifter Spitze, weiß, mit abgesetztem Knollenfuß. Weit verbreitet auf humosen Böden in Parks, Gärten und Rasen.

Sa

Roststieliges Samthäubchen *(Conocybe tenera)*

Milchweißes Samthäubchen *(Conocybe lactea)*

Conocybe rickeniana

GERIEFTES SAMTHÄUBCHEN

H glockig bis ausgebreitet, Ø 1-3 cm, glatt, rost- bis zimtbraun gestreift auf gelbbraunem Grund. **L** zimtfarben. **St** 3-8 cm x 1-2 mm, weißlich gepudert, rotbraun, oft mit Knollenfuß.

Weit verbreitet auf humosen Böden in Wiesen, Parks, Grünstreifen und Laubwäldern auf nährstoffreichen Böden.

Sa

Gerieftes Samthäubchen *(Conocybe rickeniana)*

Conocybe aporos (Pholiotina aporos)

FRÜHLINGS-GLOCKENSCHÜPPLING

H halbkugelförmig bis ausgebreitet, Ø 1-4 cm, matt, fein gestreift, gelblich bis ockerbräunlich. **L** lehmfarben bis dunkel ockerbraun. **St** 2-6 cm x 2-4 mm, weißlich-flockig, cremefarben, mit häutigem, auf der Oberseite gestreiften Ring.

Mäßig verbreitet in Laubwäldern, gelegentlich in Parks auf nährstoffreichen Böden. Frühjahr.

Sa

Frühlings-Glockenschüppling *(Conocybe aporos)*

Conocybe arrhenii (Pholiotina arrhenii)

ROTBRÄUNLICHER GLOCKENSCHÜPPLING

H glockenförmig bis ausgebreitet gebuckelt, Ø 2-3 cm, matt, rötlich braun bis ockergelb, mit gestreiftem Rand. **L** lehmig bis rostbraun. **St** 1-4 cm x 2-5 mm, bereift gestreift, weißlich bis silbrig cremefarben, mit häutigem, auf der Oberseite gestreiftem Ring.

Mäßig verbreitet in Laubwäldern, Parks und Alleen auf nährstoffreichem, humosem Sand oder Ton.

Sommer–Herbst.

Sa

Rotbräunlicher Glockenschüppling *(Conocybe arrhenii)*

Häublinge *(Galerina)*

Gattung kleiner, zarter, honiggelber oder gelb- bis rotbrauner Blätterpilz mit glockenförmigen bis ausgebreiteten Hüten, die zwischen Moos und an Holz leben. **Sp** ockerfarben, rostbraun.

In Mitteleuropa sind ca. 50 Arten der Gattung *Galerina* beheimatet. Die meisten Arten sind nur anhand ihrer mikroskopischen Merkmale mit Gewissheit zu bestimmen.

Moos-Häubling *(Galerina hypnorum)*

Galerina hypnorum

MOOS-HÄUBLING

H glockenförmig bis gewölbt, Ø 4-15 mm, glatt, bei Feuchtigkeit durchscheinend gestreift, schmutzig honiggelb, trocken gelb- bis ockerbraun. **L** ockerbraun. **St** 15-40 x 1-2 mm, blass gelblich ocker, mit bereifter Stielspitze und dunkler Basis.
Verbreitet auf dem Boden zwischen Moosen und auf bemoosten Stämmen und Ästen.

Sa

Galerina pumila

GLOCKIGER HÄUBLING

H glockig, Ø 5-15 mm, glatt, bei Trockenheit blass ockergelb, in feuchtem Zustand durchscheinend gestreift, blassgelb bis ockergelb mit weißem Rändchen. **L** gelblich bis rostbraun. **St** 2-5 cm x 1-3 mm, ockergelb, mit weißen, seidigen Fasern und blasser gepuderter Stielspitze.
Verbreitet auf Streu und Humus, oft zwischen Moos, in mageren Wiesen, Heiden und an grasigen Stellen in den Dünen.

Sa

Glockiger Häubling *(Galerina pumila)*

Galerina autumnalis

ÜBERHÄUTETER HÄUBLING

H glockig oder gewölbt bis ausgebreitet, Ø 3-6 cm, in feuchtem Zustand klebrig, ockerbraun, mit feingestreiftem Rand, trocken matt, gelb bis ocker gelbbraun. **L** herablaufend, hell ockerbraun. **St** 3-9 cm x 3-8 mm, mit hell ockergelber Stielspitze, unterhalb des Rings bräunlich faserig, mit gelbbraunen, zur Basis zunehmend dunkelbraunen Zonen, Basis dunkelbraun. **F** gelblich bis rotbraun. **Gsm** mild. **G** unauffällig.
Auf Ästen und Stämmen, insbesondere auf stark vermorschtem Holz, zumeist von Laubbäumen, auf nährstoffreichen Böden.

Überhäuteter Häubling *(Galerina autumnalis)*

S Sa †

Erlenschnitzlinge *(Alnicola)*

Gattung kleiner, ockergelblich brauner, brauner und dunkelbrauner Blätterpilze mit einer Vorliebe für feuchte Standorte. **Sp** braun. Mykorrhizabildner und Saprophyten.
Die Gattung *Alnicola* umfasst in Deutschland ca. 15-20 Arten.

Alnicola escharoides *(Naucoria escharoides)*

HONIGGELBER ERLENSCHNITZLING

H gewölbt bis abgeflacht, Ø 1-3 cm, ockergelblich braun bis blassbraun. **L** ockergelb bis blass zimtbraun. **St** 4-5 cm x 3-4 mm, ockerbraun mit dunkler Basis.

Honiggelber Erlenschnitzling *(Alnicola escharoides)*

F gelbbraun. **Gsm** bitter. **G** süßlich. Verbreitet unter Erlen in Erlenbruchwäldern, in Laubwäldern mit eingestreuten Erlen und in Parks.

M

Trompetenschnitzlinge *(Tubaria)*

Kleine Gruppe von Blätterpilzen, die auf Holz, Streu und Humus leben. Mit gewölbten bis ausgebreiteten Hüten, manche mit flaumigem Fuß. **Sp** ockerfarben.
Die Gattung *Tubaria* umfasst in Mitteleuropa ca. 10 Arten.

Tubaria furfuracea

GEMEINER TROMPETENSCHNITZLING
H gewölbt bis flach, Ø 2-4 cm, gelbbraun bis dunkel gelbbraun, feucht mit gestreiftem Rand, trocken feinflockig, blass braungelb, oft mit weißen Velumresten auf und an der Randzone. **L** entferntstehend, etwas herablaufend, zimtbraun. **St** 2-5 cm x 2-4 mm, zimtbraun bis blass braungelb, mit flaumiger weißer Basis. **F** braungelb. Verbreitet auf Holzspänen, Ästchen und Zweigen, gelegentlich auf Streu und Humus in Laubwäldern, Gebüschen, Parks und Gärten.
Sehr ähnlich ist der Winter-Trompetenschnitzling *(T. hiemalis)*. Sommer–Herbst.

Sa

Gemeiner Trompetenschnitzling *(Tubaria furfuracea)*

Tubaria dispersa (T. autochthona)

GELBBLÄTTRIGER TROMPETENSCHNITZLING
H gewölbt bis flach, Ø 5-20 mm, fein samtig, cremebraun bis ockerbräunlich gelb, feucht mit gestreiftem Rand. **L** blassgelb bis ockerfarben. **St** 15-30 x 1-2 mm, cremeweiß. **F** weißlich.

Gelbblättriger Trompetenschnitzling *(Tubaria dispersa)*

Verbreitet in Weißdorngebüschen an Waldrändern, in Laubwäldern, Parks und Gärten auf kalkhaltigen, humosen Böden.

Sa

Glimmerschüppling *(Phaeolepiota)*

Phaeolepiota aurea

GLIMMERSCHÜPPLING
H halbkugelförmig bis gewölbt oder ausgebreitet, Ø 5-20 cm, fein mehlig-körnig, matt, ockergelblich braun bis goldgelb. **L** fast frei, lehmig bis rostbraun. **St** 8-15 x 1-3 cm, Stielspitze glatt, hell ockergelb, unterhalb des häutigen, breiten, braunen Rings mehlig-körnig, dunkel gelbbraun bis blass ockergelblich braun. **F** weißlich bis hellgelb. **Gsm** mild. **G** würzig, säuerlich. **Sp** ockerfarben rostbraun. Auf nährstoffreichen Ton- oder Sandböden in Laubwäldern, Parks, Grünstreifen und Gebüschen, oft unter Brennnesseln.

S Sa Eßb.

Glimmerschüppling *(Phaeolepiota aurea)*

Schuppenwulstling *(Squamanita)*

Kleine Gruppe von aus einer gemeinsamen Knolle wachsenden Blätterpilzen mit auffällig süßlichem Geruch. **Sp** hellgelb.
Aus Deutschland sind bisher 4 Arten der Gattung *Squamanita* bekannt.

Squamanita odorata

DUFTENDER SCHUPPENWULSTLING
H glockig bis ausgebreitet, Ø 7-35 mm, trocken, mit auf hell graubraunem Grund konzentrisch angeordneten, faserigen, blassen und braunschwarzen Schuppen, Rand jung scharf, später mit Velumresten behangen. **L** teilweise gegabelt, schmutzig weiß bis graubraun, mit gekerbten Schneiden. **St** 1-3 cm x 2-5 mm, mit graubraunen Fasern auf weißlichem Grund und abstehenden, dunkel graubraunen Schuppen in Gürteln über der abgesetzten cremegelben Knolle. **F** weißlich, graubraun verfärbend. **Gsm** mild. **G** stark, süßlich, nach Bonbons.
Auf Sand- und Lehmböden, nach Düngung, am Straßen- und Wegesrand, gelegentlich in Gärten, in waldreicher Umgebung. Möglicherweise auf dem Mycel von *Hebeloma*-Arten (Fälblingen) parasitierend.

SS RL-R Sa (Pa?)

Duftender Schuppenwulstling *(Squamanita odorata)*

Salzwiesen-Champignon *(Agaricus bernardii)*

Champignons *(Agaricus)*

Saprotrophe Blätterpilze mit weißen oder rosafarbenen Lamellen, die durch Sporen schokoladenbraun verfärben, mit beringtem oder gegürteltem Stiel und mit bei Beschädigung oft gelb, rot oder rosa verfärbendem Fleisch. **Sp** braun, dunkelbraun.
Aus Deutschland sind ca. 50–60 Champignon-Arten bekannt.

Agaricus bernardii

SALZWIESEN-CHAMPIGNON
H halbkugelförmig bis unregelmäßig flach gewölbt, Ø 5-15 cm, weißlich bis hellbraun, bricht auf in grobe,

bräunliche Schuppen und verfärbt bei Verletzen rötlich. **L** blassgrau oder fleischbraun bis dunkelbraun. **St** 5-7 x 2-4 cm, weißlich, mit einem einzelnen, dünnen, weißlichen Ring und verschmälerter graubrauner Basis. **F** weiß, rötlich verfärbend. **Gsm** unangenehm. **G** fischig.
Auf salzhaltigen Wiesen in Küstennähe, auf Deichen und an Autobahnrändern.

S Sa Ung.

Agaricus bisporus var. *bisporus*

ZUCHTCHAMPIGNON

H halbkugelförmig bis unregelmäßig ausgebreitet, Ø 5-13 cm, schmutzig braun bis gräulich braun, mit radialen, faserigen braunen Schuppen auf weißlichem Grund, Rand weiß. **L** altrosa bis dunkel purpurbraun. **St** 5-7 x 2-4 cm, unterhalb des häutigen, abstehenden Rings weiß, flockig. **F** weiß, schwach rot verfärbend. **Gsm** mild, nussig. **G** säuerlich, pilzig.
Mäßig verbreitet auf lockeren, humosen Böden und Kompost in Parks, Gärten und Randstreifen, gelegentlich in Laubwäldern auf fetten Böden. Wird kommerziell angebaut.
Sommer–Herbst.

Sa Eßb.

Zuchtchampignon *(Agaricus bisporus* var. *bisporus)*

Agaricus silvaticus

KLEINER WALDCHAMPIGNON

H gewölbt, Ø 5-10 cm, mit ockerfarbenen bis braunen Fasern, in anliegende Schüppchen auf hellem Grund aufbrechend. **L** blass rötlich bis dunkelbraun. **St** 5-10 cm x 10-15 mm, weißlich, gelegentlich mit bräunlichen, faserigen Schüppchen unterhalb des schmutzig braunen Rings. **F** weiß, rot bis bräunlich verfärbend. **Gsm** mild. **G** angenehm, würzig.

Kleiner Waldchampignon *(Agaricus silvaticus)*

Weit verbreitet auf humosen Böden in Laub- und Nadelwäldern auf nährstoffreichen Böden.
Sommer–Herbst.

Sa Eßb.

Agaricus subperonatus

GEGÜRTELTER CHAMPIGNON

H halbkugelig bis gewölbt ausgebreitet, Ø 7-10 cm, schmutzig creme bis blassgrau, mit anliegenden, faserigen braunen Schuppen, Rand mit Velumresten behangen. **L** schmutzig rotbraun bis schokoladenbraun. **St** 8-10 cm x 15-20 mm, weiß bis blassbraun, unterhalb des dünnen weißlichen und blassbraunen Rings mit ringartigem Gürtel, an der Basis zugespitzt. **F** weißlich, verfärbt stark rot. **Gsm** mild. **G** unangenehm süßlich bis fruchtig.
Auf dem Boden und auf Kompost in Parks, Jungwäldern und an Straßenrändern auf gestörten, nährstoffreichen Böden (Ton).

S Sa Ung.

Gegürtelter Champignon *(Agaricus subperonatus)*

Agaricus vaporarius

KOMPOST-CHAMPIGNON

H kugelförmig bis flach gewölbt, Ø 10-15 cm, schmutzig braun, bricht in großen Schuppen auf weißem Grund auf. **L** blassrosa bis schokoladenbraun. **St** 6-12 x 3-5 cm, weißlich, jung mit faserigen braunen Schuppen, mit dickem, hängendem weißem Ring und zugespitzter Basis. **F** weiß, schwach rot verfärbend. **Gsm** nussig. **G** säuerlich.
In Parks, jungen Wäldern, an Straßenrändern und auf Friedhöfen auf nährstoffreichen Böden und Kompost. Durchstößt den Erdboden oft in dicht verwachsenen, tief wurzelnden Büscheln.

S Sa Ung.

Kompost-Champignon *(Agaricus vaporarius)*

Agaricus arvensis

SCHAFCHAMPIGNON

H halbkugelförmig bis ausgebreitet, Ø 8-20 cm, cremeweiß, wird mit dem Alter oder bei Verletzung gelb. **L** frei, weiß oder rosa bis schokoladenbraun. **St** 8-10 x 2-3 cm, cremeweiß, gelb verfärbend, mit doppeltem, sich auf der Unterseite sternförmig spaltendem weißem Ring, Basis keulenförmig verdickt. **F** weiß. **Gsm** mild. **G** nach Anis.
Verbreitet auf Weiden, an Straßenrändern, in Parks und Grünanlagen oder Aufforstungen auf humosen Böden.

Sa Eßb.

Schafchampignon *(Agaricus arvensis)*

Agaricus xanthoderma

KARBOL-CHAMPIGNON

H halbkugelförmig bis gewölbt oder ausgebreitet, Ø 5-15 cm, weiß, auf Druck chromgelb verfärbend. **L** weiß oder rosa bis graubraun. **St** 5-15 x 1-2 cm, weiß, mit weißem Ring und verdickter Basis. **F** weiß, verfärbt am Stielfuß chromgelb. **Gsm** unangenehm. **G** nach Karbol, vor allem beim Kochen.
Mäßig verbreitet auf dem Boden in jungen Wäldern, Parks und Grünanlagen auf nährstoffreichen, kalkhaltigen Böden.

Sa †

Karbol-Champignon *(Agaricus xanthoderma)*

Agaricus praeclaresquamosus *(A. placomyces* var. *meleagris)*

PERLHUHN-CHAMPIGNON

H halbkugelförmig bis ausgebreitet, Ø 5-9 cm, mit graubraunen Schuppen auf weißem Grund, verfärbt auf Druck gelb. **L** rosa bis schwarzbraun. **St** 6-9 cm x 10-12 mm, weißlich, mit Flöckchen, unterhalb des häutigen Rings weißlich bis blassbraun, Stielbasis knollig verdickt, verfärbt auf Druck gelb. **F** weiß, verfärbt gelb. **Gsm** stark, unangenehm.

Perlhuhn-Champignon *(Agaricus praeclaresquamosus)*

Auf humusreichen Böden in Dünengebüschen und Laubwäldern auf humus-, nährstoff- und kalkreichen Böden. Sommer–Herbst.

S Sa †

Agaricus geesterani

ERDSCHIEBER-CHAMPIGNON

H halbkugelförmig bis gewölbt, Ø 8-20 cm, blass weinrot mit weinroten Schuppen auf hellem Grund. **L** weißlich bis dunkelbraun. **St** 5-12 x 3-4 cm, flockig, cremeweiß bis rosaweiß mit bordeauxroten Ringzonen. **F** fest, bei Verletzung erst rasch gelb verfärbend und dann übergehend in braunrot. **Gsm** mild. **G** beim Anschneiden zunächst stark seifig, dann schwach, angenehm nussig.

Auf dem Boden in Parks, jungen Wäldern und Straßenrändern auf nährstoffreichen, humosen oder tonigen Böden. Eine erst vor wenigen Jahren beschriebene, noch wenig bekannte Art.

SS Sa

Erdschieber-Champignon *(Agaricus geesterani)*

Ackerlinge *(Agrocybe)*

Gruppe saprophytisch lebender Blätterpilze, die in Wiesen und auf Humus, Streu oder auf Holz leben, mit weißen, cremefarbenen bis ockerbraunen oder (dunkel)rotbraunen Hüten. **Sp** tabakbraun, dunkelbraun. Die Gattung *Agrocybe* umfasst in Mitteleuropa ca. 15-20 Arten.

Agrocybe cylindracea (A. aegerita)

SÜDLICHER ACKERLING, SÜDLICHER SCHÜPPLING

H gewölbt bis flach ausgebreitet, Ø 4-10 cm, matt, weißlich bis cremegelb, mit dunklerem bis haselnussbrauner Mitte. **L** cremefarben bis dunkelbraun. **St** 5-10 x 1-2 cm, fein schuppig, creme bis blassbraun mit einem durch Sporen braun verfärbenden Ring. **F** weißlich. **Gsm** mild nuss- oder rettichartig. **G** angenehm, rettichartig oder fruchtig.

Auf Stämmen und Stümpfen von Pappeln, gelegentlich auf Weiden, in Alleen und Auwäldern auf nährstoffreichem Boden.

Frühsommer–Herbst.

S Sa Eßb.

Südlicher Ackerling *(Agrocybe cylindracea)*

Frühlings-Ackerling *(Agrocybe praecox)*

Agrocybe praecox

FRÜHLINGS-ACKERLING

H gewölbt, Ø 3-6 cm, matt, cremig ocker bis blass ockerbraun, weißlich austrocknend. **L** angeheftet, blass braunrosa bis dunkelbraun. **St** 4-6 cm x 4-8 mm, rahmfarben bis cremegelb mit Ring. **F** weiß bis creme. **Gsm** mehlig. **G** mehlig.
Verbreitet auf dem Boden und auf Holzspänen in Dünen, Parks, Grünanlagen und Straßenrändern auf nährstoffreichen Böden. Frühjahr.

Sa Eßb.

Agrocybe dura

RISSIGER ACKERLING

H gewölbt bis flach, Ø 3-7 cm, matt, Huthaut aufplatzend, elfenbeinfarben bis rahmgelb, am Rand mit Velumresten. **L** angeheftet, blass bis graubraun. **St** 5-8 cm x 3-7 mm, weißlich bis blass gelblich, mit flockigem Ring. **F** weißlich. **Gsm** schwach, bitter. **G** pilzig.
Mäßig verbreitet auf Streu oder Holzspänen oder in grasigen Randstreifen, in Parks, Grünanlagen, Laubwäldern und Wiesen auf nährstoffreichen, oft auf leicht gestörten Böden. Frühjahr–Sommer.

Sa Eßb.

Rissiger Ackerling *(Agrocybe dura)*

Agrocybe pediades *(A. semiorbicularis)*

TROCKENER ACKERLING

H halbkugelförmig bis gewölbt, Ø 15-35 mm, klebrig, trocken matt samtig, hell oder ockergelb bis orange- oder braungelb, Rand jung mit weißem Velum behangen, später scharf. **L** cremebeige bis rostbraun mit weißlich gewimperten Schneiden. **St** 3-7 cm x 2-5 mm, weiß gepudert, blass bis orangegelb. **F** weißlich bis ockergelb. **Gsm** mild. **G** mehlig.
Weit verbreitet auf dem Boden in Parks, Rasenflächen, Wegrändern und Wiesen auf nährstoffreichen Böden. Sommer.

Sa Ung.

Trockener Ackerling *(Agrocybe pediades)*

Agrocybe putaminum

FALBER ACKERLING

H halbkugelförmig oder gewölbt bis unregelmäßig abgeflacht, Ø 2-7 cm, samtig matt, creme oder hell gelbbraun bis ockerbraun. **L** dicht gedrängt, weißlich blassgelb bis blassbraun. **St** 2-8 cm x 4-8 mm, faserig blassbraun bis blassgelb, Basis dunkelbraun. **F** weißlich bis blassbraun. **Gsm** mehlig. **G** mehlig.
Auf Holzspänen in Weidengebüschen, Parks und Grünanlagen.

SS Sa

Falber Ackerling *(Agrocybe putaminum)*

Schwefelköpfe, Träuschlinge, Kahlköpfe, Muschelfüßchen *(Psilocybe)*

Gruppe sehr unterschiedlich gefärbter (grün, orangerot, rot, gelb, ockergelb, gelbbraun, orangebraun, rotbraun) Blätterpilze mit kegelförmigen bis gewölbten Hüten, gelegentlich auch gebuckelt. **Sp** braun, purpurbraun, purpurschwarz.

In Deutschland kommen ca. 50 Arten der Gattung *Psilocybe* (inclusive *Hypholoma, Stropharia, Melanotus)* vor.

Psilocybe fascicularis (Hypholoma fascicularis)

GRÜNBLÄTTRIGER SCHWEFELKOPF

H gewölbt, Ø 2-7 cm, hell schwefelgelb mit orangebrauner Mitte, Rand oft mit blassgelben bis braunen Velumresten. **L** zitronengelblich grün bis schmutzig graugrün. **St** 4-10 cm x 5-10 mm, gebogen, schwefelgelb mit schwacher, durch Sporen purpurbraun verfärbenden Ringzone und braunem Fuß. **F** schwefelgelb. **Gsm** sehr bitter. **G** unauffällig.

Verbreitet auf totem Laub- und Nadelholz in Wäldern und Grünanlagen. In Büscheln oder Gruppen.

Frühjahr–Herbst.

Sa †

Ziegelroter Schwefelkopf *(Psilocybe sublateritia)*

Psilocybe sublateritia (Hypholoma sublateritium)

ZIEGELROTER SCHWEFELKOPF

H gewölbt, Ø 3-10 cm, ziegelrot mit weißlichem bis ockerfarbenem Rand, mit faserigen Velumresten. **L** creme oder blassgelb bis olivbraun. **St** 5-12 cm x 5-12 mm, blassgelb, unterhalb der Cortinazone ockerbraun. **F** blass gelblich. **Gsm** bitter. **G** unauffällig.

Verbreitet auf Stämmen, Stümpfen und dicken Ästen von Laubbäumen (Eiche, Birke, Buche) in Laubwäldern. In Gruppen.

Sa Ung.

Grünblättriger Schwefelkopf *(Psilocybe fascicularis)*

Psilocybe capnoides (Hypholoma capnoides)

GRAUBLÄTTRIGER SCHWEFELKOPF

H gewölbt mit Buckel, Ø 2-6 cm, blass ockerfarben mit gelbbrauner Mitte, Rand hell gelb. **L** cremefarben bis graulila oder olivschwarz. **St** 4-7 cm x 3-9 mm, ockerbräunlich gelb mit weißlicher Cortinazone, dunkelbrauner Fuß. **F** gelblich. **Gsm** süßlich. **G** schwach.
Verbreitet auf totem Nadelholz.
Frühjahr–Herbst.

Sa Eßb.

Graublättriger Schwefelkopf *(Psilocybe capnoides)*

Psilocybe elongata (Hypholoma elongatipes)

TORFMOOS-SCHWEFELKOPF

H gewölbt bis abgeflacht, Ø 1-2 cm, trocken matt, feucht fettig, gestreift, blass orangebraun, mit scharfem, blassgelbem bis grüngelbem Rand. **L** weißlich oder graubeige bis violettbraun. **St** 3-6 cm x 1 mm, elastisch, hohl, matt, weißfaserig, mit hellgelber Spitze und orangebraunem Fuß. **F** blass bis orangegelb. **Gsm** mild. **G** muffig.

Torfmoos-Schwefelkopf *(Psilocybe elongata)*

Weit verbreitet zwischen (Torf)Moosen, in Hochmooren auf grober Streu, an Weiherrändern und in nassen Heiden und mageren Wiesen.
Sommer–Herbst.

Sa Ung.

Psilocybe aeruginosa (Stropharia aeruginosa)

GRÜNSPAN-TRÄUSCHLING

H glockenförmig bis gewölbt mit breitem Buckel, Ø 2-8 cm, schleimig, blaugrün bis tiefgrün, gelbgrün bis gelblich verblassend mit weißen Schüppchen und weißen Velumresten am Rand. **L** weißlich rosa bis lilabraun mit weißen Schneiden. **St** 4-8 cm x 4-10 mm, Stielspitze feinfilzig, blass blaugrün, unterhalb des faserig-häutigen Rings mit abstehenden faserigen weißen Flocken auf grobfilzigem, blauem oder blaugrünem, grünlich gelb verblassendem Grund. **F** blauweiß. **Gsm** mild. **G** schwach, säuerlich.
Verbreitet auf verrottetem Holz, Streu oder in Nadel- und Laubwäldern auf sauren, sandigen Böden.
Sommer–Herbst.

Sa Ung.

Grünspan-Träuschling *(Psilocybe aeruginosa)*

Psilocybe caerulea (Stropharia cyanea)

BLAUER TRÄUSCHLING

H halbkugelförmig bis flach ausgebreitet, Ø 3-6 cm, schwach schleimig-klebrig, blaugrün oder gelbgrün bis blassgelb oder blassocker, oft mit gelblichen Flecken, Rand mit hinfälligen, weißlichen Flocken. **L** hell rötlich braun bis dunkelbraun. **St** 4-7 cm x 4-10 mm, Stielspitze feinfilzig, weißlich bis blassblau, unterhalb des zerbrechlichen Rings mit abstehenden weißlichen Flocken auf blauem oder blaugrünem, gelblich ver-

blassendem Grund, Basis weißfilzig. **F** weiß bis blaugrün. **Gsm** mild. **G** schwach säuerlich. Verbreitet auf grober Streu und Holzspänen, zwischen Laub- und Grasresten in Wäldern, Parks und Gärten.
Sommer–Herbst.

Sa Ung.

Blauer Träuschling *(Psilocybe caerulea)*

Psilocybe aurantiaca (Stropharia aurantiaca)

ORANGEROTER TRÄUSCHLING

H gewölbt, Ø 2-7 cm, orangerot mit gelblichen oder dunkelroten Flecken, oft mit weißen Velumresten am Rand. **L** creme bis olivbraun. **St** 2-8 cm x 4-10 mm, ockerfarben bis orangerot, mit blasser Spitze und nur schwach entwickeltem Ring. **F** cremig bis gelblich orange. **Gsm** mild. **G** schwach.
Mäßig verbreitet auf Holzresten, insbesondere Häckselabfällen, in Wäldern, Parks und Grünanlagen.
Sommer–Herbst.

Sa

Orangeroter Träuschling *(Psilocybe aurantiaca)*

Psilocybe coronilla (Stropharia coronilla)

KRÖNCHEN-TRÄUSCHLING

H gewölbt, Ø 2-5 cm, klebrig, hell- bis dunkelgelb. **L** blass graubraun bis purpurbraun. **St** 4-6 cm x 5-8 mm, Stielspitze weiß, unterhalb des an der Oberseite gestreiften, häutigen Rings matt, weiß bis gelblich braun. **F** weißlich. **Gsm** mild. **G** schwach.
Weit verbreitet auf nackten Böden und Grasresten in mageren Wiesen und unter Strandhafer.

Sa Ung.

Krönchen-Träuschling *(Psilocybe coronilla)*

Psilocybe semiglobata (Stropharia semiglobata)

HALBKUGELIGER TRÄUSCHLING

H halbkugelig bis gewölbt, häufig mit Buckel, Ø 1-4 cm, schleimig-klebrig, gelb bis gelbbraun. **L** blassgrau bis purpurschwarz. **St** 5-10 cm x 3-5 mm, klebrig, creme bis blassgelb, unterhalb des hinfälligen Rings fein hellbraun geschuppt. **F** creme. **Gsm** mild. **G** keiner. Verbreitet auf Mist und stark gedüngten Stellen in sandigen Wiesen.

Sa Ung.

Halbkugeliger Träuschling *(Psilocybe semiglobata)*

Psilocybe squamosa (Stropharia squamosa)

SCHUPPIGER TRÄUSCHLING

H halbkugelförmig bis gewölbt, Ø 2-5 cm, schleimig-klebrig, ocker- bis dattelbraun, trocken mit konzentrischen, weißlichen bis graubraunen Schüppchen. **L** hell graubraun bis grauschwarz. **St** 6-11 cm x 4-9 mm, Spitze weißlich bis hellbraun, unterhalb des hängenden, häutigen Rings weißfilzig-schuppig auf hellbraunem Grund. **F** cremegelb. **Gsm** mild. **G** schwach. Mäßig verbreitet auf Holzspänen, Streu und vergrabenen Holzresten in Laubwäldern und Parks auf nährstoffreichen Böden.

Sa Ung.

Schuppiger Träuschling *(Psilocybe squamosa)*

Psilocybe semilanceata

SPITZKEGELIGER KAHLKOPF

H kegelförmig mit spitzem Buckel, Ø 5-15 mm, 6-13 mm hoch, klebrig, oliv- bis graubraun, trocken strohgelb bis ocker, jung mit eingerolltem Rand. **L** blass braungrau bis purpurbraun. **St** 5-9 cm x 1-2 mm, weißlich bis creme, Basis gelegentlich blaugrün überhaucht. **F** graubraun bis beige. **Gsm** mild. **G** rettichartig.
Weit verbreitet auf dem Boden und auf Grasresten in relativ mageren bis gedüngten Wiesen.

Sa †

Spitzkegeliger Kahlkopf *(Psilocybe semilanceata)*

Psilocybe coprophila

MIST-KAHLKOPF

H halbkugelförmig bis glockig, Ø 10-25 mm, klebrig, glänzend, gelblich braun bis blass rötlich braun. **L** dicht gedrängt, weißlich grau bis lilabraun. **St** 2-4 cm x 1-2 mm, weißflockig, blassbraun, mit weißbereifter Stielspitze. **F** blassbraun. **Gsm** mild. **G** schwach, angenehm.
Mäßig verbreitet auf Pferdemist, Schafs-, Kaninchen- und Hasenkötteln in mageren bis leicht nährstoffreichen Wiesen und Heiden. Sommer–Herbst.

Sa Ung.

Mist-Kahlkopf *(Psilocybe coprophila)*

Trockener Kahlkopf *(Psilocybe montana)*

Psilocybe montana

TROCKENER KAHLKOPF

H halbkugelförmig, Ø 4-12 mm, feucht gestreift, dunkelbraun, trocken matt, ockerfarben bis beige, jung mit Velumresten am Rand. **L** creme bis dunkel purpurbraun. **St** 15 20 x 1 mm, weißfaserig, grauocker. **F** weißlich bis graubraun. **Gsm** mild. **G** schwach, würzig.

Weit verbreitet zwischen Moosen in Sandverwehungen, mageren (Dünen)Wiesen und Heiden auf trockenen, sandigen Böden. Oft in Gruppen.
Sommer–Herbst.

Sa †

Psilocybe muscorum

MOOS-KAHLKOPF

H halbkugelförmig bis gewölbt-gebuckelt, Ø 5-14 mm, feucht klebrig, glänzend, dunkelgestreift, rotbraun, trocken matt, ockerfarben beige bis blass beigebraun. **L** schmutzig cremefarben bis dunkelbraun.

Moos-Kahlkopf *(Psilocybe muscorum)*

Sumpf-Muschelfüßchen *(Psilocybe caricicola)*

St 15-25 x 1-2 mm, längs weißfaserig, graubraun. **F** hell graubraun. **Gsm** mild. **G** schwach.

Mäßig verbreitet zwischen Moosen und Gras in mageren Wiesen und Gärten auf trockenen, nährstoffarmen Sandböden. In Gruppen. Frühjahr–Herbst.

Nur anhand mikroskopischer Merkmale sicher vom Trockenen Kahlkopf *(P. montana)* und einigen anderen kleinen Kahlköpfen zu unterscheiden.

Sa

Psilocybe caricicola (Melanotus caricicola)

SUMPF-MUSCHELFÜSSCHEN

H rundlich bis schüssel- oder nierenförmig, Ø 5-10 mm, exzentrisch gestielt oder seitlich angewachsen, feinfilzig, bräunlich durchscheinend gestreift, braunocker bis fleischfarben. **L** hell ocker- bis fleischig. **L** hell ocker- bis fleischig rot. **St** 1-3 x 0,5 mm, hellbraun bis rostbraun, mit weißfilziger Basis. **F** hellocker.

An Ufern auf toten Blättern des Wasser-Schwadens *(Glyceria maxima)* und anderer Sumpfpflanzen. Aus Deutschland bisher nicht bekannt.

SS Sa ♀

Faserlinge, Saumpilze *(Psathyrella, Lacrymaria)*

Große Gruppe meist zarter, lang gestielter, saprophytisch lebender Blätterpilze, deren Hüte im Feuchten oder beim Austrocknen oft stark ihre Farbe verändern. Haben zunächst noch Velumreste am Hutrand. **Sp** purpurschwarz bis schwarz (vgl. Foto steriler Faserling in Kapitel 1, S. 21). In der Bundesrepublik sind über 100 Arten der Gattungen *Psathyrella* und *Lacrymaria* heimisch.

Die meisten Arten sind allerdings nur anhand mikroskopischer Merkmale und auch nur, wenn sie noch jung sind, sicher zu bestimmen.

Psathyrella candolleana

BEHANGENER FASERLING

H glockig bis flach ausgebreitet, Ø 2-6 cm, feucht blass ockerbraun, trocken weiß, Rand mit weißem Velum behangen. **L** hell grauviolett bis schokoladenbraun. **St** 4-8 cm x 4-8 mm, hohl, spröde, flockig, weiß. **F** weiß.

Verbreitet auf oder unter toten Ästen, Stümpfen, Stämmen und vergrabenem Holz von Laubbäumen in Laubwäldern, Parks, Alleen, Gebüschen, Wiesen und Gärten. Auf einem der abgebildeten Hüte hat sich ein winziger, aber vollständig entwickelter Fruchtkörper mit

Behangener Faserling *(Psathyrella candolleana)*

nach oben gerichtetem Stiel gebildet. In Gruppen oder Büscheln.
Frühjahr–Herbst.

Sa Ung.

Psathyrella piluliformis (P. hydrophila)

WÄSSRIGER FASERLING

H gewölbt bis flach, Ø 2-6 cm, blass gelb- oder ockerbraun bis kastanienbraun, oft mit dunkler Mitte, jung mit vom Rand herunter hängenden weißen Velumresten. **L** graubeige bis schokoladenbraun, mit weißen Schneiden. **St** 3-7 cm x 3-8 mm, weiß, mit gelbbrauner Basis. **F** wässrig braun. **Gsm** bitter. **G** schwach.
Verbreitet auf oder unter toten Stämmen, Stümpfen und vergrabenem Holz von Laubbäumen (Eiche, Buche) in Laubwäldern, Parks und Alleen auf sandigen Böden. In Büscheln.
Sommer–Herbst.

Sa Ung.

Wässriger Faserling *(Psathyrella piluliformis)*

Psathyrella marcescibilis

GRAUWEISSER FASERLING

H kegel- bis glockenförmig, Ø 2-4 cm, feucht graubraun, trocken hell graubraun bis cremeweiß, am Rand mit weißen Velumresten. **L** weißlich grau bis dunkel purpurbraun. **St** 3-6 cm x 2-3 mm, hohl, zerbrechlich, cremeweiß, mit weißflockiger Basis. **F** weißlich. **Gsm** mild. **G** keiner.
Mäßig verbreitet auf humosen Böden oder Holzspänen in Parks, Grünanlagen, Windbrüchen und Randstreifen. Sommer–Herbst.

Sa Ung.

Grauweißer Faserling *(Psathyrella marcescibilis)*

Psathyrella conopilus

HUTHAAR-FASERLING

H kegel- bis glockenförmig, Ø 2-4 cm, glatt, feucht glänzend, durchscheinend gerieft, rotbraun, in der Mitte mit Ockerstich, trocken schmutzig bis graubeige. **L** hellbraun bis dunkel purpurbraun. **St** 9-14 cm x 3-4 mm, hohl, zerbrechlich, seidig glänzend, weißlich beige, mit bereifter Stielspitze. **F** cremefarben. **Gsm** mild. **G** keiner.
Verbreitet auf Holzstückchen und -spänen, gelegentlich auf humosen Böden, in Parks, Grünanlagen, Randstreifen und Wäldern. Oft in Gruppen.
Sommer–Herbst.

Sa Ung.

Huthaar-Faserling *(Psathyrella conopilus)*

Psathyrella prona f. *prona*

WEGRAND-FASERLING

H kegelig bis glockig, Ø 1-2 cm, feucht dunkel graubraun, trocken matt, ockergelbbraun bis gräulich braun, gestreift, mit schwarz gekerbtem, zunächst mit

Wegrand-Faserling *(Psathyrella prona* f. *prona)*

Velumresten behangenen Rand. **L** weißlich bis dunkel purpurbraun, mit roten Schneiden. **St** 3-7 cm x 2-3 mm, weißfaserig, weiß bis cremefarben, Fuß knollig verdickt, hellbraun. **F** weißlich graubraun. **Gsm** mild. **G** schwach, unangenehm.

Verbreitet auf dem Boden und auf Holzspänen in Laubwäldern, Parks, Gärten, Randstreifen und Wiesen auf nährstoffreichen Böden.

Sommer–Herbst.

Sa Ung.

Psathyrella multipedata

BÜSCHELIGER FASERLING

H halbkugelförmig bis kegel- oder glockenförmig, Ø 10-25 mm, glatt, matt, feucht gestreift, ocker- bis graubraun, trocken weißlich grau bis hell ocker- oder beigebraun. **L** hell graubraun bis dunkel violettbraun. **St** 3-10 cm x 2-4 mm, hohl, zerbrechlich, weiß, in Büscheln, mit weißfilziger Basis. **F** orangebraun bis beigebraun. **Gsm** mild. **G** keiner.

Mäßig verbreitet in Parks, Alleen und Laubwäldern, oft an grasigen oder krautigen Stellen, auf nährstoffreichem Ton und Lehm.

Sa Ung.

Büscheliger Faserling *(Psathyrella multipedata)*

Psathyrella ammophila

DÜNEN-FASERLING

H gewölbt bis ausgebreitet, Ø 3-5 cm, faserig, matt, ockerbraun bis schmutzig graubraun. **L** dunkelbraun. **St** 5-8 cm x 3-5 mm, weißlich bis gelblich braun, tief im Sand wurzelnd. **F** weißlich braun.

Mäßig verbreitet auf unterirdischen, toten Teilen von Strandhafer in der Dünenvegetation.

RL-3 Sa

Dünenfaserling *(Psathyrella ammophila)*

Psathyrella bipellis

PURPUR-FASERLING

H glockig bis gewölbt, gelegentlich mit Buckel, Ø 2-4 cm, matt rot- oder purpurbraun bis kastanienbraun, graurosa bis graubeige verblassend. **L** graurosa bis bräunlich. **St** 4-6 cm x 3-5 mm, elastisch, längs hellbraun faserig auf fleischfarbenem Grund, mit graubrauner Basis. **F** rosagrau bis wässrig braun. **Gsm** mild. **G** fruchtig.

Auf humosen Böden, gelegentlich auf Holzspänen, in Parks, Gärten und Laubwäldern auf nährstoffreichen, humosen Böden. Sommer–Herbst.

S Sa Ung.

Purpur-Faserling *(Psathyrella bipellis)*

Psathyrella caput-medusae

MEDUSENHAUPT

H gewölbt bis flach gewölbt, Ø 4-6 cm, wattig-wollig, weiß, in dunkelbraune, haarige Schuppen auf rotbraunem Grund zerbrechend, mit wollig-flockig behangenem Rand. **L** hell- bis dunkelbraun, mit gewimperten weißen Schneiden. **St** 6-8 cm x 10-15 mm, seidig, weißlich, unterhalb des wattigen-wolligen Rings mit abfallenden wollig-faserigen Schuppen. **F** weißlich. **G** keiner.

Auf Stümpfen und unterirdischem Holz von Nadelbäumen, vor allem in Wäldern auf nährstoffarmen, sauren Sandböden. In Büscheln.

SS Sa

Medusenhaupt *(Psathyrella caput-medusae)*

Psathyrella obtusata

STUMPFHÜTIGER FASERLING

H glockenförmig bis ausgebreitet, Ø 2-4 cm, matt, feucht durchscheinend gestreift, tief dunkel rotbraun, trocken rötlich bis schwarzbraun, jung mit scharfem,

Stumpfhütiger Faserling *(Psathyrella obtusata)*

mit Velumresten behangenem Rand. **L** hellbraun bis dunkel purpurbraun. **St** 4-7 cm x 3-6 mm, bereift, weißlich. **F** hellbraun. **Gsm** mild. **G** schwach, würzig. Auf humosen Böden in Laub- und Mischwäldern, Parks und Alleen auf nährstoffreichen Böden. Gelegentlich in Büscheln oder Gruppen.
Sommer–Herbst.

S Sa Ung.

Psathyrella artemisiae (P. squamosa)

WOLLIGER FASERLING

H halbkugelig bis flach glockig, Ø 15-35 mm, mit weißen, wolligen Velumresten auf ockerbraunem Grund, Rand mit Velumresten behangen. **L** creme bis dunkel rotbraun. **St** 3-5 cm x 2-4 mm, weiß faserig-flockig auf hellbraunem Grund, zunächst oft mit vergänglichem, flockigem Ring. **F** creme bis bräunlich. **Gsm** mild. **G** keiner.
Verbreitet auf toten Ästen und Holzstückchen von Laub- und Nadelbäumen oder auf dem Boden in Wäldern, gelegentlich in Alleen und auf Heideland, oft auf nährstoffarmen, sauren Sanden.

Sa Ung.

Wolliger Faserling *(Psathyrella artemisiae)*

Schokoladenbrauner Faserling *(Psathyrella spadicea)*

Psathyrella spadicea

SCHOKOLADENBRAUNER FASERLING

H gewölbt bis unregelmäßig abgeflacht, Ø 2-6 cm, glatt, matt, feucht dunkel beigebraun bis ockerbraun oder rötlich braun, trocken hell ocker- bis beigebraun. **L** hell- bis rotbraun. **St** 4-6 cm x 5-10 mm, längs faserig spaltend, cremeweiß bis hellbraun, oft an der Basis miteinander verwachsen. **F** schmutzig weiß bis graubraun. **Gsm** mild. **G** unauffällig.
Mäßig verbreitet auf Laubholz, zumeist in Stammwunden und am Grund lebender Laubbäume (Ulme, Rosskastanie) in Wäldern, Parks und Alleen auf (mäßig) nährstoffreichen Böden. In Büscheln oder Gruppen.
Spätherbst.

Sa Ung.

Tränender Faserling *(Lacrymaria lacrymabunda)*

Lacrymaria lacrymabunda (Psathyrella velutina)

TRÄNENDER FASERLING

H gewölbt bis ausgebreitet-gebuckelt, Ø 2-10 cm, braunocker bis orangebraun, mit wolligen Fasern und cremefarbenen Velumresten am Rand. **L** dicht gedrängt, dunkel purpurbraun bis schwarz, gefleckt, bei feuchtem Wetter tränend, mit weißlichen Schneiden. **St** 5-10 cm x 5-10 mm, Stielspitze bereift, weißlich, unterhalb der wollig-faserigen, durch Sporen schwarzen Ringzone besetzt mit faserigen, rostbraunen Schüppchen auf hellgelbem Grund, Basis weißfilzig. **F** orange- bis olivbraun. **Gsm** unangenehm. **G** schwach.
Verbreitet auf humosen, gestörten Böden in Parks, Gärten, grasigen Randstreifen und Laubwäldern, oft längs der Wege und Parkplätze. Gelegentlich in Gruppen. Spätes Frühjahr–Spätherbst.

Sa Ung.

Tintlinge *(Coprinus)*

Gruppe saprotropher, zumeist kurzlebiger, oft zarter Blätterpilze mit ei- bis kegelförmigen Hüten und sich im Alter meist verflüssigenden Lamellen. **Sp** braunschwarz, schwarz.
In der Bundesrepublik sind an die 100 Tintlingsarten beheimatet, von denen die meisten nur anhand mikroskopischer Merkmale jung gesammelter Exemplare sicher bestimmt werden können.

Coprinus comatus

SCHOPFTINTLING
H ei- bis glockenförmig, Ø 2-5 cm, 5-15 cm hoch, weiß, mit hell gelbbrauner, glatter Mitte und großen, faserigen, weißen bis gelbbraunen Schuppen, Rand einreißend, alt zerfließend. **L** weiß oder rosa bis schwarz. **St** 10-20 x 1-3 cm, weiß bis cremefarben, mit verschiebbarem, schmalem weißem Ring. **F** weiß. **Gsm** mild. **G** schwach, angenehm. Verbreitet auf frisch umbrochenen, nährstoffreichen Böden oder Deichen, Äckern, in Rasenflächen, Weiden, Parks und an Weg- und Waldrändern. Oft in Gruppen.
Sommer–Herbst.

Sa Eßb.

Schopftintling *(Coprinus comatus)*

Coprinus atramentarius

FALTENTINTLING
H glockig bis ausgebreitet, Ø 3-10 cm, 3-8 cm hoch, glatt, matt, radial gestreift-gerunzelt, beigeocker bis hellgrau, mit hell ockerbrauner Mitte und scharfem, sich spaltendem Rand. **L** dicht gedrängt, weiß bis schwarz. **St** 4-15 cm x 8-15 mm, glatt, weißlich, an der Basis mit verdickter Ringzone. **F** weißlich. **Gsm** mild. **G** schwach. Verbreitet auf (unterirdischem) Laubholz, Wurzeln und Stümpfen. Oft in Büscheln.
Sommer–Herbst.

Sa †

Faltentintling *(Coprinus atramentarius)*

Spechttintling *(Coprinus picaceus)*

Coprinus picaceus

SPECHTTINTLING

H ei- oder kegelförmig bis ausgebreitet, Ø 4-8 cm, 4-6 cm hoch, glänzend, radial gerunzelt-gestreift, dattel- bis dunkelbraun, in konzentrischen Zonen mit faserigen, weißlichen, blassbraun verfärbenden Flocken bedeckt, Rand gerunzelt-gestreift. **L** weiß oder graurosa, alt schwarz. **St** 12-15 cm x 10-15 mm, weißfaserig, weiß mit gürtelartigen Zonen, Basis knollig. **F** wässrig graubraun. **Gsm** unangenehm. **G** nach Phenol.
Auf humosen Böden in alten Laubwäldern und Alleen auf kalkhaltigen Ton oder Lehmböden.
Sommer–Herbst.

S Sa Eßb.

Coprinus flocculosus

FLOCKIGER TINTLING

H ei- bis glockenförmig, Ø 15-45 mm, 10-25 mm hoch, radial gestreift, cremig ocker bis blass ockerbraun, mit faserig-flockigem weißem Velum bedeckt, in konzentrische, anliegende, schuppige Zonen aufbrechend. **L** weißlich grau bis schwarz. **St** 5-11 cm x 3-7 mm, glatt, weiß, bei Berührung braun verfärbend, unterer Teil weißflockig. **F** weißlich. **Gsm** mild. **G** keiner.
Auf humosen Böden oder Holz- und Rindenschnitzen in Laubwäldern, Parks und Dünen auf nährstoffreichen Böden.
Frühjahr–Sommer.

S Sa Ung.

Flockiger Tintling *(Coprinus flocculosus)*

Coprinus domesticus

HAUSTINTLING

H ei- bis glockenförmig, Ø 2-4 cm, 1-3 cm hoch, cremig mit hell ockerbrauner Mitte, jung mit faserigen braunen Schuppen, später mit körnigen weißlichen Schuppen und gestreift-gefurchtem Rand. **L** weiß bis purpurn braunschwarz. **St** 3-8 cm x 2-9 mm, flaumig, weiß, mit gelblicher Basis. **F** weißlich. **Gsm** mild. **G** schwach.
Meist auf orange- bis rostbraunem Hyphenfilz (Ozonium, vgl. Foto Kapitel 1, S. 25) wachsend. Weit verbreitet auf toten Ästen, Stümpfen und Stämmen von Laubbäumen (Pappel, Ahorn, Erle) auf nährstoffreichen Böden. Frühjahr–Herbst.

Sa Ung.

Haustintling *(Coprinus domesticus)*

Coprinus micaceus

GLIMMERTINTLING

H ei- bis glockenförmig, Ø 1-3 cm, 10-25 mm hoch, radial gestreift-gefurcht, ocker oder honiggelb braun bis grauschwarz, mit körnig weißem bis braunem Velum bedeckt, Rand einreißend. **L** weiß bis lilagrau, alt schwarz. **St** 3-10 cm x 2-5 mm, zerbrechlich, weißmehlig bereift, mit gelblich verfärbender Basis. **F** olivbraun. **Gsm** mild. **G** keiner. Verbreitet auf toten Stümpfen, Stämmen und dicken Ästen von Laub-

Glimmertintling *(Coprinus micaceus)*

bäumen in Laubwäldern, Parks und Randstreifen auf nährstoffreichen Böden. In Büscheln. Frühjahr–Herbst.

Sa Ung.

Coprinus plicatilis

RÄDCHENTINTLING

H eiförmig bis ausgebreitet mit eingedrückter Mitte, Ø 1-3 cm, 8-13 mm hoch, tief radial gefurcht, matt, hellbraun bis weißgrau, mit orangebrauner Mitte. **L** weißlich bis grauschwarz. **St** 4-6 cm x 1-2 mm, zerbrechlich, matt, weiß, mit knolliger Basis. **F** graubeige. **Gsm** mild. **G** keiner.
Verbreitet auf humosen Böden, oft zwischen Gras in Parks, Rasenflächen, Randstreifen, Wiesen auf nährstoffreichen Böden. Sommer–Herbst.
Nahe verwandt ist der nur mikroskopisch zu unterscheidende Kahlköpfige Scheibchen-Tintling *(C. leiocephalus)*.

Sa

Rädchentintling *(Coprinus plicatilis)*

Coprinus lagopus

HASENPFOTE

H ei- bis glockenförmig ausgebreitet, Ø 2-4 cm, 1-3 cm hoch, radial gestreift-gefurcht, hellgrau bis mausgrau mit bräunlicher Mitte, bedeckt mit flockigem weißlichem Velum, Rand eingerissen. **L** weiß bis grauschwarz. **St** 7-13 cm x 3-5 mm, hohl, zerbrechlich, flockig oder kahl, weiß. **F** gräulich. **Gsm** mild. **G** keiner.
Verbreitet am Boden und auf Holzspänen in Wäldern, Grünanlagen, Parks und Randstreifen auf nährstoffreichen Böden. Oft in Grüppchen. Sommer–Herbst.
Kann leicht verwechselt werden mit dem kräftigeren, an Feuerstellen und entlang Wegen mit Mulchauflage wachsenden Rundsporigen Kohlentintling *(C. lagopides)*.
Auf dem Bild erkennbar ist auch ein junger Gemeiner Trompetenschnitzling *(Tubaria furfuracea)*.

Sa

Hasenpfote *(Coprinus lagopus)*

Coprinus niveus

SCHNEEWEISSER DUNGTINTLING

H kegel- bis glockenförmig ausgebreitet, Ø 2-4 cm, 2-3 cm hoch, mehlig-flockig, weiß bis weißlich grau, mit sich spaltendem Rand. **L** weiß bis schwarz. **St** 4-9 cm x 3-7 mm, mehlig-flockig, weiß. **F** graulich.

Schneeweißer Dungtintling *(Coprinus niveus)*

Gsm mild. **G** keiner. Mäßig verbreitet auf älterem (Pferde-)Mist in mageren, wenig beweideten Wiesen, Wäldern und Heiden und auf Misthaufen. Sommer–Herbst.

Sa Ung.

Coprinus auricomus

BRAUNHAARIGER TINTLING
H ei- oder glockenförmig bis ausgebreitet, Ø 15-45 mm, 10-25 mm hoch, glänzend, runzelig gestreift, kastanien- oder rostbraun bis graubraun, mit glatter dunkelbrauner Mitte und feinen, abstehenden Haaren, Rand feingekerbt. **L** weiß bis braunschwarz. **St** 5-11 cm x 2-4 mm, hohl, zerbrechlich, glatt, weißgelb. **F** graubraun. **Gsm** mild. **G** schwach. Mäßig verbreitet auf (vergrabenem) Holz auf gemulchten Wegen oder in Rasenflächen. Frühjahr–Herbst.

Sa ♀

Coprinus angulatus

BRAUNER KOHLENTINTLING
H kegel- bis glockenförmig, Ø 5-30 mm, 5-20 mm hoch, glatt, gestreift-gefurcht, graubeige bis ocker- oder hell kastanienbraun. **L** creme bis schwarz. **St** 15-

Braunhaariger Tintling *(Coprinus auricomus)*

50 x 1-3 mm, hohl, brüchig, matt, weißfaserig, blasscreme. **F** bräunlich. **Gsm** mild. **G** kein. An Feuerstellen. Frühjahr–Herbst.

S Sa

Coprinus congregatus

BÜSCHELIGER ZWERGTINTLING
H kegelförmig, Ø 8-12 mm, 5-20 mm hoch, ockerfarben braun bis gräulich, mit gelbbrauner Mitte. **L** creme

Brauner Kohlentintling *(Coprinus angulatus)*

oder rötlich braun bis schwarz. **St** 2-8 cm x 1-4 mm, weißlich mit weißfilziger Basis. **F** bräunlich. **G** schwach, angenehm. Auf Stallmist in Blumenbeeten und auf Misthaufen. In Büscheln.

S Sa

Büscheliger Zwergtintling *(Coprinus congregatus)*

Coprinus disseminatus

GESÄTER TINTLING

H glockenförmig, Ø 5-12 mm, gestreift-gefurcht, cremig bis mausgrau mit ockerfarbener Mitte, jung mit feinem, weißem, haarig-wolligem Velum bedeckt. **L** weißlich bis braunschwarz. **St** 3-5 cm x 1 mm, brüchig, duchscheinend weiß, oft mit hellgelber Basis. **F** grauweiß. **Gsm** mild. **G** keiner.
Verbreitet auf Holz, vor allem auf toten Laubholzstümpfen und -stämmen, gelegentlich auf der Rinde lebender Bäume und auf vergrabenem Holz, in Laubwäldern, Parks und Gärten auf feuchten Böden.
Frühjahr–Herbst.

Sa ♀

Gesäter Tintling *(Coprinus disseminatus)*

Coprinus semitalis

GRAUFLOCKIGER WEGRAND-TINTLING

H ei- bis glockenförmig, Ø 1-2 cm, 5-20 mm hoch, mit flockig-körnigem weißlich bis blassgrauem Velum bedeckt, vom eingerissenen, nach oben gebogenen, gestreiften Rand aus schwarz. **L** anfangs weißlich, alt schwarz. **St** 5-7 cm x 2-4 mm, hohl, brüchig, weiß bereift auf hellgrauem Grund. **F** weißlich. **Gsm** mild. **G** keiner. Auf dem Boden in magerem Weideland und in Parks auf sandigen oder lehmigen Böden. (vgl. Mikrofoto Perisporen Kapitel 1, S. 18). Sommer–Herbst

SS Sa

Grauflockiger Wegrand-Tintling *(Coprinus semitalis)*

Coprinus erythrocephalus

SAFRANTINTLING

H ei- bis glockenförmig, Ø 1-2 cm, gestreift, hell graubraun, bedeckt mit orange- bis korallenrotem Velum. **L** blass bis braunschwarz. **St** 2-7 cm x 2-3 mm, weißlich, mit orange- bis korallenroten Flöckchen.
Vor allem auf mit vergrabenen Holzstücken durchsetzten, nährstoffreichen Böden und Holzspänen in Parks und Laubwäldern. Gelegentlich in Massen.
Sommer–Herbst.

S RL-3 Sa

Safrantintling *(Coprinus erythrocephalus)*

Faltenschirmlinge *(Leucocoprinus)*

Kleine Gruppe zarter Blätterpilze, die in Mitteleuropa meist nur in Blumentöpfen oder in Gewächshäusern vorkommen. **Sp** weiß, cremerosa. Die Faltenschirmlinge sind mit ca. 10 Arten vertreten.

Leucocoprinus birnbaumii

GELBER FALTENSCHIRMLING

H glockenförmig bis ausgebreitet, Ø 2-4 cm, matt, feinschuppig, schwefel- bis goldgelb, mit scharfem, gestreiftem Rand. **L** blass- bis schwefelgelb. **St** 5-7 cm x 5-8 mm, Stielspitze glatt, blassgelb, unterhalb des schlaffen, vergänglichen Rings fein gelbflockig, schwefelgelb, mit verdickter Basis. **F** gelblich. **Gsm** mild. **G** unangenehm.

Weit verbreitet auf humoser oder Komposterde in Blumentöpfen und -kästen, in Mitteleuropa nur in Gewächshäusern und Gebäuden.

Nur anhand mikroskopischer Merkmale sicher vom Schwefelblassen Faltenschirmling *(L. denudatus)* (S) zu unterscheiden.

Sa

Gelber Faltenschrimling *(Leucocoprinus birnbaumii)*

Leucocoprinus lilacinogranulosus

LILAKÖRNIGER FALTENSCHIRMLING

H kegel- oder glockenförmig bis ausgebreitet, stumpf gebuckelt, Ø 2-4 cm, matt, mit rosa bis lilafarbenen Faserschüppchen auf cremeweißem Untergrund, Mitte lilabraun, Rand gestreift. **L** weiß. **St** 4-6 cm x 3-4 mm, Stielspitze weiß, unterhalb des häutigen Rings weißflockig, an verletzten Stellen bräunend, Basis verdickt. **F** weiß. **Gsm** mild. **G** schwach, knoblauchartig.

Lilakörniger Faltenschirmling *(Leucocoprinus lilacinogranulosus)*

Auf sehr humoser oder Komposterde in Pflanzkübeln in Gebäuden oder Gewächshäusern.

S Sa

Leucocoprinus brebissonii

SCHWARZSCHUPPIGER FALTENSCHIRMLING

H kugel- oder eiförmig bis ausgebreitet, Ø 15-30 mm, matt, besetzt mit körnig-faserigen, dunkelbraunen, bis schwarzen Schüppchen auf weißem Grund, Mitte glatt, schwarzbraun, Rand flockig. **L** weiß. **St** 3-5 cm x 2-3 mm, brüchig, weiß bereift, mit häutigem, hängendem weißem Ring. **F** weiß. **Gsm** mild. **G** keiner.

Weit verbreitet auf humusreichem Boden, vor allem in Laubwäldern. Sommer–Herbst.

Sa

Schwarzschuppiger Faltenschirmling *(Leucocoprinus brebissonii)*

Düngerlinge *(Panaeolus)*

Graubraune bis braunschwarze Blätterpilze, die zumeist auf Mist wachsen, mit glockenförmigen Hüten und durch die nach und nach reifenden Sporen schwarz gefleckten Lamellen. **Sp** (purpur)schwarz.
In der Bundesrepublik kommen 10-12 Düngerlingsarten vor.

Panaeolus fimiputris (Anellaria semiovata)

RINGDÜNGERLING
H ei- bis halbkugel- oder glockenförmig, Ø 1-3 cm, 1-3 cm hoch, glatt, feucht klebrig, trocken glänzend, cremefarben bis ockerbraun oder braun, Mitte dunkel, Oberfläche rissig, mit blassem, überhängendem Rand. **L** grau bis schwarz. **St** 4-15 cm x 2-8 mm, glatt, weiß bereift, weißlich mit vergänglichem, häutigem weißem Ring und ockerbrauner Basis. **F** weiß. **Gsm** mild. **G** unauffällig.
Weit verbreitet auf Pferde- und Kuhmist auf wenig gedüngten Wiesen und Heiden.
Sommer–Herbst.

RL-3 Sa Ung.

Heudüngerling, Heuschnittpilz *(Panaeolus foenisecii)*

Panaeolus foenisecii (Panaeolina foenisecii)

HEUDÜNGERLING, HEUSCHNITTPILZ
H halbkugel- oder kegelförmig bis glockig ausgebreitet, Ø 1-3 cm, glatt, matt, feucht dunkel tabak- bis rötlichbraun, trocken cremebeige mit dunkler Mitte. **L** hell graubraun bis dunkelbraun, schwarz gefleckt. **St** 4-7 cm x 1-3 mm, glatt, seidig glänzend, cremeweiß mit Rotstich. **F** schmutzig cremefarben bis dunkel-

Ringdüngerling *(Panaeolus fimiputris)*

braun. **Gsm** mild. **G** angenehm, würzig. Verbreitet in Parks, Grünanlagen, Rasenflächen, Dünen und gedüngten Wiesen auf humosen Sandböden.
Sommer–Herbst.

Sa †

Panaeolus ater

RUSSBRAUNER DÜNGERLING
H halbkugelförmig bis gewölbt, Ø 15-30 mm, glatt, glänzend, feucht dunkelrotbraun oder schwarzbraun bis schwarz, trocken verblassend. **L** schmutzig braun bis schwarzbraun. **St** 3-5 cm x 2-3 mm, Stielspitze weiß bereift, weißfaserig auf rotbraunem Grund. **F** schmutzig braun. **Gsm** mild. **G** keiner.
Mäßig verbreitet auf humosem Boden in nicht oder nur schwach gedüngten Wiesen auf sandigen Böden.
Sommer–Herbst.

Sa †

Rußbrauner Düngerling *(Panaeolus ater)*

Dunkler Düngerling *(Panaeolus fimicola)*

Panaeolus fimicola (P. olivaceus)

DUNKLER DÜNGERLING
H kegel- bis glockenförmig gebuckelt, Ø 10-25 mm, matt, feucht dunkelbraun bis rotbraun, trocken weißlich grau faserig bis schmutzig beigeocker, Mitte braun, scharfer Rand mit zackigen Velumresten. **L** graubeige bis braunschwarz. **St** 5-10 cm x 1-3 mm, glatt, matt, weißlich bepudert, weißlich, mit dunkelbrauner Basis, mit einem Hauch weinrot. **F** beige- bis graubraun. **Gsm** pfeffrig würzig. **G** würzig. Verbreitet auf dem Boden neben oder auf Mist in Wiesen, Grünanlagen, Rasenflächen und Wegrändern.
Sommer–Herbst.

Sa †

Panaeolus sphinctrinus

BEHANGENER DÜNGERLING
H ei- bis glockenförmig mit Papille, Ø 1-4 cm, glatt, matt, feucht hell- bis dunkelbraungrau, trocken weißgrau ausblassend. Rand weiß gezackt mit Velumresten. **L** grau bis schwarz. **St** 6-14 cm x 1-3 mm, weiß gepudert, hellgraubraun bis dunkelbraun, mit weißfilziger Basis. **F** cremefarben. **Gsm** mild. **G** schwach, pilzig.
Verbreitet auf altem Kuh-, Pferde- und Schafmist in Wiesen, Parks, an Wegrändern und entlang Reitwegen.
Sommer–Herbst.

Sa †

Behangener Düngerling *(Panaeolus sphinctrinus)*

Seitlinge *(Pleurotus)*

Ungestielte, oder seitlich gestielte, muschel- bis fächerförmige Blätterpilze, die zumeist auf Holz gedeihen. **Sp** weiß, blass graulila. In der Bundesrepublik kommen ca. 8 Seitlingsarten vor.

Pleurotus ostreatus

AUSTERNSEITLING

H zungen- oder muschel- bis fächerförmig, ungestielt. **St** 4-20 x 6-20 cm, matt, cremebeige oder graulila bis violettbraun oder stahlblau bis lilaschwarz. **L** weiß bis cremefarben. **F** weiß bis grauweiß. **Gsm** mild. **G** pilzig-fischig.
Verbreitet auf lebendem und totem Laubholz (Pappel, Buche, Weide, Birke), selten auf Nadelholz, in Wäldern, Parks und Alleen. Herbst–Winter. Wird auch erfolgreich gezüchtet.

Sa (Pa) Eßb.

Austernseitlinge *(Pleurotus ostreatus)*

Pleurotus dryinus

BERINDETER SEITLING

H flach konsolenförmig, gestielt, Ø 4-15 cm, matt, faserig-filzig, weiß oder creme bis hell oder dunkel graubraun, gelegentlich gelblich verfärbend, der gekerbte Rand mit kurzlebigem Velum. **L** weiß oder creme bis gelblich, braun fleckend, am Stiel herablaufend. **St** 2-6 x 1-4 cm, exzentrisch, faserig-filzig, weiß bis creme, gelegentlich mit vergänglicher Ringzone. **F** weißlich. **Gsm** mild, nussig. **G** schwach.
Mäßig verbreitet an Stammwunden lebender Laub- und Nadelbäume und auf toten Stämmen und Stümpfen in Laubwäldern, Parks und Alleen.

Pa (Sa) Ung.

Berindeter Seitling *(Pleurotus dryinus)*

Pleurotus pulmonarius

CREMEWEISSER SEITLING

H zungen- oder spatel- bis muschelförmig, kurz gestielt, Ø 7-8 cm, glatt, matt, feucht glänzend, weiß oder cremefarben bis schmutzig gelb. **L** herablaufend, weißlich. **St** 1 cm lang, exzentrisch, weißlich. **F** biegsam, weißlich. **Gsm** mild. **G** schwach, mehlig oder nach Anis.
Auf lebendem und totem Laubholz (Buche, Weide) in Wäldern und Parks auf nährstoffreichen Böden, vor allem in Weidengebüschen. Sommer–Herbst.

S Sa (Pa)

Cremeweißer Seitling *(Pleurotus pulmonarius)*

Pleurotus eryngii

KRÄUTERSEITLING

H muschel- oder trichterförmig bis gewölbt, gestielt, Ø 5-10 cm, matt, feinfaserig-filzig, schmutzig weiß oder cremefarben ocker bis graubraun, Rand eingerollt. **L** weiß bis gelb oder orangegelb. **St** 2-4 cm x

Kräuterseitling *(Pleurotus eryngii)*

15-25 mm, exzentrisch, weißlich bis gelblich ocker. **F** weißlich. **Gsm** mild, angenehm. **G** schwach. Auf Wurzeln der Ackerkratzdistel *(Eryngium campestre)* und anderen Doldenblütlern in Wiesen auf Lehm- oder Sandböden.

SS RL-2 Pa Eßb.

Muschelinge *(Hohenbuehelia)*

Kleine Gruppe zungen-, muschel- oder fächerförmiger, ungestielter oder kurz gestielter Blätterpilze, manche mit einem Nematoden oder Fadenwürmer fangenden Mycel. **Sp** weiß, hell cremefarben.
In Deutschland kommen etwa 8 Arten Muschelinge vor.

Hohenbuehelia mastrucata

FILZIGER MUSCHELING

H muschel- bis fächerförmig, nicht oder allenfalls kurz gestielt, Ø 1-5 cm, graubraun bis schmutzig weiß mit cremeweißem Filz bedeckt. **L** cremefarben bis gelblich creme, gelegentlich mit bräunlichen Schneiden. **St** 3 x 3-5 mm, weißfilzig, oder nicht vorhanden. **F** weißlich. **Gsm** mehlig. **G** schwach, mehlig.
Auf totem Laubholz (Vogelbeere, Eiche, Buche, Birke) in Laubwäldern.

S Sa

Filziger Muscheling *(Hohenbuehelia mastrucata)*

Hohenbuehelia culmicola

STRANDHAFER-MUSCHELING

H spatel- bis muschelförmig, kurz gestielt, Ø 10-25 mm, filzig, matt, grauweiß bis dunkel- oder schwarzbraun. **L** grauweiß bis cremefarben blassocker, gelegentlich mit braunen bis grauschwarzen Rändern.

Strandhafer-Muscheling *(Hohenbuehelia culmicola)*

St 2-10 x 2-6 mm, exzentrisch, weißfilzig, grauweiß bis dunkelbraun. **F** weiß. **Gsm** mehlig. **G** schwach, mehlig.
Am Grund von Strandhafer *(Ammophila arenaria)* in Dünen.

SS Sa (Pa?)

Adernseitlinge *(Rhodotus)*

Rhodotus palmatus

ORANGEROTER ADERNSEITLING
H fächerförmig bis gewölbt, gestielt, Ø 4-15 cm, lachsrosa bis fleischfarben, oft mit runzelig-geaderter Mitte. **L** blass fleischfarben, gelegentlich gelblich gefleckt. **St** 2-4 cm x 6-17 mm, exzentrisch, weißlich, rosa gefleckt, mit rosa- bis gelbbrauner Basis. **F** gelatinös, lachsrosa. **Gsm** bitter. **G** stark, angenehm fruchtig. **Sp** weiß.
Auf toten stehenden und liegenden Laubholzstämmen (Ulme).

SS RL-1 Sa

Orangeroter Adernseitling *(Rhodotus palmatus)*

Zählinge *(Lentinellus)*

Die Gattung *Lentinellus* wird systematisch heute zu den Nichtblätterpilzen *(Aphyllophorales)* gezählt.

Lentinellus cochleatus

ANIS-ZÄHLING
H halb trichter- bis muschelförmig genabelt, Ø 3-6 cm, wellig, glatt, matt, gelblich braun bis braunrot, Rand scharf, eingerollt. **L** weißlich bis bräunlich, weit herablaufend, mit gekerbten Schneiden. **St** 3-10 cm x 3-8 mm, zäh, längs gefurcht, gelblich bis rotbraun mit dunkler grau- bis rotbrauner Basis. **F** weißlich bis graubraun. **Gsm** mild. **G** stark, nach Anis. **Sp** cremeweiß.
Mäßig verbreitet auf Laub- und Nadelholzstrünken, oft in dichten Büscheln.
Verwandt, aber seltener ist der Genabelte Zähling *(L. omphalodes)* (SS).

Sa Ung.

Anis-Zähling *(Lentinellus cochleatus)*

Muschelseitlinge *(Panellus)*

Kleine Gruppe muschelförmiger, allenfalls kurz gestielter Blätterpilze. **Sp** weißlich.

Panellus mitis

MILDER ZWERG-MUSCHELSEITLING
H muschel- bis nierenförmig, kurz- oder ungestielt, Ø 5-30 mm, matt, weiß bis gelblich oder rosabraun. **L** teilweise gefurcht, weiß bis graurosa, mit abziehbarer, gelatinöser Schneide. **St** 2-7 x 2-5 mm, faserig-flockig, weißlich, gelegentlich mit Rosastich. **F** zäh, elastisch, zweilagig, wässrig grauweiß bis olivbraun. **Gsm** mild. **G** unauffällig.

Milder Zwerg-Muschelseitling *(Panellus mitis)*

Weit verbreitet auf Ästen und Zweigen von Nadelbäumen.
Herbst–Winter.

Sa

Panellus serotinus

GELBSTIELIGER MUSCHELSEITLING
H nierenförmig, seitlich gestielt, Ø 3-7 cm, matt, feucht klebrig, ockerfarben bis olivgrün. **L** blass bis orangegelb, verblassend. **St** 10-25 x 8-15 mm, gelb oder gelblich mit feinen braunen Schüppchen. **F** weiß, mit gelatinöser Schicht. **Gsm** schwach. **G** schwach, süßlich.

Verbreitet auf abgestorbenem Laubholz (Erle, Birke, Weide, Buche, Eiche) in Wäldern. Herbst–Winter.

Sa Eßb.

Panellus stipticus

BITTERER ZWERG-MUSCHELSEITLING
H fächer- bis nierenförmig, seitlich gestielt, Ø 2-4 cm, feinschuppig, matt, blass ockerbraun bis zimtfarben. **L** klebrig, blass zimtfarben. **St** 5-20 x 2-5 mm, blass ockerbraun. **F** weißlich bis cremefarben. **Gsm** scharf. **G** fruchtig.

Gelbstieliger Muschelseitling *(Panellus serotinus)*

Bitterer Zwerg-Muschelseitling *(Panellus stipticus)*

Verbreitet auf Laubholzstämmen, -ästen und -stümpfen (vor allem Eichen) in Wäldern.
Frühjahr–Winter.

Sa Ung.

Sägeblättlinge *(Lentinus)*

Kleine Gruppe zähfleischiger, saprotroph auf Holz lebender, exzentrisch oder seitlich gestielter Blätterpilze. **Sp** weiß.
In Deutschland kommen ca. 6 Arten der Gattungen *Lentinus* und *Lentinula* vor.

Lentinus lepideus

SCHUPPIGER SÄGEBLÄTTLING
H gewölbt bis vertieft abgeflacht, Ø 5-10 cm, matt, creme- bis hellbraun, mit feinen bis groben blassbraunen Schuppen. **L** herablaufend, weiß bis gelblich, mit gekerbt-gesägten Schneiden. **St** 3-6 x 1-2 cm, cremeweiß, unterhalb der wollig-faserigen Velumzone schuppig, mit braunem bis braunschwarzer Basis. **F** zäh, weißlich. **Gsm** mild. **G** süßlich.
Mäßig verbreitet auf bearbeitetem Nadelholz in Gebäuden und in Parks und Dünen, gern auch auf Eisenbahnschwellen, gelegentlich auf totem und lebendem Nadelholz.
Sommer–Herbst.

Sa Ung.

Schuppiger Sägeblättling *(Lentinus lepideus)*

Lentinus tigrinus

GETIGERTER SÄGEBLÄTTLING
H trichterförmig bis vertieft gewölbt, Ø 4-10 cm, creme- bis gelblich weiß, mit faserigen, braunschwarzen Schuppen und scharfem, einreißendem Rand. **L** herablaufend, creme bis gelblich, mit fein gesägten Schneiden. **St** 3-5 cm x 4-8 mm, cremeweiß, mit graubraunen Schüppchen an der wurzelnden Basis. **F** weißlich gelb. **Gsm** mild. **G** angenehm, fruchtig.
Verbreitet auf Stämmen, Stümpfen und Ästen von Laubbäumen (Weide, Esche, Buche) in Weidengebüschen auf nassem, nährstoffreichem Lehm, vor allem in Auwäldern.
Frühjahr–Herbst.

Sa Ung.

Getigerter Sägeblättling *(Lentinus tigrinus)*

Lentinula edodes (Lentinus edodes)

SHIITAKE
H gewölbt bis ausgebreitet, Ø 8-20 cm, filzig-faserig, grau- bis rotbraun, Rand eingerollt mit weißlichen Velumschüppchen. **L** weißlich oder cremefarben bis graulich fleischbraun, rostbraun gefleckt, mit gesägten Schneiden. **St** 3-5 cm x 10-13 mm, braun, mit großen, faserig wolligen Schuppen und faseriger Ringzone, Basis verschmälert. **F** korkartig, weiß. **Gsm** würzig.

Shiitake *(Lentinula edodes)*

G aromatisch. Gezüchtet in geschlossenen Räumen und im Freien, auch in Dünen, auf totem Laubholz (Eiche).
Heimisch in Ostasien. In Europa gelegentlich verwildert.

Sa Eßb.

Gallertblätterlinge *(Resupinatus)*

Resupinatus applicatus (R. trichotis)

HELLBRAUNER GALLERTBLÄTTERLING
H muschel- bis fächerförmig, ungestielt, Ø 2-12 mm, in der schwarzbraunen Mitte haarig-faserig, graubraun, mit weißlich mehligem Randbereich. **L** blass oder dunkelgrau bis schwarz, mit weißen Schneiden. **F** graulich. **Gsm** mild bis bitter. **G** keiner. **Sp** weiß.
Weit verbreitet auf Holzresten und toten Ästen und Zweigen, gelegentlich auf verholzten Kräuterstängeln, in Wäldern und Gebüschen.
Ganzjährig.

Sa ♀

Hellbrauner Gallertblättling *(Resupinatus applicatus)*

Stummelfüßchen *(Crepidotus)*

Muschel- bis nierenförmige, ungestielte, weiße oder cremegelbe Blätterpilze. **Sp** cremeweiß, gelbbraun, rosabraun, tabakbraun.
In der Bundesrepublik kommen etwa ein Dutzend Arten der Gattung *Crepidotus* vor. Einige sind nur anhand ihrer mikroskopischen Merkmale voneinander zu unterscheiden.

Crepidotus variabilis

GEMEINES STUMMELFÜSSCHEN
H nieren- bis muschelförmig, Ø 5-30 mm, filzig, weiß bis cremegelb. **L** weit auseinander, weiß bis fleischig braun. **F** weiß. Verbreitet auf Zweigen und Ästen, gelegentlich auf Kräuterstängeln oder auf Blattstreu in Laubwäldern auf mageren Böden.
Herbst–Winteranfang.

Sa

Gemeines Stummelfüßchen *(Crepidotus variabilis)*

Crepidotus epibryus (Pleurotellus herbarum)

GELBWEISSES STUMMELFÜSSCHEN
H nierenförmig, Ø 5-15 mm, seidig, cremeweiß. **L** weißlich bis creme. **F** weißlich. Mäßig verbreitet auf Moosen, Gräsern, Blättern und Ästchen in Laubwäldern, Gebüschen, Parks und moosreichen, mageren Wiesen.

Sa ♀

Gelbweißes Stummelfüßchen *(Crepidotus epibryus)*

Gelbfüße *(Chroogomphus)* und Schmierlinge *(Gomphidius)*

Kleine Gruppe von Blätterpilzen, die an alte, handgeschmiedete Nägel erinnern, mit dicken, herablaufenden, weit auseinander stehenden Lamellen und schleimigem oder spinnennetzartigem Velum, das am Stiel eine Ringzone hinterlässt. Mykorrhizabildner und Parasiten. **Sp** braunschwarz, schwarz. In Deutschland sind die Gattungen *Chroogomphus* und *Gomphidius* mit ca. 5 Arten vertreten.

Chroogomphus rutilus

KUPFERROTER GELBFUSS
H gewölbt, mit Buckel, Ø 4-8 cm, glatt, klebrig, glänzend, ziegel- bis kupferrot, mit einem Hauch weinrot. **L** olivocker bis schmutzig purpur. **St** 5-12 cm x 5-15 mm, orangeartig ocker, Stielspitze weinrot, mit ringförmigen Velumresten und zugespitzter Basis mit schmutzig ockerfarbenem bis rosa Mycel. **F** orangeocker. **Gsm** mild, nussig. **G** keiner.
Mäßig verbreitet unter zweinadeligen Kiefern in Nadelwäldern auf trockenen oder anmoorigen Böden und in den Dünen. Möglicherweise auch parasitisch auf dem Mycel von Röhrlingen *(Suillus)* und Wurzeltrüffeln *(Rhizopogon).*

M (Pa?) Eßb.

Gomphidius glutinosus

GROSSER SCHMIERLING, KUHMAUL
H gewölbt bis flach trichterförmig, Ø 5-12 cm, schleimig, graulila bis violettbraun. **L** blass bis graubraun. **St** 3-10 x 1-2 cm, schleimig, weißlich unterhalb der schleimigen, schwärzenden Ringzone weißlich bis hell graubraun, mit zitronengelber Basis. **F** weißlich, weinrot oder zitronengelb überhaucht. **Gsm** keiner. **G** keiner.
Unter Nadelbäumen, vor allem unter Fichten auf neutralen bis kalkhaltigen Böden. Möglicherweise auch parasitisch auf dem Mycel von Röhrlingen *(Suillus)* und Wurzeltrüffeln *(Rhizopogon).*

M (Pa?) Eßb.

Großer Schmierling, Kuhmaul *(Gomphidius glutinosus)*

Kupferroter Gelbfuß *(Chroogomphus rutilus)*

Rosenroter Schmierling *(Gomphidius roseus)*

Gomphidius roseus

ROSENROTER SCHMIERLING

H gewölbt bis flach trichterförmig, Ø 3-6 cm, klebrig, rosa- bis korallen- oder ziegelrot. **L** blassgrau bis mausgrau. **St** 3-6 cm x 10-15 mm, weißlich, rosa, weinrot oder braun überhaucht, mit weißer, durch Sporen schwarz werdender, schleimiger Ringzone und zugespitzter Basis. **F** schmutzig weiß mit Rosastich. **Gsm** keiner. **G** keiner.
Mäßig verbreitet unter Kiefern, teils parasitisch auf dem Mycel des Kuhröhrlings *(Suillus bovinus)*, in Nadelwäldern auf trockenen, nährstoff- und streuarmen Sand- und Torfböden.

RL-3 M Pa

Wachstrichterlinge *(Cantharellula)*

Cantharellula umbonata

RÖTENDER WACHSTRICHTERLING

H trichterförmig, oft gebuckelt, Ø 2-4 cm, matt, mausgrau bis graubraun, mit blassem, umgeschlagenem Rand. **L** gefurcht, herablaufend, weit auseinander, weiß bis cremeweiß, bei Verletzung rotfleckend. **St** 3-5 cm x 5-6 mm, elastisch, hohl, filzig-faserig, grau bis graubraun, mit weißfilziger Basis. **F** weiß bis wässrig grau. **Gsm** keiner. **Sp** weiß. Zwischen (Haar)Moosen in Laub- und Nadelwäldern und Heiden auf nährstoffarmen Böden.

Rötender Wachstrichterling *(Cantharellula umbonata)*

SS Pa

Afterleistlinge *(Hygrophoropsis)*

Hygrophoropsis aurantiaca

FALSCHER PFIFFERLING, ORANGEROTER AFTERLEISTLING

H gewölbt bis flach trichterförmig, Ø 2-8 cm, feinflaumig, matt, orangegelb, Rand blasser und eingerollt. **L** gefurcht, herablaufend, orange. **St** 3-5 cm x 5-10 mm, oft gebogen, orangegelb. **F** zäh, gelblich bis orange. **Gsm** pilzig. **G** pilzig. **Sp** weiß. Verbreitet auf Holz, Nadeln und Laub in Nadel- und Mischwald auf nährstoffreichen Böden.

Sa Ung.

Falscher Pfifferling *(Hygrophoropsis aurantiaca)*

Kremplinge *(Paxillus)*

Kleine Gattung brauner, trichter- oder muschel- bis fächerförmiger, den Röhrlingen verwandter Blätterpilze, mit leicht vom Hut ablösbaren Lamellen und eingerolltem Rand. Saprotroph oder Mykorrhiza bildend. **Sp** ockerbraun, rostbraun.
In Mitteleuropa sind 4 Kremplingsarten heimisch.

Paxillus involutus

KAHLER KREMPLING

H gewölbt bis flach oder trichterförmig, Ø 5-12 cm, filzig, matt, feucht, klebrig, ockerfarbig braun, mit Olivstich bis rost- oder graubraun, Rand eingerollt, etwas gefurcht. **L** dicht gedrängt, herablaufend, blass ockergelb bis olivgelb oder lehmbraun, an Druckstellen bräunend. **St** 4-8 cm x 8-12 mm, mittig oder etwas exzentrisch, jung gelblich bereift, olivbraun bis rostbraun, an Druckstellen bräunend. **F** zäh, gelbweiß, bei Druck rotbraun. **Gsm** sauer. **G** unauffällig. Verbreitet unter Laub- und Nadelbäumen, gelegentlich auf modrigem Holz.
Sommer–Herbst.

M (Sa) †

Kahler Krempling *(Paxillus involutus)*

Paxillus filamentosus (P. rubicundulus)

ERLEN-KREMPLING

H gewölbt bis flach oder trichterförmig, Ø 5-15 cm, matt, feucht etwas klebrig, braungelb bis rötlich braun, aufbrechend, mit blassbraunen Rissen, Rand jung eingerollt. **L** dicht gedrängt, herablaufend, teils gefurcht, gelblich bis ockerbraun, bei Verletzung rotbraun. **St** 5-6 x 1 cm, faserig, rötlich braun, auf Druck dunkler, mit verschmälerter Basis. **F** ockerfarben, rotbraun verfärbend. **Gsm** säuerlich. **G** schwach. Unter Erlen in Laubwäldern und Gehölzgruppen auf feuchten, nährstoffreichen Böden, gern auf Waldwegen und an deren Rändern.

S M Ung.

Erlen-Krempling *(Paxillus filamentosus)*

Paxillus atrotomentosus

SAMTFUSS-KREMPLING

H muschelförmig, Ø 10-15 cm, samtig-filzig, rissig aufbrechend, ockerbraun bis oliv- oder rotbraun, Rand eingerollt. **L** dicht gedrängt, am Stiel aderig verbunden, herablaufend, cremefarben bis blassocker, auf Druck braun. **St** 3-6 x 2-4 cm, exzentrisch, samtig, schwarzbraun. **F** gelblich. **Gsm** bitter. **G** säuerlich. Mäßig verbreitet an Nadelholzstrünken, vor allem in Fichten- und Kiefernwäldern.

Sa Ung.

Samtfuß-Krempling *(Paxillus atrotomentosus)*

Paxillus panuoides var. *panuoides*

MUSCHEL-KREMPLING

H muschel- bis fächerförmig, kurz oder ungestielt, Ø 4-7 cm, filzig, körnig-schuppig, matt, creme- bis oliv- oder braungelb, Rand dünn, eingerollt. **L** dicht gedrängt, an der Basis untereinander verbunden, weißlich ockerfarben bis olivgelb oder blass zimtbraun. **St** fehlend oder sehr kurz, exzentrisch, olivgelb bis braungelb. **F** weißlich gelblich. **Gsm** mild. **G** keiner.

Muschel-Krempling *(Paxillus panuoides* var. *panuoides)*

Auf toten Stämmen, Stümpfen und dicken Ästen von Nadelbäumen (Kiefer) in Nadelwäldern auf nährstoffarmen Sandböden, selten an bearbeitetem Nadelholz oder an Gebäuden.

S Sa Ung.

Röhrlinge *(Boletaceae)*

Artenreiche Familie fleischiger Basidiomyceten mit leicht vom Hut zu trennenden Röhren auf der Hutunterseite und zentralem Stiel. Zumeist Mykorrhiza bildend. In Nord- und Mitteleuropa kommen an die 100 Arten von Röhrlingen aus den Gattungen *Boletus* (inclusive *Xerocomus), Tylopilus, Gyrodon, Gyroporus, Boletinus, Leccinum, Chalciporus* und *Suillus* vor.

Boletus edulis

STEINPILZ, FICHTENSTEINPILZ

H halbkugelig bis gewölbt, Ø 8-20 cm, matt, blassbraun bis kastanienbraun. **R** weiß bis graugelb. **P** rund, weißlich. **St** 3-23 x 3-7 cm, bauchig, weißlich bis cremegelb, untere Hälfte mit weißem Netzmuster. **F** weiß. **Gsm** nussig. **G** angenehm. **Sp** olivbraun.
Verbreitet unter Nadelbäumen, insbesondere in Fichtenwäldern auf sandigen oder lehmigen Böden. Unter Buchen und Eichen wächst der ähnliche Sommer-Steinpilz *(Boletus aestivalis).*
Sommer–Herbst.

M Eßb.

Boletus erythropus var. *erythropus*

FLOCKENSTIELIGER HEXENRÖHRLING

H halbkugelförmig bis gewölbt, Ø 8-20 cm, samtig, matt, braun bis oliv, zum Rand hin gelblich ockerfarben. **R** zitronengelb bis grünlich, an verletzten Stellen

Steinpilz, Fichtensteinpilz *(Boletus edulis)*

Flockenstieliger Hexenröhrling

dunkelblau. **P** klein, rund, orangerot- bis rostbraun, zum Rand hin gelb, auf Druck dunkelblau bis schwarz verfärbend. **St** 4-14 x 2-5 cm, gelblich, mit roten Flecken und roter Stielspitze. **F** gelb, im Schnitt dunkelblau. **Gsm** schwach. **G** keiner. **Sp** olivfarben.
Weit verbreitet unter Eichen und Buchen, aber auch bei Nadelbäumen, hauptsächlich in Wäldern und Alleen mit altem Baumbestand auf trockenen, sauren Böden. Frühsommer–Herbst.

M Eßb.

Boletus luridus var. *luridus*

NETZSTIELIGER HEXENRÖHRLING
H halbkugelförmig bis gewölbt, Ø 6-14 cm, matt, gelblich graubraun bis olivfarben, rostbraun überhaucht, auf Druck dunkelbraun bis blauschwarz verfärbend. **R** gelblich grün, an verletzten Stellen blau. **P** klein, orangerot bis gelb, auf Druck dunkelblau verfärbend. **St** 8-14 x 1-3 cm, gelblich, mit orangerotem

Netzstieliger Hexenröhrling *(Boletus luridus* var. *luridus)*

Netzmuster, verfärbt auf Druck blau. **F** zitronengelb, an verletzten Stellen grün- bis dunkelblau. **Gsm** keiner. **G** schwach. **Sp** olivbraun. Mäßig verbreitet unter Laubbäumen (Eiche, Buche, Linde), vor allem in Alleen und Parks mit altem Baumbestand, aber auch in Wäldern. Frühsommer–Herbst.

RL M †

Boletus radicans var. *radicans*

WURZELNDER BITTERRÖHRLING
H halbkugelförmig bis gewölbt, Ø 8-16 cm, matt, schmutzig weiß bis hell lehmbraun, mit ockerfarbigen Flecken, schuppig aufbrechend, Rand grau. **R** zitronengelb, an verletzten Stellen blauend. **P** klein, rund, zitronengelb, auf Druck blau. **St** 5-8 x 3-4 cm, Stielspitze zitronengelb mit strohgelbem Netzmuster und wurzelnder, dunkel ockerfarbiger, rotbraun gefleckter Basis. **F** gelblich, ausblassend, bisweilen auch schwach blauend und erst danach verblassend. **Gsm** bitter. **G** würzig. **Sp** olivbraun. Unter Eichen und Buchen in Alleen und Laubwäldern oder Parks mit altem Baumbestand, auf kalkhaltigem Lehm oder humusreichem, lehmigem Sand.
Sommer–Herbst.

S RL-3 M Ung.

Wurzelnder Bitterröhrling *(Boletus radicans* var. *radicans)*

Boletus badius (Xerocomus badius)

MARONEN-RÖHRLING
H halbkugelförmig bis gewölbt, Ø 4-14 cm, flaumig bis kahl und glänzend, ockerbraun bis kastanien- oder dunkelrot schwarzbraun. **R** creme- bis zitronengelb, an verletzten Stellen blauend. **P** groß, creme- bis zitronengelb, auf Druck blaugrün. **St** 4-12 x 1-4 cm, flau-

mig, hellockerbraun bis rotbraun. **F** weiß bis zitronengelb, schwach blau verfärbend. **Gsm** säuerlich. **G** angenehm. **Sp** olivbraun.
Verbreitet unter Laubbäumen (Eiche, Buche) und Nadelbäumen (Kiefer, Fichte, Lärche) in Wäldern auf nährstoffarmen, sauren, sandigen oder lehmigen Böden, oft in dicker Streu. Sommer–Spätherbst.

M Eßb.

Maronen-Röhrling *(Boletus badius)*

Boletus chrysenteron (Xerocomus chrysenteron)

ROTFUSS-RÖHRLING

H halbkugelförmig bis gewölbt, Ø 4-11 cm, matt, zeigt rote und gelbe Risse, schmutzig braun bis olivbraun, gelegentlich mit Rosastich. **R** schwefel- oder zitronengelb bis grünlich. **P** groß, kantig, schwefel- bis zitronengelb, auf Druck grünblau verfärbend. **St** 4-8 cm x 10-15 mm, Stielspitze zitronengelb, darunter lebhaft rot bis rotbraun. **F** creme- bis zitronengelb, schwach blauend. **Gsm** schwach. **G** schwach. **Sp** olivbraun.
Verbreitet unter Laubbäumen (Buche, Eiche), aber auch unter Nadelbäumen, in Laub- und Mischwäldern, Alleen, Gärten und Parks mit alten Bäumen auf humosem Boden.
Sommer–Herbst.

M Ung.

Boletus parasiticus (Xerocomus parasiticus)

PARASITISCHER RÖHRLING

H halbkugelförmig bis gewölbt, Ø 2-5 cm, matt, strohgelb mit olivfarbenen Punkten bis rosig braun. **R** zitronengelb bis ockerfarben. **P** zitronengelb, rostbraun

Rotfuß-Röhrling *(Boletus chrysenteron)*

Parasitischer Röhrling *(Boletus parasiticus)*

verfärbend. **St** 3-4 x 1 cm, oft gebogen, strohgelb bis rosig braun. **F** blass zitronengelb. **Gsm** keiner. **G** schwach. **Sp** olivbraun.
Weit verbreitet, parasitiert auf dem Kartoffelbovist *(Scleroderma citrinum)* in Laub- und Mischwäldern und Mooren.

RL-3 Pa Ung.

Boletus rubellus (Xerocomus rubellus)

BLUTROTER RÖHRLING

H halbkugelförmig bis gewölbt, Ø 3-6 cm, matt, scharlach- bis weinrot, mit blassem Rand. **R** zitronengelb bis grünlich. **P** groß, eckig, zitronengelb, auf Druck blau. **St** 4-7 cm x 10-15 mm, Stielspitze zitronen- oder chromgelb, oft auch rot überlaufen, rot mit rostbrauner Basis. **F** gelblich braun bis weinrot, schwach blau verfärbend. **Gsm** keiner. **G** schwach. **Sp** olivbraun. Weit verbreitet an grasigen Stellen unter Laubbäumen, vor allem Birken.

M Eßb.

Blutroter Röhrling *(Boletus rubellus)*

Boletus subtomentosus (Xerocomus subtomentosus)

ZIEGENLIPPE

H gewölbt, Ø 4-8 cm, samtig, matt, olivgrau gelb bis blass braun. **R** hellgelb bis grünlich oder bräunlich gelb. **P** weit, unregelmäßig eckig, gelegentlich gezähnt, hellgelb (vgl. Foto Poren und Röhren Kapitel 1, S. 19). **St** 6-9 cm x 15-20 mm, feinkörnig, längs rotbraun faserig auf blassgelbem Grund. **F** weißlich gelb. **Gsm** mild. **G** fruchtig. **Sp** ocker- bis olivbraun.
Weit verbreitet unter Laubbäumen (Eiche, Buche) in Laub- und Mischwäldern und an Wegrändern auf nährstoff- und humusarmen Sandböden.

M Eßb.

Ziegenlippe *(Boletus subtomentosus)*

Tylopilus felleus

GALLENRÖHRLING

H halbkugelförmig bis gewölbt, Ø 6-12 cm, matt, creme oder gelbbraun bis dunkelbraun. **R** hell lachs-

Gallenröhrling *(Tylopilus felleus)*

bis korallenrosa. **P** lachs- bis korallenrosa, auf Druck bräunend. **St** 7-10 x 2-3 cm, cremefarben ocker, mit dunkelbraunem Netzmuster und verdickter Basis. **F** weiß bis rahmfarben. **Gsm** bitter. **G** unauffällig. **Sp** graurosa bis weinrot.
Unter Laubbäumen (Eiche, Buche, Birke), häufig aber auch im Nadelwald (Fichte, Kiefer) auf nährstoffarmen, sauren Sand- und Lehmböden, gelegentlich an Totholz.

S M Ung.

Gyrodon lividus

ERLENGRÜBLING
H gewölbt, Ø 4-10 cm, klebrig, matt, strohgelb bis blass gelbbraun, rostbraun überhaucht. **R** hell schwefelgelb, grünblau bis braun verfärbend. **P** groß, eckig, hell schwefelgelb, auf Druck dunkel graublau. **St** 3-7 x 1-2 cm, blass gelbbraun, weinrot oder braun überhaucht. **F** weißlich bis rostbraun, im Schnitt blauend. **Gsm** keiner. **G** schwach. **Sp** olivbraun.
Unter Erlen in Laubwäldern und an Waldrändern auf feuchten, nährstoffreichen Böden. Einzeln oder in Gruppen.

S RL-3 M

Erlengrübling *(Gyrodon lividus)*

Gyroporus cyanescens

KORNBLUMENRÖHRLING
H gewölbt, Ø 6-12 cm, filzig, matt, blass creme-ocker oder schmutzig weiß bis fahlbraun, bei Verletzung blau oder braun verfärbend, Rand fransig-rissig. **R** weiß bis blassgelb mit einem grüngelben Hauch. **P** weiß bis blassgelb, an Druckstellen blauend. **St** bauchig, 5-10 x 2-4 cm, Rinde oft in ringartige Zonen aufbrechend, hell cremefarben ocker bis fahlbraun. **F** weiß, im Schnitt sofort Kornblumenblau anlaufend. **Gsm** keiner. **G** schwach. **Sp** blass strohfarben.
Unter Laubbäumen (Buche, Eiche), aber auch unter Kiefern, in jungen oder älteren Wäldern auf nährstoff- und streuarmen, sauren, trockenen Sandböden.
Sommer–Herbst.

S RL-3 M Eßb.

Kornblumenröhrling *(Gyroporus cyanescens)*

Boletinus cavipes

HOHLFUSSRÖHRLING
H gewölbt gebuckelt bis unregelmäßig ausgebreitet, Ø 3-8 cm, flaumig-filzig geschuppt, orangebraun bis rost- oder dunkelbraun, Rand mit weißlichen Velumresten. **R** kurz, gelblich bis olivfarben. **P** weit, eckig, gelblich bis olivfarben. **St** 4-8 x 1-2 cm, hohl, Stielspitze zitronengelb mit undeutlichem Netzmuster, unter dem flockigen, weißen Ring gelbbraun mit

Hohlfußröhrling *(Boletinus cavipes)*

bräunlichen Fasern. **F** gelbweiß. **Gsm** angenehm. **G** angenehm. **Sp** olivbraun.
Unter Lärchen in Nadel- und Mischwäldern oder Parks, vor allem im Bergland.

S M

Leccinum scabrum

BIRKENPILZ

H halbkugelig bis gewölbt, Ø 5-15 cm, matt, braun bis graubraun. **R** weiß bis schmutzig ocker. **P** klein, weiß bis schmutzig weiß, auf Druck ocker verfärbend. **St** 7-20 x 2-3 cm, cremeweiß bis grau, mit braunschwarzen Flöckchen. **F** weiß bis rosa, unveränderlich. **Gsm** angenehm. **G** angenehm. **Sp** gelblich braun.
Verbreitet unter Birken in Laub- und Mischwäldern und auf nährstoffarmen, sauren Böden, oft an Wegrändern. Sommer–Herbst. Neuerdings werden zahlreiche ähnliche Arten unterschieden.

M Eßb.

Leccinum versipelle (L. testaceoscabrum)

HEIDE-ROTKAPPE

H halbkugelig bis gewölbt, Ø 8-20 cm, gelblich orangebraun. **R** weiß bis gelblich braun, auf Druck weinrot. **P** klein, grau bis ockerfarbig, auf Druck weinrot.

Heide-Rotkappe *(Leccinum versipelle)*

Birkenpilz *(Leccinum scabrum)*

St 10-18 x 2-3 cm, weißlich grau mit wolligen braunschwarzen Flöckchen. **F** weiß bis dunkel weinrot, im Fuß blaugrün bis schwarz. **Gsm** angenehm. **G** angenehm. **Sp** dunkel ockerbraun. Unter Birken in Laub- und Mischwäldern sowie in Alleen auf nährstoffarmen, trockenen, sandigen oder lehmigen Böden. Sommer–Herbst.

S M Eßb.

Leccinum rufum (L. aurantiacum)

ESPEN-ROTKAPPE

H halbkugelig bis gewölbt, Ø 8-16 cm, matt, orange- oder aprikosenfarben bis rosig braun. **R** weiß, auf Druck weinrot. **P** klein, weiß oder cremefarben, auf Druck weinrot. **St** 8-14 x 2-4 cm, cremeweiß, bedeckt mit weißen, später rostbraun verfärbenden Schüppchen. **F** cremefarben, weinrot verfärbend, in der Basis graulich. **Gsm** angenehm. **G** angenehm. **Sp** ockergelb braun. Unter Zitterpappeln in Wäldern und Alleen auf mäßig nährstoffreichen, sandigen und lehmigen Böden.

S M Eßb.

Espen-Rotkappe *(Leccinum rufum)*

Chalciporus piperatus

PFEFFERRÖHRLING

H halbkugelig, Ø 3-7 cm, ocker- bis rosig braun, **R** leicht herablaufend, zimt- bis rostbraun. **P** eckig, rosig braun. **St** 1-4 cm x 5-20 mm, schlank, gelbbraun, mit verschmälerter zitronengelber Basis. **F** rosig braun, im Fuß zitronengelb. **Gsm** scharf. **G** schwach. **Sp** dunkel zimtbraun.

Pfefferröhrling *(Chalciporus piperatus)*

Weit verbreitet unter Laubbäumen (Buche, Birke, Eiche) sowie unter Nadelbäumen (Fichte, Kiefer) in Wäldern auf nährstoffarmen Böden.

M Ung.

Suillus bovinus

KUHRÖHRLING

H gewölbt, Ø 3-10 cm, klebrig, lehmfarben mit zimt- oder ockerbraunem Hauch, Rand blass. **R** hell olivfarben gelb. **P** groß, eckig, leicht olivbraun gelb bis ockerfarben. **St** 4-6 cm x 5-8 mm, ockerbraun bis lehmfarben, mit rosa Mycel am Fuß. **F** weißlich gelb bis graurosa oder rostbraun. **Gsm** angenehm, süßlich. **G** fruchtig. **Sp** olivbraun.
Weit verbreitet unter Kiefern in Nadel- und Mischwäldern auf nährstoff- und streuarmen Sandböden in Heiden und Mooren (vgl. auch Rosenroter Schmierling *(Gomphidius roseus)*).

M Eßb.

Kuhröhrling *(Suillus bovinus)*

Suillus granulatus

KÖRNCHENRÖHRLING

H gewölbt, Ø 3-9 cm, klebrig, glänzend, rostbraun bis gelblich. **R** blassgelb bis gelbbraun. **P** klein, blass gelb bis gelbbraun, mit wässrigen Milchtröpfchen. **St** zitronengelb, mit weißen oder blassgelben, Wasser abscheidenden Körnchen an der Stielspitze, Fuß wein- bis braunrot überhaucht. **F** zitronengelb. **Gsm** schwach, angenehm. **G** schwach, angenehm. **Sp** ockerbraun. Mäßig verbreitet unter Kiefern in jungen Kiefernpflanzungen auf besseren Böden.

M Ung.

Körnchenröhrling *(Suillus granulatus)*

Butterpilz *(Suillus luteus)*

Suillus luteus

BUTTERPILZ

H halbkugelig bis gewölbt, Ø 5-0 cm, schleimig-klebrig, glänzend, kastanien- bis sepiabraun. **R** stroh- bis zitronengelb. **P** rund, stroh- bis zitronengelb, rostbraun verfärbend. **St** 5-10 x 2-3 cm, blass strohfarben mit dunkleren Fleckchen, mit großem, häutigem, weißem bis cremefarbenem, später braunschwarz verfärbendem Ring, Basis weiß. **F** weiß. **Gsm** schwach. **G** schwach. **Sp** kleiig bis ockerbraun. Vor allem unter Kiefern in jungen Nadelwäldern auf streuarmen, trockenen Sandböden.

S M Ung.

Suillus grevillei

GOLDRÖHRLING

H halbkugelig bis gewölbt, Ø 3-10 cm, klebrig, glänzend, chromgelb bis orangebraun. **R** blass gelb. **P** klein, eckig, zitronengelb, auf Druck rostbraun. **St** 5-7 cm x 15-20 mm, mit gelber Stielspitze, gelegentlich mit grobem Netzmuster, unter dem weißlichen Ring flockig, zimtbraun überhaucht. **F** blass- bis zitronengelb. **Gsm** schwach. **G** schwach. **Sp** ockerbraun bis gelblich braun. Unter Lärchen in Nadel- und Mischwäldern auf humosem Boden, auch unter einzelstehenden Lärchen in Parks und Gärten.

S M Eßb.

Goldröhrling *(Suillus grevillei)*

Suillus variegatus

SANDRÖHRLING

H gewölbt, Ø 6-13 cm, ockerfarben bis gelblich oder olivbraun, mit kleinen, anliegenden braunen Schüppchen. **R** dunkel gelbbraun. **P** eckig, ockerfarbig olivbraun bis zimtbraun. **St** 5-9 cm x 15-20 mm, ockerfarben, Fuß rötlich braun. **F** zitronen- bis hellgelb. **Gsm** schwach. **G** unauffällig. **Sp** dunkel gelbbraun.
Verbreitet unter Kiefern in Kiefern- und Mischwäldern auf streu- und nährstoffarmen, trockenen Sandböden sowie in Kiefernmooren auf Torf.

M Eßb.

Sandröhrling *(Suillus variegatus)*

Danksagung und Fotonachweis

Dank gilt den hier genannten Mitgliedern der Nederlandse Mycologische Vereniging, die einige Dias zur Verfügung stellten:

R. Chrispijn: *Hericium clathroides; Volvariella surrecta*

G.T.H. Dings: *Mitrula paludosa*

G. Fransen-Batenburg: *Peziza proteana* f. *sparassoides; Rhodotus palmatus*

L.M. Jalink und M.M. Nauta: *Sarcodon imbricatus; Disciseda bovista; Phallus hadriani; Inocybe geophylla* var. *lilacina;*

J.M. Ketelaar: *Inocybe corydalina; Inocybe vulpinella; Lactarius deliciosus*

R. Knol: *Cordyceps ophioglossoides; Microglossum viride; Sarcodon scabrosus Conocybe lactea Conocybe tenera; Inocybe rimosa; Leucoagaricus leucothites; Leucocoprinus birnbaumii; Mycena pura* var. *pura; Paxillus atrotomentosus*

Ein besonderer Dank geht an Machiel Noordeloos für seine fesselnden Vorlesungen über die zahlreichen Facetten der Pilzwelt.

Sekretariatsadresse: Nederlandse Mycologische Vereniging: Biologisch Station Wijster, Kampsweg 27, 9418 PD, Wijster.

Register

A

B

O

P

R

S

A

B

C

D

E

F

G

H

I

L

M